美国兽医协会动物安乐死指南
（2020 版）

AVMA Guidelines for the Euthanasia of Animals：2020 Edition

美国兽医协会◎编著

卢选成　李晓燕　刘晓宇◎主译

中国农业出版社

农村读物出版社

北　京

图书在版编目（CIP）数据

美国兽医协会动物安乐死指南：2020 版 / 美国兽医
协会编著；卢选成，李晓燕，刘晓宇主译. —北京：
中国农业出版社，2022.12
书名原文：AVMA Guidelines for the Euthanasia
of Animals：2020 Edition
ISBN 978-7-109-30290-7

Ⅰ.①美… Ⅱ.①美… ②卢… ③李… ④刘… Ⅲ.
①兽医学－安乐死－美国－指南 Ⅳ.①S8-62

中国版本图书馆 CIP 数据核字（2022）第 231151 号

美国兽医协会动物安乐死指南：2020 版
MEIGUO SHOUYI XIEHUI DONGWU ANLESI ZHINAN：2020 BAN

中国农业出版社出版
地址：北京市朝阳区麦子店街 18 号楼
邮编：100125
责任编辑：武旭峰　弓建芳
版式设计：杨　婧　责任校对：吴丽婷
印刷：北京通州皇家印刷厂
版次：2022 年 12 月第 1 版
印次：2022 年 12 月北京第 1 次印刷
发行：新华书店北京发行所
开本：787mm×1092mm　1/16
印张：10.5
字数：265 千字
定价：69.00 元

译 审 名 单

主　审　刘剑君　中国疾病预防控制中心
主　译　卢选成　中国疾病预防控制中心
　　　　李晓燕　中国疾病预防控制中心
　　　　刘晓宇　中国疾病预防控制中心职业卫生与中毒控制所
副主译　鹿双双　中国疾病预防控制中心
　　　　刘　帅　中国疾病预防控制中心职业卫生与中毒控制所
　　　　邹淑梅　中国疾病预防控制中心病毒病预防控制所
参　译（按姓氏笔画排序）
　　　　王嘉琪　中国疾病预防控制中心
　　　　卢　晓　迪哲（江苏）医药股份有限公司
　　　　白　玉　北京诺和诺德医药科技有限公司
　　　　刘　艳　中国疾病预防控制中心
　　　　李军延　中国疾病预防控制中心职业卫生与中毒控制所
　　　　李夏莹　北京大学
　　　　邹　斌　中国疾病预防控制中心
　　　　苗晓青　苏州药明康德新药开发有限公司
　　　　范　薇　军事科学院军事医学研究院
　　　　姜孟楠　中国疾病预防控制中心
　　　　梁春南　中国食品药品检定研究院
　　　　潘学营　上海益诺思生物技术股份有限公司
　　　　魏　强　中国疾病预防控制中心

审　者（按姓氏笔画排序）

王建飞　上海实验动物研究中心

刘　津　创模生物科技（北京）有限公司

孙德明　国家卫生健康委员会科学技术研究所

李　秦　莫泰科生物技术咨询（北京）有限公司

李　垚　上海交通大学医学院

李根平　北京市实验动物管理办公室（北京市人类
　　　　遗传资源管理办公室）

庞万勇　赛诺菲（中国）投资有限公司

赵赤鸿　中国疾病预防控制中心

赵德明　北京实验动物行业协会

贺争鸣　北京实验动物学学会

秦　川　中国实验动物学会

高　虹　中国医学科学院医学实验动物研究所

曹建平　中国疾病预防控制中心寄生虫病预防控制所

序

在过去的半个多世纪里，确保尊重和人道对待动物的努力得到了全球的关注。人们对动物福利的关心体现在动物福利科学和伦理学的发展上。伴随着生命科学的发展，实验动物的福利与伦理也有了飞速发展，人们对实验动物使用与照护的理念和水平都有了质的提升。

2006年，科技部在《关于善待实验动物的指导性意见》中明确要求"处死实验动物时，须按照人道主义原则实施安死术"。之后，实验动物安乐死作为实验动物伦理学的一个重要部分，越来越受到科研工作者和管理者的重视。随之而来的，如何实施、评价和监督实验动物安乐死成为行业内的难题。

2016年，中国疾病预防控制中心获得美国兽医协会授权翻译《美国兽医协会动物安乐死指南（2013版）》，本书中文版于2019年出版发行，并成为实验动物安乐死方面的第一本中文工具书，在业内获得广泛好评。2022年初，中国疾病预防控制中心获得美国兽医协会《美国兽医协会动物安乐死指南（2020版）》中文版翻译授权，我中心立即组织开展翻译工作，在译审团队的辛苦努力下，这本最新版的参考工具书最终出版发行。

2020版指南的翻译和审校得到了30余位专家和同行的支持与帮助，在此，对为本书的出版付出辛勤劳动的所有人员表示真诚的谢意。

由于译者的水平有限，难免有翻译不当或误译之处，欢迎广大读者批评指正。

刘剑君

2022年8月

缩略词

ASIC　Acid‐sensing ion channel　酸敏感离子通道

CAS　Controlled atmospheric stunning　可控气压致晕法

DEA　Drug Enforcement Agency　美国药物执行管理机构

EEG　Electroencephalogram or electroencephalographic　脑电图

EPA　Environmental Protection Agency　美国环境保护局

HPA　Hypothalamic‐pituitary axis　下丘脑-垂体轴

IACUC Institutional animal care and use committee　实验动物使用和照护委员会

MS 222 Tricaine methanesulfonate　三卡因甲磺酸盐

NPCB　Nonpenetrating captive bolt　非穿透性系簧枪

PCB　Penetrating captive bolt　穿透性系簧枪

POE　Panel on Euthanasia　安乐死专家组

SNS　Sympathetic nervous system　交感神经系统

FDA　Food and Drug Administration　美国食品药品监督管理局

USP　United States Pharmacopeia　美国药典

本书中非法定计量单位的换算

单位名称	单位符号	物理量名称	换算系数
英尺	ft	长度	1ft＝0.305m
英寸	in	长度	1in＝2.54cm
磅	lb	质量	1lb＝0.454kg
格令	gr	质量	1gr＝64.80mg
盎司	oz	质量	1oz＝28.35g
毫克当量	mEq	—	1mEq＝1mmol×原子价
华氏度	℉	温度	1 ℉＝−17.2℃
—	ppm	—	1ppm＝1cm³/m³

目　录

1 简介和总论

1.1 前言

社会对动物问题已不再视而不见，人们越来越多地关注与理解动物伦理并考虑动物福利问题。在过去的半个多世纪里，全球已做出很多努力来保证尊重动物和人道对待动物[1,2]。人们对动物福利的关心体现在动物福利科学和伦理学的发展上。动物福利科学的发展体现在学术课程的出现、专业学会的建立、兽医学院课程改革的实施、科学期刊文章的激增以及设立部分或专门用于研究动物如何受到各种环境和人类干预影响的资金流；动物伦理学的发展主要体现在大量伦理方法的应用（如权利本位理论、功利主义、美德伦理、契约主义、实用主义伦理学），用以评估动物的价值和人与动物的关系[1,3-9]。新修订的动物法律法规、机构和公司政策、关贸总协定对动物给予了保护，也体现出国内外对动物使用与管理的关注度在增加。对动物使用和管理态度的改变推动了人们对传统和现代管理实践的重新审视，这些实践涉及用于农业、研究、教学、伴侣、娱乐或表演的动物，以及野生动物的管理。人们对野生、陆生和水生动物及环境的保护和干预也给予了关注。在这些背景下，兽医在如何更好地照护动物，包括如何减少不必要的动物疼痛和痛苦方面发挥了引领作用。

在编写《美国兽医协会动物安乐死指南》（以下简称"指南"）2013 版和 2020 版时，安乐死专家组（the Panel on Euthanasia, POE）已经尽力将最好的科研和经验信息纳入其中。随着新研究的开展以及越来越丰富

的实践经验的获得，目前推荐的安乐死方法可能会改变。因此，美国兽医协会（AVMA）和 POE 都承诺确保本指南内容会随时更新，与兽医誓言（the Veterinarian's Oath）保持一致，并会持续改进[10]。至于其他版本，在动物伦理和公众敏感度方面都及时进行了修订。

虽然一些安乐死方法可用于动物屠宰（人道屠宰供人类食用的动物）或捕杀（如捕鱼）和扑杀中，但本指南中没有包含人道屠宰和扑杀的建议，这些内容将在别的文件中另作阐述。

本指南设定了安乐死的标准，指定了合适的安乐死方法和药剂，旨在帮助兽医做出专业的判断。本指南承认安乐死所涉及的不仅限于动物死亡的那一刻，而是一个过程，除了描述合适的方法和药剂之外，也介绍了考虑和实施安乐死前处理（如镇静）、动物操作以及动物尸体处理的重要性。

1.2 历史背景和现行版本

1.2.1 安乐死专家组背景

自 1963 年以来，AVMA 组织了一个专家组，就安乐死方法及潜在的方法进行评价，旨在为执行或监督动物安乐死的兽医制定指南。1963 年的版本仅限于犬、猫和其他小型哺乳动物安乐死的方法和建议。随后 1972 年和 1978 年的版本包含了更多的方法和物种（分别增加了实验动物和食用动物），也包含了动物对安乐死的生理和行为反应（特别是疼痛、应激和痛苦）、不同的安乐死方法对观察者、经济可行性以及环境影响等内容。1986 版增加了对冷血动物、水生动

物和毛皮动物的内容。1993 版增加了对马和野生动物的建议。2000 版的更新提出了需要对动物扑杀的方法进行更多的研究。2007 年 AVMA 动物福利委员会发布了临时修订版本，整合了一份来自 AVMA 政策的信息，即 AVMA 关于对初生雏鸡、幼禽和刚破壳的蛋采用绞碎法进行安乐死的政策，并更名为《AVMA 安乐死指南》。

2013 年，POE 报告的编制过程发生了重大变化，新增了所涉及物种和安乐死实施环境等方面更广泛和更深入的专业知识，包括兽医、动物科学家、行为学家、心理学家以及伦理学家在内的 60 多人历时 3 年多的审议得出的评论和建议。在评议阶段，AVMA 成员可以直接与 POE 成员分享他们的经验。

2020 版指南是 POE 报告的第 9 版，本版的编辑过程与 2013 版相似，是 POE 成员历时 2 年经过审查、讨论和修订最终形成的，在评议阶段，纳入了 AVMA 成员的意见，这有助于确保指南的内容既科学又实用。

1.2.2　较上一版本的实质性变化

在本指南中，安乐死的方法、技术和药剂都是最新的并且进行了详细的描述，目的是帮助兽医做出专业的判断。增加了特定物种的章节，包括对不同环境下用于不同目的的陆生和水生动物种类的安乐死方法。尽可能采用流程图、图例、表格以及附录的形式进行解释。附录 1 和附录 2 可用作快速参考，但实施安乐死的人员不应该以此来替代全文。所有图表都汇总到了附录 3 中。

主要的修订如下：

• 阐明了镇静和麻醉之间的区别。具体而言，镇静状态下的动物，在足够的刺激下可以被唤醒到有意识的状态。对药剂的药效进行分类并区分深度镇静状态与无意识状态，认识到这一点至关重要。

• 在实验室对啮齿类动物使用 CO_2 进行安乐死时，推荐的流速已从每分钟 10%～30%麻醉盒或笼子体积变为每分钟 30%～70%麻醉盒或笼子体积。引用了支持采用此修订意见的大量文献，AVMA 感谢国际学术界为推动此修订决定所做出的积极贡献。

• 对肉兔适用的安乐死技术进行了分类和描述。这部分内容与相同物种的其他安乐死技术一起均位于实验动物章节。

• 供食用和获取皮毛而养殖的动物相关章节增加了美洲野牛、水牛、骆驼科动物和鹿科动物，并修订了系簧枪在几种物种中的应用，提供了新的插图以帮助兽医正确使用。

• 在禽类相关章节，关于禽类胚胎何时能有感知的建议，从禽蛋孵化期的 50%修订为 80%。该建议适用于所有禽类，同时要考虑不同物种的发育差异，并使用现有的最佳数据。

1.2.3　使用声明

本指南是为实施和监督动物安乐死的兽医专业人员而编写的，仅适用于非人物种。

兽医学实践中遇到的动物种类多种多样，在选择某物种的安乐死方法时，应该向对该种动物有经验的兽医进行咨询，特别是针对那些几乎没有开展过安乐死研究的特定物种。安乐死方法和药剂的选择根据具体情况而定，以尽量降低对动物福利的影响，保障人员安全。鉴于安乐死的复杂性，在考虑安乐死过程中不同方法对动物的影响时应参考解剖学、生理学、自然科学、饲养学及其他学科。

执行或监督安乐死的兽医必须对引起动物痛苦的可能性进行评估，包括身体不适、异常社会环境、新的窝舍环境、来自附近或之前安乐死的动物释放的外激素或气味、现场人员或其他因素（包括对环境和其他动物的影响）。此外，人员安全和认知，实施人员是否经过培训、是否存在潜在传染病，动物种群的保护或其他目标，种属特异性的监管，现有的设施设备，动物尸体处理，潜在的二次毒性及其他一些因素都必须考虑。人员安全是最重要的，在处理动物之前必须有合适的安全装备、方案和相关知识。人员在操作动物或暴露于操作过程所用的用具和药剂时可能受伤，要有预先准备，包括应急预案和用品。一旦实施安乐死，一定要对死亡进行仔细确认，遵守所有与被安乐死的动物物种、所采用的方法、动物尸体和（或）含有安乐死药剂的水的处理等相关的法律法规。

POE编写本指南的目的是为了指导兽医如何避免和（或）减轻即将被安乐死的动物的疼痛和痛苦。虽然已尽一切努力为通常情况下常见物种推荐了适当的方法，但POE认识到在某些情况下，推荐的安乐死方法可能无法得以实施，需要采用最适合具体情形的方法或药剂。鉴于上述原因，虽然本指南可被大众解释和理解，但在具体应用时还是应该咨询兽医。

□ 1.3 什么是安乐死？

安乐死（euthanasia）这个词源于希腊语，eu 意思是好的，thanatos 意思是死亡。这个词常用于描述用一种减轻或消除疼痛和痛苦的方法来结束单个动物的生命，善终相当于仁慈地结束动物生命。

从这些指南内容来看，在执行安乐死时兽医的主要责任包括但不仅限于：①采用符合动物利益、人道的方法处死动物，这是基于动物福利的考虑；②使用人道技术尽可能快、无疼痛和痛苦地处死动物。这些虽然是独立的，但并不相互排斥，而是相互依赖的。

对生物实验结束后[11]以及收容所无人认养的动物是否采用合适的安乐死，一直存

在争论。专家组认为，评价大众对动物不同用途以及在这些用途中造成动物死亡原因的社会接受度超出了指南范围，然而现行AVMA政策支持动物用于不同的人类目的[12]，并且也赞成对不需要的和不适合被收养的动物[13]实施安乐死。无论任何时候人类使用动物时，都应对动物进行良好的照护，并遵守操作规程。当评价对动物的责任时，人与动物关系的实际现状和背景分析是非常重要的，对动物的影响不可能总是评价过程的中心，对于如何阐释物种间的利益冲突也有争论。专家组认识到这些都是复杂的问题，因为如何使动物善终在本质上就存在争议（道德和概念层面）[14]，而且引起了许多领域的关注，包括科学、伦理、经济、环境、政治和社会领域等。

1.3.1 善终是一种人道处置方式

人道处置反映了兽医希望用一种最好的方法来处置动物，并为动物带来最好的结果，因此，安乐死作为一种人道处置方式具有目的性或是基于结果的期盼。

安乐死作为一种人道处置方式，是指对于主人和兽医而言动物继续生存已经意义不大，而采取死亡方式是更好的结局。动物遭受无法忍受的疾病折磨时，对动物而言继续存活比死亡更糟糕，或者说动物已经不再"想"生存。人道的处置方式就是基于动物自身或其利益而为的，因为这种情况动物被剥夺生命并不是一种伤害，相反，动物从难以承受的痛苦中解脱了。例如，当伴侣动物由于绝症而身体衰弱，且在生命的末期非常痛苦，兽医就可以建议安乐死，因为对于动物而言结束生命（以及随之而来的生理和心理机能的自然衰退）并不比那种充满疾病、痛苦和局促不安的持续存活更糟糕。在这个例子中，安乐死并未剥夺动物享受更多高质量生命的权利（即获得更多满足感或享受更多愉悦），但是这种快乐远远低于负面状态

所带来的影响。在这个例子中死亡对于动物而言可能是更好的结局，安乐死有助于实现这一点，因为动物的生命不应继续，而应解脱。

兽医也想给动物带来更好的结果。通常，兽医面临着决定（或帮助畜主做出决定）实施安乐死的时间点难题。在做出这个决定时，许多兽医都借助福利或生活质量相关的指标。科学家们从 3 个方面对福利进行了描述，即动物功能良好、感觉舒适、具有表达与其天性或种属特异性相一致的行为能力[15-17]（也有另一种观点[18]）。总之，动物的生命对其自身具有积极的价值时，动物拥有良好的福利。但是当动物不再继续享受良好的福利（当动物由于生命已经没有积极的价值或很快就处于消极状态了，不值得再继续生存下去）时，人们能做的人道的事情就是给动物善终。安乐死可以结束动物的痛苦，这是一个理想的结果。

1.3.2　善终是一种人道的技术

当决定采取安乐死时，且其目的就是为了尽量减少动物的疼痛、痛苦和消极效应，人性化技术（如何处死动物）也是一项重要的伦理事宜。兽医的责任是确保如果要结束一个动物的生命，需要给予最高程度的尊重，而且处死时尽可能使动物无疼痛和痛苦。当安乐死作为首选时，所采用的技术应能让动物迅速失去意识，接着心脏或呼吸停止，最后脑功能丧失。此外，动物操作和安乐死技术应尽量减少动物在失去意识之前所经历的痛苦。POE 认为安乐死不可能完全没有疼痛和痛苦。指南尽量平衡不同环境下实施安乐死的最少疼痛和痛苦的理想状态与现实的差距。

尽管指南给予了安乐死方法的建议，但是重要的是采纳这些建议的人员需要理解，在某些情况下，对于特定物种安乐死所采用的药剂和方法可能无法获得或实施，或者由

于环境不同而变得不太理想。相反，在某些特定情景下，通常认为不合适的方法也可能成为首选。在这种情况下，用来处死动物的人道性（或者被认为缺乏人道性）方法需要与杀死动物这一行为相关的意图或结果区别开来。依据这种推理，采用一种不完全人道的或者在其他情况下被认为不合适的方法处死动物可能仍然是一种安乐死行为。例如，由于无法对行动自由的野生动物进行有效控制，及无法与人类密切接触，使用枪械可能是最合适的安乐死方式。此外，直接射杀濒死的动物，而不是将其捕获后再运送到兽医诊所用通常认为合适的方法（如巴比妥类）进行安乐死，更被认为是善终的行为。虽然后面的方法通常情况下更容易被接受，但前面的方法通过迅速结束动物的痛苦而提升了动物的整体利益[19]。然而，实施者有责任确保优先使用所推荐的安乐死方法和药剂。

1.4　安乐死和兽医医学伦理

AVMA 一直致力于确保兽医在动物伦理和动物福利领域公众关心的方面能够得到持续教育，并且保证他们能够有效参与其中。虽然健全的科学是有关动物的公众话题的重要组成部分，但单靠科学本身不足以解决在处理动物时所涉及的伦理和价值方面的问题，尤其是结束生命的问题。自从 2013版指南发布之后，许多学者从哲学和伦理方面更深入地探讨了动物的善终问题[20,21]。为此，POE 根据其职责，希望给兽医、公众以及受兽医监督指导的人员提供全面的、可靠的信息以处理涉及动物死亡这一伦理上重要且复杂的问题，以期能够提供更好的关于安乐死的背景或场景和涉及结束动物生命这个复杂议题的理解。

AVMA 虽不是一个监管部门，但是也希望能够提供指南给相关机构以指导保护动

物福利。通过制定和更新这些指南，AV-MA希望确保兽医或其他专业人员在决定处死其负责的动物时，必须尊重动物的利益，尽可能使这个过程人性化（尽量减少疼痛和痛苦，尽量快速结束生命）。

AVMA不建议轻易处死动物，他们在道德和行为方面给会员提供处死动物的相关指导。兽医在履行他们的誓言时可能会由于各种原因而被迫处死动物。从某种意义上说，最终的死亡可能会成为伦理上重要的问题；死亡意味着以后永远没有积极的生活状态[22]。当动物不再有好的生活质量时，死亡对其而言也意味着不再遭受痛苦和不良的生活质量[19]。如何区分生活质量好坏，或者什么是质量有限的生活，以至于死亡对其而言是人道的首选，这些是兽医和伦理学界需要进一步研究的工作[23,24]。动物科学家和兽医也在研究动物死前的经历以及减少动物伤害的安乐死方法和技术[25-28]。为了对安乐死效果有所改进，需要进一步研究实施安乐死的各种情境。

故意杀死健康或者受伤动物是一个严重的公众问题。如果动物必须被处死，需要请兽医协作进行，AVMA要求对安乐死的决定及方法进行仔细考虑。同样，在公共卫生疾病控制过程中、在控制驯养或野生动物数量时以及生物医学研究、食品和动物皮毛生产过程等需要进行安乐死动物时，必须深思熟虑。上述情况，处死健康动物，尽管面临不愉快且有道德质疑，但实际上是必要的。如果实施安乐死的人员严格遵守政策、指南和法规，AVMA还是视其为可接受的。

当认真思考兽医医学伦理时，兽医应该熟悉多数公众关于动物的道德观，也应认识到一些个人观点和复杂因素可能会对他们的伦理决定有影响。虽然兽医宣言[10]、AV-MA兽医医学伦理准则[29]、州兽医执业法以及兽医专业组织和监管机构的相关指南为兽医如何处理与畜主及其动物之间的互动关系提供了指导，但是不同的兽医的伦理价值观也许不同[1,30]，这可能影响到他们所提出的建议。

兽医作为动物伦理倡导者和客户顾问，他们建议的准确性和可信度有助于提高客户的配合度。许多情况下，兽医用所掌握的科学知识、实践经验以及动物受益或受害的专业判断解决社会问题时，他们的答案并不是最终答案。在这种情况下，兽医和动物福利专家可能必须通过促进伦理对话[31-34]来做出认真的决定。作为顾问和信息提供者（要尊重客户为其动物做出决定的自主权），兽医应该就操作过程和程序提出有关科学知识和伦理观点，以便客户或社会做出明智的决定[1]。

鉴于兽医要严格遵守"不伤害"的原则，他们可能不得不决定动物是否有继续生存的意义，尤其是在结束生命的节点上无法达成共识时更需要兽医的决定。当生命的福利或质量被作为动物生存意义评估的一部分时，动物存在的意义并非一定要用福利来评价，尤其是用狭义上的福利，或者动物继续生存下去比死亡会遭受更多的伤害。例如，如果仅从动物主观体验定义福利，即使动物暂时没有表现出痛苦的迹象抑或能避免伤害，都可以实施安乐死。如果医学的介入仅仅是延长濒死动物的生命，或者目前的健康状态无法改善，安乐死可能被认为是解脱动物最好的方法（从整体或客观的角度考虑什么是动物的价值）。在这些情况下，主观处死动物不必基于狭义的福利意义[35]，而是从动物死亡的总体价值考虑。由于动物是一种有生命的主体[36-39]，动物的主人负有道德责任，他们不希望看到动物忍受持续的伤害[40,41]，这些因素决定了他们不得不考虑死亡对动物的意义（生命主体被认为是一种具有内在价值的存在，不应被视为是达到某种目的的工具。生命拥有内在存在的意义，随着时间的推移它们也有需求、渴望、选择权、社会心理身份[3;6]）。

在某些情况下（如用于研究的动物）为减少动物痛苦而处死动物可能是最好的结束方式。处死动物的决定以及如何处死可能比较复杂，因为这受外部因素影响，如生产能力、更大的公共和综合利益、经济利益和对其他动物的关注。除了动物福利和动物自身意义外，人和动物关系方面通常还有一些其他抑制因素，如在实验室，动物被用作研究对象并且死亡可能就是一个终点，动物福利的考虑需要平衡实验设计价值和研究价值之间的关系。在这些情况下，确保尊重和人道对待实验动物将是实验动物使用和照护委员会（Institutional Animal Care and Use Committees，IACUC）的责任。这些委员会必须遵守 3R 原则（优化、替代和减少），保证尊重科研用动物。对处死动物做决定时也要考虑是否有替代方法[42-43]。其他因素可能证明处死动物是合理的，尽管动物可能还有生存价值。例如，出于疾病控制、公众健康、种群控制、生物医学研究、屠宰以作食物和（或）皮毛等考虑，处死动物被认为是合理的。在另一些情况下，已经没有生存意义的动物活着也是合理的（如在研究场所中处死动物是不可行的，或者保证其继续存活可能会获得更大的科研价值[19]）。

有些情况下处死动物的决定还是有争议的，尤其是预期动物还有生存价值时。例如，当伴侣动物的主人觉得将其继续饲养在家里不太可能或不方便时，想对健康的动物实施安乐死。此时兽医作为顾问和动物倡议者，应该很坦率地说明动物的状态，并建议别的方案来代替安乐死。

当动物需要遭受持久的和更多的痛苦时，指导动物主人采用安乐死作为一种富有同情心的处置选择，是兽医的伦理责任[44]。然而，要照顾到动物伦理的多元化的价值、意义和责任还是有挑战性的，这要求兽医在开处方前多方考虑，没有简单的还原论公式

可以借助。在许多情形下所做的建议应该能马上解决当前的问题。在动物整个生命过程中以及考虑社会的接受方式上，要注意全面理解动物福利和痛苦，因为动物和人毕竟在不同的环境里相处。

因为兽医致力于提高动物和人类的健康和福利，不辞辛苦地研究动物发病原因和治疗方法以提高对动物的管理，当安乐死成为一种比较好的选择时，有些兽医可能会有种不安或挫败感。POE 希望这些指南和 AVMA 相关政策能够对兽医有所帮助，因为兽医可能纠结于看似无理由的安乐死、接受常规操作以及有时例行性地执行安乐死。为此，图 1 和图 2① 提供了一些有助于做决定的参考。

1.5　安乐死方法的评价

在评价安乐死方法时，POE 考虑了以下标准：①以最小的疼痛和痛苦的方式诱导意识丧失和死亡的能力；②诱导意识丧失所需要的时间；③可靠性；④人员的安全性；⑤不可逆性；⑥动物使用预期和目的的一致性；⑦对观察者或操作者情绪影响的证明材料；⑧随后的评价、检查或使用的一致性；⑨药物的可获得性和人们滥用的可能性；⑩物种、年龄和健康状况的一致性；⑪保持合适的工作顺序装备；⑫动物尸体对于食肉动物或食腐动物的安全性；⑬合法要求；⑭动物尸体的处理方法对环境的影响。

安乐死方法在指南中分为可接受、条件性可接受和不可接受 3 种。可接受方法是指那些作为唯一安乐死方法时能够始终实现人道死亡的方法。条件性可接受的方法是指那些可能需要满足某些条件才能始终实现人道死亡的方法，但存在较大人为失误的可能性

---

① Anthony R, University of Alaska Anchorage, Anchorage, Alaska：Personal communication, 2011.

或有安全隐患，在科研文献中未被记载，或者需要第二种方法进行验证。当采用的方法所需标准都能满足时，可接受方法等同于条件性接受方法。不可接受方法是指那些在任何条件下被认为不人道或 POE 发现对操作者造成危害的方法。本指南还包含了辅助方法的相关信息，辅助方法不应作为安乐死的主要方法，但可与其他方法联合使用以实施安乐死。

POE 意识到，在一些不太完美的情况下，所列的可接受或条件性接受的安乐死方法不可能实现，此时需要采用在这种情况下最适合的方法或药物。

与动物有关的许多其他操作一样，安乐死方法需要对动物进行保定。控制的力度和保定的类型取决于所涉及动物的种属、品种和大小，驯化程度，人的耐受力，兴奋水平和动物先前的保定经验，是否表现伤痛或疾病，动物的社会环境，以及安乐死方法和人员执行安乐死的能力。适当的保定对最大化减少动物的疼痛和痛苦、确保实施安乐死人员的安全、保护其他人员和动物是至关重要的。处理那些不再适合继续饲养的动物或严重受伤害的动物时不可能不产生应激，因此在某些情况下，需要对安乐死进行界定。当控制的程度很难确保动物死亡时没有疼痛和痛苦，POE 就指南中使用的安乐死标准进行了讨论。术前使用药物是为了让动物镇静、止痛、催眠，从而更容易更安全地进行静脉注射，并减少可能会使人员痛苦的麻醉第二阶段或尸检活动，以减少动物痛苦，提高人员安全。这对于捕食物种、非家养物种和忍受痛苦的动物尤为重要。

实施安乐死的人员必须精通这项技术，实施安乐死的任何设施或机构（诊所、实验室或其他机构）都有责任对其人员进行充分培训，以确保该设施或机构的运营符合美国联邦、州和地方法规的要求。此外，对即将实施安乐死的动物进行人道保定也非常重要，以确保将动物的疼痛和痛苦降至最低。熟悉安乐死动物种属的正常行为，处理和保定影响哪些行为，所选技术导致失去知觉和死亡机制的理解都能包含在培训和练习内容中。只有在确认药物和必需品准备到位可确保操作顺利进行时，方可执行安乐死。

给定情况下选择最合适的安乐死方法，取决于动物品种和数量、可用的动物保定方法、人员技能以及其他注意事项。从科学文献中和实践经验中获得的信息主要集中在家养动物，但所有动物品种都应有同样的考虑。

安乐死操作必须遵守美国联邦、州和地方法规，这些法律管理药品的采购和储存、职业安全、动物安乐死方法、尸体处理的方法，以及不同动物采用不同方法。AVMA 鼓励实施非人动物安乐死的操作人员回顾现行的美国联邦、州和地方法规。如果使用过药物，必须处理好动物尸体以免污染环境，同时避免人和动物暴露于其残留物中。

也有本指南未包含的情况，出现这种情况时，对该种属有经验的兽医应当做出专业判断，以临床上可接受的技术知识、职业素养和社会道德选择合适的技术对动物进行安乐死。

必须在动物安乐死后以及处理前确认死亡。动物在注射或吸入药物后处于深度昏迷的状态看起来已经死亡，但也可能再苏醒过来。通过检查动物的生命体征是否停止来确认死亡。在决定适当的死亡确认标准时，应考虑动物的种属以及安乐死方法。

当存在人畜共患传染病、外来动物疾病或其他危害群体健康的疾病时，对产生的动物尸体进行安全操作和处置也至关重要。应采集适当的诊断样品进行检测，并向相关权威管理机构报告，如可能，应焚烧动物尸体。处理生物危害材料时建议使用个人防护装备并做好预防措施。曾经对人类造成伤害的动物需要根据美国联邦和州法律采取特定措施。

1.5.1 有意识和无意识

意识是指动物的主观或内在的定性体验。对人类而言，意识在睡眠和麻醉过程中都很常见，表现为做梦[45]。做梦的一个典型特征是，即使有意识，我们也感受不到身边的环境——我们是与之脱节的。理想情况下，全身麻醉可以减轻手术的疼痛（意识连接），以及通过诱导无意识或将意识与环境断开来产生行为无应答[45]。

无意识被定义为个体意识丧失，发生在大脑整合信息受阻或被破坏时。对人类而言，麻醉引起的无意识被功能性地定义为对言语指令的适当反应丧失；对动物而言，定义为翻正反射丧失[46,47]。这一定义在160多年前因全身麻醉的发现而被采用，目前这一定义仍然适用，因为它是一种易被观察到的动物整体的反应。

麻醉药通过控制整合（阻断大脑特定区域之间的相互作用）或减少大脑皮层或类似结构接收到的信息（减少大脑皮层网络的活动数量）从而产生无意识。此外，当麻醉浓度达到临界浓度时，可导致突然意识丧失，这表明潜在意识状态的崩溃可能呈非线性发生[48]。跨物种数据表明，记忆和意识丧失所需浓度还不到使运动功能丧失浓度的一半。因此，麻醉药产生麻醉状态（无意识和失忆）的浓度可以不影响其物理运动[47]。

大脑电功能的测量已被用于对无意识状态进行量化。在行为无感应性和脑电图（EEG，表明脑电活动终止和脑死亡）呈直线的某个水平中间，意识一定消失。但是，不能仅凭EEG数据就断定大脑已经无意识。基于EEG的脑功能监测器仅限于直接表明无意识存在或丧失，特别是从有到无转变的这个点[48]；此外，关于EEG是否为疼痛和痛苦激活的指示器这一点尚不清楚[28]。

破坏或造成大脑皮质整合区域功能丧失的物理方法（如枪击、系簧枪、大脑电击、钝力损伤、浸渍）会造成瞬间无意识。当物理方法直接破坏牛的大脑，无意识的现象包括立即倒下和几秒的强直性痉挛，接着是缓慢的后肢活动频率增加[49-51]；然而，这种反应存在物种多样性。接着角膜反射会消失[52]。有效的电击导致翻正反射消失，眨眼和移动目标跟踪功能消失，四肢伸展，角弓反张，眼球向下翻转，强直性痉挛转变为阵发性痉挛，最终出现肌肉松弛[53,54]。

断头和颈椎脱臼作为安乐死的物理方法需要单独论述。这些方法实施后的脑电活动可以坚持30s[55-58]，这种解释一直存在争议[59]。如前所述，EEG方法不能断定意识丧失的发生。其他研究[60-63]表明，这种方法使动物感觉不到疼痛，意识丧失比较迅速。

一旦发生意识丧失，随后观察到的活动，如抽搐、吼叫、反射性挣扎、屏气和呼吸急促，都可被认为是麻醉的第二个阶段，从定义上看这个过程是从失去意识到恢复正常呼吸这个阶段[64,65]。因此，在翻正反射丧失后观察到的事件很可能不是有意识感知的。某些药物可引起抽搐，但通常在失去意识后发生，如果抽搐发生在失去意识之前，这种安乐死是不能被接受的。

概述

不应将镇静剂和固定剂与麻醉剂混淆，因为前两种药物不一定能使动物失去意识。使用了镇静剂和固定剂的动物仍然可能感受周围环境。在麻醉过程中，意识不一定与连通性、反应性甚至回忆相关。Terlouw等讨论了意识和无意识之间过渡部分的概念[66,67]。当适用于屠宰场的动物时，显得尤其正确。当动物没有被击昏的情况下放血时[68]，EEG研究[69,70]表明，无意识动物对触摸可产生角膜反射。为明确区分无意识和有意识，建议将明确意识的表现与无意识或死亡的表现分开。本段的末尾列出了动物明确有意识的 6 个表现[67]；后面也列出了动物无意识或（脑）死亡的 3 个表现。意识可能依赖于皮质丘脑网络的完整性。自发反应可能取决于皮质下和脊髓网络的连通性（即对环境的感知），或取决于皮质丘脑回路中持续的信息整合和未受干扰的去甲肾上腺素能信号传导[45,71]。根据 Terlouw 等的研究[67]，当陆生动物表现出这 6 个现象中的任何 1 个时，它们肯定是有意识的：站立姿势、头部或身体翻正反射、自主发声、自发眨眼（无接触）、眼球追逐和对威胁或恐吓测试的反应（无接触）。因物种和发育阶段等的不同，这些表现可能不同。无意识和脑死亡的陆生动物不会有角膜反射、睫毛反射（对触摸的反应）或有节律的呼吸[67]。希望研究并确定其他种属动物的相似表现，以帮助兽医区分脑死亡、无意识（通过麻醉）、固定或镇静的动物。以下是明确有意识的 6 个表现：

- 站立姿势。
- 头部或身体翻正反射。
- 自主发声。
- 自发眨眼（无接触）。
- 眼球追逐。
- 对威胁或恐吓测试有反应（无接触）。

屠宰场进行尸体处置或侵入性敷料操作之前，应确认动物处于无意识或脑死亡状态。要确保动物处于无意识或脑死亡状态，需要具备以下 3 个表现：

- 无角膜反射。
- 无睫毛反射（对触摸的反应）。
- 无节律性呼吸[67]。

1.5.2 疼痛和感知

只有了解疼痛的机制后，才能建立无痛死亡的标准。对疼痛的感知被定义为一种有意识的体验[47]。国际疼痛研究协会（IASP）将疼痛描述为"与实际或潜在组织损伤（或者描述类似的损伤）相关的令人不愉快的感觉和情绪经历。由伤害性刺激引起的痛觉感受器和痛觉通路的活动并不是疼痛，疼痛通常是一种心理状态，尽管我们可能很清楚，疼痛通常有直接的生理原因。"[72]

哺乳动物模型的疼痛要求神经脉冲从外周痛觉感受器开始上传到达有功能意识的大脑皮层和相关皮层下大脑结构。那些损伤或破坏组织的有害刺激会对初级伤害感受器和其他感觉神经末梢产生作用。除了机械和热刺激外，各种内源性物质也能产生痛觉脉冲，包括前列腺素、氢离子、钾离子、P 物质、嘌呤、组胺、缓激肽、白细胞三烯以及电流。

痛觉反射脉冲由痛觉感受器初级传入纤维传导至脊髓或脑干和两组一般神经网络而引起的。当增加的疼痛反应经痛觉通路将冲动传递到网状结构、下丘脑、丘脑和大脑皮层（躯体感觉皮层和大脑边缘系统），对疼痛所做出的退缩反射和弯曲反应是通过脊髓水平介导的传递感觉过程和空间定位。因此，由疼痛的反应引起的运动可能是由脊髓介导的反射活动、大脑皮层和皮层下的过程，或两个过程的整合所产生的。例如，临床上常见的是，脊髓介导的痛觉反射有可能保持未受损伤状态，这种情况一般是在远离受压迫的脊髓损伤部位或上行痛觉通路完全被阻碍。相反，如果对硬膜外腔给予局部麻醉既可抑制脊髓介导的痛觉反射也能阻止上行痛觉通路；不论是哪一种情况，对于有意识的人或非人灵长类动物伤害性刺激都不能被视为疼痛，因为上行通路中的活动受到抑制或阻断，从而不能传入高级皮质中枢。因此，用"疼痛"一词代替"刺激""感受器""反射"或"通路"是不正确的，因为"疼痛"一词意味着与意识感知相关的更高的感官处理。因此，对已麻醉或无意识的动物而言，如果动物死之前不可能再苏醒过来，那么安乐死所采用的药物或方法并不是很严格。

疼痛是主观的，因为每个人对疼痛强度的感知不同，身体和行为对其也有不同的反应。疼痛可大致分为两种，一种是可识别的感觉，即引起疼痛的原因和刺激物是确定的；另一种是情绪体验，刺激的严重性是已知的，并根据这种严重性产生反应[73]。可识别的感觉疼痛过程发生在皮质和皮质下结构，其机制类似于其他可识别的感觉，能够提供刺激强度、持续时间、位置和质量等信息。情绪体验过程涉及行为和皮质的上行网状结构，以及感知丘脑传入的不适、恐惧、焦虑和抑郁的前脑和大脑边缘系统。情绪体验中枢网络还能为大脑边缘系统、下丘脑和自主神经系统提供激活心血管、肺和垂体-肾上腺系统的反射激活信息。

虽然对疼痛的感知需要意识经验，但对意识的定义及感知疼痛的能力，对许多物种而言是很困难的。以前，人们认为鱼类、两栖动物、爬行动物和无脊椎动物缺乏感知疼痛的必要组织结构，而鸟类和哺乳动物却有这种结构。例如，无脊椎动物没有神经系统（如海绵）或神经系统没有神经节或只有很小的神经节（如海星）。然而，也有一些无脊椎动物具有发达的大脑和复杂的行为，这些行为包括对复杂环境的分析和做出反应（如章鱼、墨鱼、蜘蛛[74-75]、蜜蜂、蝴蝶、蚂蚁）。绝大多数无脊椎动物能够对有害刺激做出反应，很多无脊椎动物能够分泌内源性阿片类物质[76]。

两栖动物和爬行动物因为解剖学和生理学特性的不同而划分为比较特殊的一个群体，很难对这个群体进行判断是否死亡。虽然两栖动物和爬行动物对伤害性刺激做出反应，假设能够感受到疼痛，对于它们的伤害感受和对刺激的反应，我们的理解是不全面的。然而，越来越多特异性类群的证据表明，镇痛药能够降低有害刺激对这些物种的影响[77,78]。因此，安乐死技术带来的"快速丧失意识"和"尽量减少疼痛和痛苦"应

该提倡，即使很难确定相关标准。

近来有证据表明，鱼类具有与陆生脊椎动物相似的痛觉处理系统的组织结构[59-65,72-80]，尽管关于特定组织结构数量差异的争论一直存在，如主要神经束中的无髓鞘 C 纤维。一些研究证明，前脑和中脑电活动是对刺激的反应，并且对不同伤害刺激反应不同，否定了鱼类对疼痛的反应仅仅是简单反射的认识[81-83]。在学习和记忆实验中，对鱼类进行避免伤害性刺激的训练推动了其组织的认知和感觉能力[84]，同时大多数研究表明，在缓解疼痛方面鱼类应和陆生脊椎动物给予相同的考虑。POE 没有提供软骨鱼类、两栖动物、爬行动物和无脊椎动物的类似研究，但根据现有的文献资料认为，应该考虑努力减轻对这些动物造成的疼痛和痛苦，除非有研究表明它们无法感受到疼痛或痛苦。

虽然人们在鱼类、两栖动物、爬行动物和无脊椎动物对疼痛的感受能力或其他福利方面仍存在争议，但它们确实对伤害刺激有反应。因此，本指南假定社会支持、赞同和期望对所有动物的处理采取保守和人道的方式，并且采取安乐死方法减少对所有动物种类造成的潜在痛苦或疼痛。随着物种生理和解剖方面新知识的积累，这些方法也应加以修订。

1.5.3 应激和痛苦

在评价安乐死方法减少动物痛苦上，对应激和痛苦概念的全面理解很重要。应激的定义是对动物自身平衡或自身适应状态产生的影响，应激因素包括身体的、生理的或情绪因素。动物对应激反应表现为恢复基本心理和生理状态的适应过程[85]，可能涉及神经内分泌系统、植物性神经系统和明显导致行为改变的精神状态的变化。动物的反应因其经历、年龄、品种、饲养方式、当前生理和心理状态、处理方式、社会环境以及其他因素而异[86,87]。

应激及其产生的反应分为3个阶段[88]。当动物对无害刺激产生有利的适应性反应时，动物就会出现良性应激。当动物对刺激的反应既不会对动物产生有害影响，也不会对动物产生有益影响时，动物就会出现中性应激。当动物对刺激的反应妨碍了其福利和舒适时，动物就会出现痛苦反应[89]。为了避免痛苦，兽医应尽量选择在动物身体和行为的舒适区（如合适的温度、自然栖息地、窝舍）对其实施安乐死，可能的话提供一个抚慰的环境。

1.5.4 动物行为

虽然兽医领域的科学技术可促进安乐死方法的评估，但是临床状况和公众对遵守道德标准的期望在一定情况下也发挥作用。在解决安乐死问题时，兽医可能不同意对动物或动物群体的一些人道措施和同情心。兽医有时会发现自己身处复杂或混乱的现实状况中，此刻必须做出安乐死的艰难决定，且要考虑动物福利的多面性。在后一种情况下，动物福利的概念与不同评估者对动物行为的不同规范方法有关。① 此时的分歧不一定是关于经验主义或临床措施的分歧，而是基于价值观的分歧，如什么是良好的动物福利，或者某一临床选择可能会对动物造成怎样的伤害或痛苦[90]。因此，虽然安乐死的核心问题是如何让动物安然死去，但兽医们在如何权衡各种社会和临床因素方面一直存在分歧。例如，动物短暂陪伴人类后伴有剧烈痛苦和厌恶而迅速死亡，或是动物长时间无意识，但没有表现出太多的厌恶行为，人们对这两种情况存有不同意见。更具体地说，在实验室环境中，使用哪种类型的吸入剂或其最佳流量，才能使啮齿类动物更快死亡，或者哪种吸入剂会引起焦虑，可能不会产生理想的动物麻醉状态，这些问题可能会引起兽医争论。此外，根据所强调的福利概念的不同，行为厌恶作为违背动物福利的指标可能

被一些人视为不恰当，但有的人则不这样认为。例如，人们更重视动物所经历的消极状态的强度，而不是其接触有毒物质的时间。只有当兽医们对动物福利的各种概念敏感，并愿意公开讨论动物可能受到的影响，那么在动物失去意识之前使用的旨在将疼痛或压力最小化的方法，才有可能获得广泛支持。例如，在实验动物背景下，解决关于情感状态、基本功能、挫折、焦虑或恐惧的重点分歧上很可能受到规章政策和实践的影响，而这些政策和实践也已被 IACUC 确定为动物福利高标准。

在考虑采取安乐死方法时，必须尽可能减少动物的痛苦，包括消极影响或者害怕、厌恶、焦虑和恐惧。动物行为学家和动物福利学家越来越善于辨别这些状态的性质和内容了。兽医和其他参与实施安乐死的人员应该熟悉安乐死前的计划，并注意物种和个体的差异。对所有的动物来说，被置于一个新的环境中会产生应激[91-94]。因此，在熟悉的环境中使用安乐死可能有助于减轻应激反应。

对于习惯与人类接触的动物而言，在安乐死过程中采用温和保定（最好是在熟悉和安全的环境中进行）、小心操作和语言交流会产生镇定效果，也可能很有效[95]。镇静和（或）麻醉可能有助于达到安乐死的最佳状态。但同时必须认识到，在此阶段给予镇静剂或麻醉剂可能会改变血液循环从而延迟安乐死药物的作用的时间。

同种群居动物或野生、凶猛、受伤或遭受疾病痛苦的动物面临着另一种挑战。例如，与习惯被人类频繁接触的动物相比，不习惯被接触和约束的哺乳动物和鸟类在抓取和保定过程中皮质类固醇水平更高[96-98]。例如，饲养在广阔牧场的肉牛和集中饲养在

---

① Fraser D. Understanding animal welfare（abstr）. Acta Vet Scand 2008；50（suppl 1）：S1.

拥挤的斜槽中与人类密切接触的奶牛相比，具有更高的皮质类固醇水平[99,100]。同样对啮齿类动物而言，被放置在一个新的笼子里也会产生应激[101]。因为对于不适应人类接触的动物（如野生动物、凶猛动物、动物园动物和一些实验动物），操作本身就是一种应激源。在评估各种方法时，应考虑实施安乐死所需的处理方法和保定程度（包括没有任何保定，如枪击）[86]。当抓取这些动物时，尽可能让它们在熟悉的环境中，通过减少视觉、听觉和触觉刺激来使动物保持平静。在捕获或保定过程中的挣扎可能导致动物疼痛、受伤或焦虑，或对操作者造成危险时，可能需要使用镇静剂、止痛剂和（或）麻醉剂。对于必须实施安乐死的动物，应选择一种能使其应激最小的给药方式。在这种情况下，可以使用之前描述的多种用于犬猫口服的镇静剂[102,103]。

动物处于不同情绪状态的表情和身体姿势在这里进行了描述[104-107]。意识清醒的动物对伤害性刺激的行为反应包括痛苦的发声、挣扎、试图逃跑、防御或攻击。对牛和猪进行操作或引起其疼痛的过程中，它们发出声音与应激产生的生理指标[108-110]或与保定装置施加的压力过大有关[111,112]。唾液分泌、排尿、排便、肛门排空、瞳孔扩大、心动过速、出汗和反射性骨骼肌收缩引起发抖、震颤或其他肌肉痉挛，这些现象可能发生在无意识以及意识清醒的动物身上。对某些物种来说，恐惧能使其不得动弹或装死，尤其是兔和鸡[113]，这种情况不应被认为动物丧失意识，实际上动物是有意识的。受到惊吓的动物发出痛苦的叫声、表现出恐惧的行为以及释放特定的气味或信息素，这可能会引起其他动物焦虑和恐惧[114,115]。因此，对于敏感的动物品种，在对个体动物实施安乐死时，最好保证没有其他动物在场。通常，简单的环境装饰有助于减少焦虑和压力，如为动物提供防滑地板供其站立、减少

噪声、用眼罩或屏障挡住动物的视线或消除使动物变得焦虑的刺激因素[112,116-119]。

1.5.5 人类行为

由于动物及其主人或照顾者之间存在深厚的感情，因此需要另外的专业人员从超越道德义务的角度尊重和关爱动物，为其提供一种善终方式。对健康或不希望继续生存下去的动物实施安乐死尤其具有挑战性，动物群体的健康利益和（或）人的健康利益与动物个体的福利发生冲突的情况（如动物卫生突发情况）也是如此。

应尊重人与动物的关系，通过公开讨论安乐死[120]，提供适当的场所实施安乐死，尽可能为动物主人和（或）护理人员提供参与的机会（符合动物、主人和护理人员的最大利益），充分告知所有参与人员他们将会看到的情形（包括可能有不舒服的副作用），尽可能给予精神支持和悲伤辅导[121-123]。无论选择哪种安乐死方法，重要的是要考虑到参与人员的理解和认知水平。确认动物死亡后，应口头通知动物主人或护理人员[122]。

动物主人或护理人员并不是受动物安乐死影响唯一的人群，兽医和整个工作团队也可能会对患病动物产生感情，从而很难在照顾还是安乐死中做出选择[124,125]，尤其是当必须结束他们熟悉或治疗了很多年的动物生命时。经常重复这样的场景可能会导致情绪崩溃或同情疲劳。兽医处理安乐死的各种方式在其他章节进行讨论[126]。

专家组意识到动物安乐死对人们产生潜在的心理影响的环境场所有6种。

第一种场所是兽医临床设施（诊所和医院或流动兽医诊所），在这里动物主人必须决定是否和何时实施安乐死。虽然许多宠物主人很大程度上依赖兽医的判断，但也有一些主人在做决定时心存疑虑，尤其是当动物主人对动物的治疗或行为问题感到有责任时。动物主人因为不同的原因为其动物选择

安乐死，包括结束长期病痛的折磨、无法照顾动物、动物状态对其他动物或人的影响、经济因素。安乐死的决定经常给他们带来诸如内疚、悲伤、震惊和怀疑等强烈的情感[127]。随着社会对动物地位道德方面的问题越来越重视，动物护理人员应以极大的尊重和同情来结束动物生命。良好的沟通能力对于帮助动物主人做出结束动物生命的决定至关重要，这是一种需要培训的有学问的技巧[128]。

刚经历过宠物死亡过程（87%采用安乐死）的近80%客户报道了他们在支持兽医安乐死决定和接受动物死亡能力之间的正相关性[127]。如果可行，实施动物安乐死时，主人应在场，并且对将要发生的事情有所准备[122,127,129]。对于使用什么药物，动物会做出什么反应都应进行讨论，如发声、濒死时的呼吸、肌肉抽搐、眼睑无法闭合、排尿或排便等行为会让主人感到痛苦。在一些社区，已经开始为积极应对动物死亡有困难的主人提供咨询服务，也鼓励兽医参加应对悲伤的培训以帮助他们的客户[130-132]。虽然良好的安乐死操作（如客户交流和培训，适当物种的同情处理，技术选择，减少动物焦虑以助于对其安全保定，安乐死前使用镇静剂或麻醉剂，死亡的确认）经常用于犬猫，其他作为宠物饲养的物种也应该遵循这些规则，包括小型哺乳动物、鸟类、爬行动物、农场动物和水生动物。

第二种场所是在动物护理和管控设施内，被抛弃的、无家可归的、患病的和受伤的动物必须被大规模实施安乐死。实施安乐死的工作人员必须技术熟练（包括使用人道处理方法和熟悉安乐死方法），且必须能够理解并告知他人安乐死的原因以及选择某一方法的原因，这需要组织保证在安乐死相关的最新方法、技术和材料方面提供持续的专业培训。

直接重复操作安乐死的人员可能会产生应激[133]，也可能产生一种强烈的工作不满或精神错乱、对动物漠不关心和粗暴处理的心理状态[134]。短期内经常进行安乐死对工作人员的影响比长期内偶尔操作可能更糟糕[135]。此外，动物收容所的工作人员对于安乐死那些健康的、被抛弃的动物比处理那些年老的、生病的、受伤或野生的动物更困难[136]。通过制订充足的培训计划以保证安乐死的实施、轮流值班、为操作安乐死的人员分担责任才能使这项艰难的工作让人接受，工作时有多人在场，必要时有专业的支持，对主人收养或重新回归主人的动物给予关注，花更多的时间参加教育，当工作人员感到有压力时让其有充分的休息时间，管理上要注意工作人员是否存在与动物安乐死有关的问题，并决定是否有必要预防、减少或消除这一问题。

第三种场所是实验室。研究人员、技术人员和学生都可能会对实验室中必须实施安乐死的动物产生感情，虽然这些动物通常是为了科研目的而饲养的[137]。人和被研究动物的密切关系对许多被研究动物的生活质量产生积极的影响，但是与兽医临床工作者和动物保护者相比，动物护理人员却遭遇了安乐死相关的压力[138-140]。对那些在实验室工作的人员，也应给予类似动物主人或动物保护者同样的关照，特别是提供培训以促进其应对悲伤的技巧[141]。

第四种场所是野生动物保护与管理。野生动物生物学家、野生动物管理者和野生动物健康专业人士通常对受伤的、患病的、数量过多的、威胁到人员财产或安全的动物实施安乐死。虽然重新安置一些动物可能是合适且应该尝试着做的，但这往往只是一个暂时的解决办法，无法解决更大的问题。那些必须与这些动物打交道的人，尤其是在公众要求他们拯救动物而不是摧毁它们的压力下，可能会承受更大的痛苦和焦虑。此外，在选择安乐死方法时，不仅要考虑野生动物专业人士的看法，也要考虑在场人员的想法。

第五种场所是家畜和家禽生产。对于动物保护和实验动物工作人员而言，农场工人需要对那些以生产为饲养目的的动物进行现场安乐死，这会对员工的身体和情感产生不好的影响[142]。

第六种场所是在公共场所。对于动物园动物、路边或赛马场出事故的动物、搁浅的海洋动物、令人讨厌或受伤的野生动物的安乐死可能引起公众的关注，因此在对这些动物实施安乐死时，必须考虑公众的态度和反应。应对自然灾害和外来动物疾病也给公众带来了挑战。然而，对公众看法的关注不应超过首要责任，即符合动物的最佳利益（如尽可能使用合适的和无痛的安乐死方法）。

在安乐死过程中，除了要照顾好动物，考虑参与人员的心理健康外，还需要保证操作人员和实施安乐死的人员的身体安全。安全使用管制药物和控制转移以防滥用也是使用这些药物实施安乐死人员的责任之一[143]。

1.5.6　镇静与麻醉

本指南中使用的镇静、镇定和麻醉术语必须加以区分。镇静剂和镇定剂的一个共同特征是，只要有足够的刺激，就能唤醒意识状态，因此，被这些药物镇静或镇定的动物仍能有意识地感受环境，并与环境相联系。与正确使用物理安乐死方法不同的是，动物的意识丧失是瞬间且明确的（如系簧枪、枪击、触电），而其他经批准的安乐死方法要求动物事先处于完全无意识状态（如戊巴比妥心内注射、静脉注射硫酸镁或氯化钾、放血）。当镇静剂、催眠药和镇定剂用量充足时，可以产生一种类似睡眠的状态，人类可能会有与环境相关的回忆，动物可能也是如此。事实上，在右旋美托咪定镇静期间，人类对环境尚有意识，但已失去反应[144]，即

使赛拉嗪的给药剂量达到正常剂量［0.1mg/kg（0.05mg/lb）］的55～88倍（可以使牛睡眠），也不能达到手术麻醉状态。① 真正的无反应、断开连接的无意识状态不应依赖于固定、镇定或镇静剂的给药剂量。相反，在动物失去意识之前，实施会造成痛苦或伤害性刺激的安乐死方法时，应使用有效剂量达到全身麻醉。

1.6　安乐死的机制

安乐死药物导致死亡的基本机制包括以下三个方面：①直接抑制生命功能所必需的神经元；②缺氧；③对大脑活动的物理破坏。安乐死的过程应该消除或最大程度减小动物失去意识前的痛苦、焦虑和应激。由于这些机制导致的意识丧失可能以不同比例发生，因此合适的安乐死药物或方法将取决于动物在意识丧失之前对应激的反应。

无意识被定义为个体意识的丧失，发生在大脑整合信息的能力被阻断或中断时（更多信息请参见无意识的论述部分）。理想情况下，安乐死方法应该引起意识快速丧失，紧接着心跳或呼吸停止，随后大脑功能丧失。丧失意识应发生于肌肉停止运动之前。那些通过肌肉麻痹来阻止肌肉运动，但又不阻止或破坏大脑皮层或等效结构的药剂（如琥珀酰胆碱、士的宁、箭毒、尼古丁、钾或镁盐）和方法，不能作为脊椎动物的唯一安乐死药物和方法，因为它们会造成动物死亡前的痛苦和有意识的疼痛。相反，镁盐可以作为许多无脊椎动物安乐死的唯一药物，因为它可以使这些动物的大脑活动丧失[145,146]，也有证据表明镁离子在抑制头足

---

① Dewell RD, Bergamasco LL, Kelly CK, et al. Clinical study to assess the level of unconsciousness in cattle following the administration of high doses of xylazine hydrochloride（abstr），in Proceedings. 46th Annu Conf Am Assoc Bovine Pract 2013；183.

类动物的神经活动中起着主要作用[147]。

抑制皮层神经系统会导致意识丧失，然后是死亡。根据使用特定药物或方法发挥效果的速度，可以观察到动物表现出肌肉活动抑制并伴有喊叫和肌肉收缩，类似于麻醉初始阶段的情况。尽管这会让观察者感到痛苦，但这些反应是无意的。一旦出现共济失调和翻正反射丧失，随后观察到一些肌肉活动，如抽搐、喊叫和反射挣扎，均属于麻醉的第二阶段，根据定义，这一阶段从丧失意识持续到开始有规律呼吸[64,65]。

将动物暴露于高浓度的二氧化碳（CO_2）、氮气（N_2）或氩气（Ar）中，或通过吸入一氧化碳（CO）来阻断红细胞摄取氧气（O_2），导致动物缺氧。放血法是诱导缺氧的另一种间接的辅助方法，并且可以作为一种确认已经无意识或濒死动物死亡的方式。与其他安乐死方法一样，一些动物在因缺氧而失去意识后可能表现出肌肉活动或抽搐，然而这是一种反射活动而非动物有意识的感知。此外，对于那些能够耐受长时间缺氧的物种而言，用缺氧的方法是不适合的。

通过对颅骨的打击可造成大脑活动的物理破坏，用系簧枪、子弹或石棒直接破坏大脑，或以电击的方法使脑神经元去极化对大脑进行直接破坏。当控制呼吸和心脏活动的中脑中枢不能工作时，动物很快就会死亡。意识丧失后可发生抽搐和肌肉活动过度。物理破坏法之后通常会放血。如果操作得当，这些方法价格低廉、人道、无痛，且不会在动物尸体中存在药物残留。此外，采用几乎不需要提前准备的安乐死方法会让动物尽可能减少恐惧和焦虑。然而，物理方法通常需要操作者与动物直接接触，这可能会对操作者造成侵害和苦恼。物理方法要求操作者必须熟练地操作，以确保动物迅速且人道的死亡，否则可能会给动物带来严重的痛苦。

总之，大脑皮层或等同结构以及相关的皮层下结构必须具有能够感知疼痛的功能。如果大脑皮层因为神经元抑制、缺氧或物理破坏而无功能，则不会感到疼痛。意识丧失后可能发生的肌肉反射活动，尽管令观察者感到痛苦，但动物本身感知不到。基于这三种安乐死方法机制的局限性，应对参与安乐死过程的人员进行培训，使其技术熟练，并完善现有方法[148]。

1.7 死亡确认

在处理动物尸体之前必须要进行死亡确认。使用多种方式结合的方法来确认死亡比较可靠，包括无脉搏、无呼吸、角膜反射消失和无掐指反射，听诊器无法听到心跳和呼吸音，黏膜颜色变灰和死后僵直。除了看到死后僵直，其他现象单独出现时都不能确认为死亡。

对小动物而言，尤其在环境保护下有装死行为的小动物，需要用心脏穿刺的方法来验证其无意识后是否已经死亡，针头插入心脏后（回抽见血确认针头所插的位置是正确的），注射器无法抽动，表明心肌没有了运动，说明动物已经死亡[149]。

1.8 动物尸体的处理

无论选择哪种安乐死方法，动物尸体都必须根据当地法规进行妥善的处理。法律法规不仅适用于动物尸体的处理（如掩埋、焚烧、回收），也适用于动物尸体内化学残留，如药物残留（包括但不限于巴比妥类，如戊巴比妥）和其他残留（如铅）的处理，这些残留可能会影响食腐动物或被掺杂到动物食物中。

兽医、动物保护者和动物主人必须合法使用戊巴比妥，在动物死亡后妥善处理动物的尸体。含有戊巴比妥的动物尸体对食腐野生动物而言有潜在的毒性，包括鸟类（如秃鹰和金雕、秃鹫、鹰类、海鸥、乌鸦等）、食肉哺乳动物（如熊、土狼、貂、食鱼动物、狐狸、猞猁、山猫、美洲狮）和家犬[150]。美国联邦法律用于保护这些物种免于被含有戊巴比妥的动物尸体二次毒害。《候鸟条约法》《濒危物种法》和《秃鹰和金鹰保护法》适用于民事和刑事处罚，民事处以 25 000 美元以下罚款，刑事处以 500 000 美元以下罚款以及 2 年以下监禁[150]。如果兽医卫生专业人员本应正确处理动物尸体，但他们未能正确处理，或未能告知客户如何处理，无论其是否有意造成伤害，都可能会产生严重后果[151,152]。美国鱼类和野生动物执法办公室负责调查因含有戊巴比妥的动物尸体而导致疑似野生动物死亡的案件。

美国鱼类和野生动物服务机构（US Fish and Wildlife Service）为防止戊巴比妥二次毒害提出的建议是：①尽可能将动物尸体焚烧或火化；②根据当地法律法规立即深埋尸体；③如果地面结冰，则应安全地覆盖或保存动物尸体，直到可以进行深埋；④查看修正当地填埋方法，以防止食腐动物接触到被合法处置的动物尸体；⑤给客户介绍正确处置尸体的方法；⑥在安乐死同意书上附上处置动物尸体的方法；⑦在动物尸体和外包装袋或容器上标注明显的危害标识[150]。

提炼是处理死亡牲畜和马的一种重要方法，因为许多马是用巴比妥类药物安乐死的，其残留物可能是有害的，从中提炼出来的蛋白质会用于制作牛、猪、家禽、鱼和伴侣动物的动物饲料，但法律禁止从反刍动物中提炼的产品用于反刍动物饲料。许多宠物食品生产商已经降低了对提炼的产品中巴比妥类药物浓度的接受限量。分析化学的进步提高了检测灵敏度，宠物食品生产商正在使用这些技术来确保产品中所含提炼蛋白的纯度。因此，分析灵敏度的提高导致许多提炼加工厂重新考虑是否接受使用巴比妥类药物

安乐死的马。这使得提炼加工厂和那些希望将提炼作为处理使用戊巴比妥安乐死动物的方法的人处于困境，并可能导致提炼加工厂不愿意接受超出其合理管理范围的动物尸体，而产生残留问题。如果提炼加工厂不能或者不愿意接受动物尸体有戊巴比妥残留，则必须提前考虑动物尸体处置的替代方法。

处理动物尸体的另一种方法是堆肥，现在变得越来越普遍。对堆肥动物尸体中巴比妥类药物残留持久性的研究很少，但现存的研究表明，这类药物在堆肥材料中持久存在。虽然这方面的影响尚不清楚，但它确实引发了关于动物健康突发事件或大规模死亡事件的潜在环境影响的问题。

可减少二次毒害的戊巴比妥类药物的替代方法包括全身麻醉后使用氯化钾等无毒注射剂，或是使用物理方法如 PCB 或枪击。然而这些替代方法，也并不是全无风险。例如，动物尸体中的非巴比妥类药物残留（如赛拉嗪）可能会影响食腐动物，并且会降低提炼加工厂对这些动物尸体的可接受度。不幸的是，监管机构缺少关于此类替代方法的使用指导。

抗生素在动物尸体中的残留也引起人们的关注，尤其是对于将被提炼的动物尸体。虽然许多抗生素可能在提炼过程中被灭活或破坏，但与抗生素耐药性相关的公共卫生问题、化学分析的灵敏度增加，以及对提炼加工厂的监管指导有限，使得兽医安全补救的责任更复杂了。

当发生人兽共患病、外来动物疫病或是疑似危害群体健康的疾病发生时，此类动物尸体的安全处理尤为重要。应采集合适的样本检测，必须联系监管机构，动物尸体必须焚烧（如可能）。建议穿戴个人防护装备，做好处理生物危害的防护。对于伤害过人类的动物，需按照当地的法律法规采取特殊措施。

1.9 参考文献 *

[1] Sandoe P, Christiansen SB. *Ethics of animal use*. Chichester, England: Wiley-Blackwell, 2008: 1-14, 15-32, 49-66.

[2] Rollin BE. Animal agriculture and emerging social ethics for animals. *J Anim Sci* 2004: 82: 955-964.

[3] DeGrazia D. Self-awareness in animals. In: Lurz R, ed. *The philosophy of animal minds*. Cambridge, England: Cambridge University Press, 2009: 201-217.

[4] Thompson PB. Ethics on the frontiers of livestock science. In: Swain DL, Charmley E, Steel JW, et al, eds. *Redesigning animal agriculture: the challenge of the 21st century*. Cambridge, Mass: CABI, 2007: 30-45.

[5] Thompson PB. Getting pragmatic about farm animal welfare. In: McKenna E, Light A, eds. *Animal pragmatism: rethinking human-nonhuman relationships*. Bloomington, Ind: Indiana University Press, 2004: 140-159.

[6] DeGrazia D. Animal ethics around the turn of the twenty-first century. *J Agric Environ Ethics* 1999: 11: 111-129.

[7] DeGrazia D. *Taking animals seriously: mental life and moral status*. Cambridge, England: Cambridge University Press, 1996.

[8] Thompson PB. *Agricultural ethics: research, teaching, and public policy*. Ames, Iowa: Iowa State University Press, 1998.

[9] Varner G. *In nature's interests? Interests, animal rights and environmental ethics*. Oxford, England: Oxford University Press, 1998.

[10] AVMA. Veterinarian's oath. Available at www.avma.org/about_avma/whoweare/oath.asp. Accessed May 13, 2011.

[11] Pavlovic D, Spassov A, Lehmann C. Euthanasia: in defense of a good, ancient word. *J Clin Res Bioeth* 2011: 2: 105.

[12] AVMA. AVMA animal welfare principles. Available at: www.avma.org/issues/policy/animal_welfare/principles.asp. Accessed May 7, 2011.

[13] AVMA. Euthanasia of animals that are unwanted or unfit for adoption. Available at: www.avma.org/issues/policy/animal_welfare/euthanasia.asp. Accessed May 7, 2011.

[14] ulAin Q, Whiting TL. Is a "good death" at the time of animal slaughter an essentially contested concept? *Animals (Basel)* 2017: 7: 99.

[15] Haynes R. *Animal welfare: competing conceptions and their ethical implications*. Dort, Netherlands: Springer, 2008.

[16] Appleby MC. *What should we do about animal welfare?* Oxford, England: Blackwell, 1999.

[17] Fraser D, Weary DM, Pajor EA, et al. A scientific conception of animal welfare that reflects ethical concerns. *Anim Welf* 1997: 6: 187-205.

[18] Duncan IJH. Animal welfare defined in terms of feelings. *Acta Agric Scand. Anim Sci* 1996: (suppl 27): 29-35.

[19] Yeates J. Death is a welfare issue. *J Agric Environ Ethics* 2010: 23: 229-241.

[20] Višak T, Garner R, Singer P. *The ethics of killing animals*. Oxford, England: Oxford University Press, 2016.

[21] Meijboom FLB, Stassen EN. *The end of animal life: a start for ethical debate. Ethical and societal considerations on killing animals*. Wageningen, Netherlands: Wageningen Academic Publishers, 2016.

[22] Kamm FM. *Morality, mortality*. Vol 1. Oxford, England: Oxford University Press, 1993.

[23] Morton DB. A hypothetical strategy for the objective evaluation of animal well-being and quality of life using a dog model. *Anim Welf* 2007: 16(suppl): 75-81.

[24] Rollin BE. Animal euthanasia and moral stress. In: Kay WJ, Cohen SP, Fudin CE, et al,

---

* 本书所有参数文献均按照原版格式排版。

eds. *Euthanasia of the companion animal*. Philadelphia: Charles Press, 1988: 31-41.

[25] Niel L, Stewart SA, Weary DM. Effect of flow rate on aversion to gradual-fill carbon dioxide euthanasia in rats. *Appl Anim Behav Sci* 2008; 109: 77-84.

[26] Brown M, Carbone L, Conlee KM, et al. Report of the working group on animal distress in the laboratory. *Lab Anim (NY)* 2006; 35: 26-30.

[27] Demers G, Griffin G, DeVroey G, et al. Animal research. Harmonization of animal care and use guidelines. *Science* 2006; 312: 700-701.

[28] Hawkins P, Playle L, Golledge H, et al. Newcastle consensus meeting on carbon dioxide euthanasia of laboratory animals. London: National Centre for the Replacement, Refinement and Reduction of Animals in Science, 2006. Available at: www. nc3rs. org. uk/downloaddoc. asp? id=416&page=292&skin=0. Accessed Jan 20, 2011.

[29] AVMA. Principles of veterinary medical ethics of the AVMA. Available at: www. avma. org/ issues/policy/ethics. asp. Accessed May 13, 2011.

[30] Rollin BE. *An introduction to veterinary medical ethics*. 2nd ed. Ames, Iowa: Blackwell, 2006.

[31] Croney CC, Anthony R. Engaging science in a climate of values: tools for animal scientists tasked with addressing ethical problems. *J Anim Sci* 2010; 88(suppl 13): E75-E81.

[32] Sandoe P, Christiansen SB, Appleby MC. Farm animal welfare: the interaction of ethical questions and animal welfare science. *Anim Welf* 2003; 12: 469-478.

[33] Fraser D. Animal ethics and animal welfare science: bridging the two cultures. *Appl Anim Behav Sci* 1999; 65: 171-189.

[34] Thompson PB. From a philosopher's perspective, how should animal scientists meet the challenge of contentious issues? *J Anim Sci* 1999; 77: 372-377.

[35] Webster J. *Animal welfare: a cool eye towards Eden*. Oxford, England: Blackwell, 1994.

[36] Anderson E. Animal rights and the values of nonhuman life. In: Sunstein C, Nussbaum M, eds. *Animal rights: current debates and new directions*. Oxford, England: Oxford University Press, 2004: 277-298.

[37] Regan T. *Animal rights, human wrongs: an introduction to moral philosophy*. Lanham, Md: Rowman and Littlefield, 2003.

[38] Pluhar E. *Beyond prejudice*. Durham, NC: Duke University Press, 1995.

[39] Regan T. *The case for animal rights*. Berkeley, Calif: University of California Press, 1983.

[40] Anthony R. Ethical implications of the human-animal bond on the farm. *Anim Welf* 2003; 12: 505-512.

[41] Burgess-Jackson K. Doing right by our animal companions. *J Ethics* 1998; 2: 159-185.

[42] Frey R. *Rights, killing and suffering*. Oxford, England: Blackwell, 1983.

[43] Singer P. *Practical ethics*. Cambridge: Cambridge University Press, 1978.

[44] Rollin BE. The use and abuse of Aesculapian authority in veterinary medicine. *J Am Vet Med Assoc* 2002; 220: 1144-1149.

[45] Sanders RD, Tononi G, Laureys S, et al. Unresponsiveness≠unconsciousness. *Anesthesiology* 2012; 116: 946-959.

[46] Hendrickx JF, Eger II EI, Sonner JM, et al. Is synergy the rule? A review of anesthetic interactions producing hypnosis and immobility. *Anesth Analg* 2008; 107: 494-506.

[47] Antognini JF, Barter L, Carstens E. Overview: movement as an index of anesthetic depth in humans and experimental animals. *Comp Med* 2005; 55: 413-418.

[48] Alkire MT, Hudetz AG, Tononi G. Consciousness and anesthesia. *Science* 2008; 322: 876-880.

[49] Gregory NG. Animal welfare at markets and during transport and slaughter. *Meat Sci* 2008; 80: 2-11.

[50] Finnie JW. Neuropathologic changes produced by non-penetrating percussive captive bolt stunning of cattle. *N Z Vet J* 1995; 43: 183-185.

[51] Blackmore DK, Newhook JC. The assessment of insensibility in sheep, calves and pigs during slaughter. In: Eikelenboom G, ed. *Stunning of animals for slaughter*. Boston: Martinus Nijhoff Publishers, 1983; 13-25.

[52] Gregory NG, Lee CJ, Widdicombe JP. Depth of concussion in cattle shot by penetrating captive bolt. *Meat Sci* 2007; 77: 499-503.

[53] Vogel KD, Badtram G, Claus JR, et al. Head-only followed by cardiac arrest electrical stunning is an effective alternative to head-only electrical stunning in pigs. *J Anim Sci* 2011; 89: 1412-1418.

[54] Blackmore DK, Newhook JC. Electroencephalographic studies of stunning and slaughter of sheep and calves. 3. The duration of insensibility induced by electrical stunning in sheep and calves. *Meat Sci* 1982; 7: 19-28.

[55] Cartner SC, Barlow SC, Ness TJ. Loss of cortical function in mice after decapitation, cervical dislocation, potassium chloride injection, and CO_2 inhalation. *Comp Med* 2007; 57: 570-573.

[56] Close B, Banister K, Baumans V, et al. Recommendations for euthanasia of experimental animals: part 2. DGXT of the European Commission. *Lab Anim* 1997; 31: 1-32.

[57] Close B, Banister K, Baumans V, et al. Recommendations for euthanasia of experimental animals: part 1. DGXI of the European Commission. *Lab Anim* 1996; 30: 293-316.

[58] Gregory NG, Wotton SB. Effect of slaughter on the spontaneous and evoked activity of the brain. *Br Poult Sci* 1986; 27: 195-205.

[59] Bates G. Humane issues surrounding decapitation reconsidered. *J Am Vet Med Assoc* 2010;

[60] Holson RR. Euthanasia by decapitation: evidence that this technique produces prompt, painless unconsciousness in laboratory rodents. *Neurotoxicol Teratol* 1992; 14: 253-257.

[61] Derr RF. Pain perception in decapitated rat brain. *Life Sci* 1991; 49: 1399-1402.

[62] Vanderwolf CH, Buzak DP, Cain RK, et al. Neocortical and hippocampal electrical activity following decapitation in the rat. *Brain Res* 1988; 451: 340-344.

[63] Mikeska JA, Klemm WR. EEG evaluation of humaneness of asphyxia and decapitation euthanasia of the laboratory rat. *Lab Anim Sci* 1975; 25: 175 179.

[64] Muir WW. Considerations for general anesthesia. In: Tranquilli WJ, Thurmon JC, Grimm KA, eds. *Lumb and Jones' veterinary anesthesia and analgesia*. 4th ed. Ames, Iowa: Blackwell, 2007; 7-30.

[65] Erhardt W, Ring C, Kraft H, et al. CO_2 stunning of swine for slaughter from the anesthesiological viewpoint. *Dtsch Tierarztl Wochenschr* 1989; 96: 92-99.

[66] Terlouw C, Bourguet C, Deiss V. Consciousness, unconsciousness and death in the context of slaughter. Part 1. Neurobiological mechanisms underlying stunning and killing. *Meat Sci* 2016; 118: 133-146.

[67] Terlouw C, Bourguet C, Deiss V. Consciousness, unconsciousness and death in the context of slaughter. Part 2. Evaluation methods. *Meat Sci* 2016; 118: 147-156.

[68] Verhoeven MTW, Gerritzen MA, Kluivers-Poodt M, et al. Validation of behavioural indicators used to assess unconsciousness in sheep. *Res Vet Sci* 2015; 101: 144-153.

[69] Verhoeven MT, Gerritzen MA, Hellebrekers LJ, et al. Indicators used in livestock to assess unconsciousness after stunning: a review. *Animal* 2015; 9: 320-330.

[70] Verhoeven MTW, Hellebrekers LJ, Gerritzen

MA, et al. Validation of indicators used to assess unconsciousness in veal calves at slaughter. *Animal* 2016; 10: 1457-1465.

[71] Marchant N, Sanders R, Sleigh J, et al. How electroencephalography serves the anesthesiologist. *Clin EEG Neurosci* 2014; 45: 22-32.

[72] International Association for the Study of Pain. Pain terms. Available at: www. iasp-pain. org/ AM/Template. cfm? Section = Pain_Definitions&Template =/CM/HTMLDisplay. fm& ContentID = 1728 ♯ Pain. Accessed Feb 7, 2011.

[73] AVMA. AVMA guidelines on euthanasia. June 2007. Available at: www. avma. org/issues/ animal _ welfare/euthanasia. pdf. Accessed May 7, 2011.

[74] Tarsitano MS, Jackson RR. Araneophagic jumping spiders discriminate between detour routes that do and do not lead to prey. *Anim Behav* 1997; 53: 257-266.

[75] Jackson RR, Carter CM, Tarsitano MS. Trial-and-error solving of a confinement problem by a jumping spider, *Portia fibriata*. *Behaviour* 2001; 138: 1215-1234.

[76] Dyakonova VE. Role of opioid peptides in behavior of invertebrates. *J Evol Biochem Physiol* 2001; 37: 335-347.

[77] Sladky KK, Kinney ME, Johnson SM. Analgesic efficacy of butorphanol and morphine in bearded dragons and corn snakes. *J Am Vet Med Assoc* 2008; 233: 267-273.

[78] Baker BB, Sladky KK, Johnson SM. Evaluation of the analgesic effects of oral and subcutaneous tramadol administration in red-eared slider turtles. *J Am Vet Med Assoc* 2011; 238: 220-227.

[79] Sneddon LU, Braithwaite VA, Gentle JM. Do fish have nociceptors? Evidence for the evolution of a vertebrate sensory system. *Proc Biol Sci* 2003; 270: 1115-1121.

[80] Sneddon LU. Anatomical and electrophysiological analysis of the trigeminal nerve in a teleost fish, *Oncorhynchus mykiss*. *Neurosci Lett* 2002; 319: 167-171.

[81] Rose JD. The neurobehavioral nature of fishes and the question of awareness and pain. *Rev Fish Sci* 2002; 10: 1-38.

[82] Nordgreen J, Horsberg TE, Ranheim B, et al. Somatosensory evoked potentials in the telencephalon of Atlantic salmon (*Salmo salar*) following galvanic stimulation of the tail. *J Comp Physiol A Neuroethol Sens Neural Behav Physiol* 2007; 193: 1235-1242.

[83] Dunlop R, Laming P. Mechanoreceptive and nociceptive responses in the central nervous system of goldfish (*Carassius auratus*) and trout (*Oncorhynchus mykiss*). *J Pain* 2005; 6: 561-568.

[84] Braithwaite VA. Cognition in fish. *Behav Physiol Fish* 2006; 24: 1-37.

[85] Kitchen N, Aronson AL, Bittle JL, et al. Panel report on the Colloquium on Recognition and Alleviation of Animal Pain and Distress. *J Am Vet Med Assoc* 1987; 191: 1186-1191.

[86] Wack R, Morris P, Sikarskie J, et al. Criteria for humane euthanasia and associated concerns. In: American Association of Zoo Veterinarians (AAZV). *Guidelines for euthanasia of nondomestic animals*. Yulee, Fla: American Association of Zoo Veterinarians, 2006; 3-5.

[87] National Research Committee on Pain and Distress in Laboratory Animals, Institute of Laboratory Animal Resources, Commission on Life Sciences, National Research Council. *Recognition and alleviation of pain and distress in laboratory animals*. Washington, DC: National Academy Press, 1992.

[88] Breazile JE. Physiologic basis and consequences of distress in animals. *J Am Vet Med Assoc* 1987; 191: 1212-1215.

[89] McMillan FD. Comfort as the primary goal in veterinary medical practice. *J Am Vet Med Assoc* 1998; 212: 1370-1374.

[90] Fraser D. Assessing animal welfare at the farm and group level: the interplay of science and values. *Anim Welf* 2003; 12: 433-443.

[91] Coppola CL, Grandin T, Enns MR. Human interaction and cortisol: can human contact reduce stress in shelter dogs? *Physiol Behav* 2006; 87: 537-541.

[92] Van Reenen CG, O'Connell NE, Van der Werf JT, et al. Response of calves to acute stress: individual consistency and relations between behavioral and physiological measures. *Physiol Behav* 2005; 85: 557-570.

[93] Dantzer R, Mormède P. Stress in farm animals: a need for reevaluation. *J Anim Sci* 1983; 57: 6-18.

[94] Moberg GP, Wood VA. Effect of differential rearing on the behavorial and adrenocortical response of lambs to a novel environment. *Appl Anim Ethol* 1982; 8: 269-279.

[95] Baran BE, Allen JA, Rogelberg SG, et al. Euthanasia-related strain and coping strategies in animal shelter employees. *J Am Vet Med Assoc* 2009; 235: 83-88.

[96] Collette JC, Millam JR, Klasing KC, et al. Neonatal handling of Amazon parrots alters stress response and immune function. *Appl Anim Behav Sci* 2000; 66: 335-349.

[97] Grandin T. Assessment of stress during handling and transport. *J Anim Sci* 1997; 75: 249-257.

[98] Boandl KE, Wohlt JE, Carsia RV. Effect of handling, administration of a local anesthetic and electrical dehorning on plasma cortisol in Holstein calves. *J Dairy Sci* 1989; 72: 2193.

[99] Lay DC, Friend TH, Bowers CL, et al. A comparative physiological and behavioral study of freeze and hot-iron branding using dairy cows. *J Anim Sci* 1992; 70: 1121-1125.

[100] Lay DC, Friend TH, Randel RD, et al. Behavioral and physiological effects of freeze and hot-iron branding on crossbred cattle. *J Anim Sci* 1992; 70: 330-336.

[101] Duke JL, Zammit TG, Lawson DM. The effects of routine cage-changing in cardiovascular and behavioral parameters in male Sprague-Dawley rats. *Contemp Top Lab Anim Sci* 2001; 40: 17-20.

[102] Ramsay EC, Wetzel RW. Comparison of five regimens for oral administration of medication to induce sedation in dogs prior to euthanasia. *J Am Vet Med Assoc* 1998; 213: 240-242.

[103] Wetzel RW, Ramsay EC. Comparison of four regimens for intraoral administration of medication to induce sedation in cats prior to euthanasia. *J Am Vet Med Assoc* 1998; 213: 243-245.

[104] Houpt KA. *Domestic animal behavior for veterinarians and animal scientists*. 3rd ed. Ames, Iowa: Iowa State University Press, 1998.

[105] Beaver BV. *Canine behavior: a guide for veterinarians*. Philadelphia: WB Saunders Co, 1998.

[106] Beaver BV. *The veterinarian's encyclopedia of animal behavior*. Ames, Iowa: Iowa State University Press, 1994.

[107] Schafer M. *The language of the horse: habits and forms of expression*. New York: Arco Publishing Co, 1975.

[108] White RG, DeShazer JA, Tressler CJ, et al. Vocalization and physiological response of pigs during castration with and without a local anesthetic. *J Anim Sci* 1995; 73: 381-386.

[109] Warriss PD, Brown SN, Adams M. Relationships between subjective and objective assessments of stress at slaughter and meat quality in pigs. *Meat Sci* 1994; 38: 329-340.

[110] Dunn CS. Stress reactions of cattle undergoing ritual slaughter using two methods of restraint. *Vet Rec* 1990; 126: 522-525.

[111] Grandin T. Cattle vocalizations are associated with handling and equipment problems in slaughter plants. *Appl Anim Behav Sci* 2001; 71: 191-201.

[112] Grandin T. Objective scoring of animal handling and stunning practices at slaughter plants. *J Am Vet Med Assoc* 1998; 212: 36-39.

［113］Jones RB. Experimental novelty and tonic immobility in chickens (*Gallas domesticus*). *Behav Processes* 1984；9：255-260.

［114］Vieuille-Thomas C，Signoret JP. Pheromonal transmission of an aversive experience in domestic pig. *J Chem Ecol* 1992；18：1551-1557.

［115］Stevens DA，Saplikoski NJ. Rats' reactions to conspecific muscle and blood evidence for alarm substances. *Behav Biol* 1973；8：75-82.

［116］Grandin T. Effect of animal welfare audits of slaughter plants by a major fast food company on cattle handling and stunning practices. *J Am Vet Med Assoc* 2000；216：848-851.

［117］Grandin T. Euthanasia and slaughter of livestock. *J Am Vet Med Assoc* 1994；204：1354-1360.

［118］Grandin T. Pig behavior studies applied to slaughter-plant design. *Appl Anim Ethol* 1982；9：141-151.

［119］Grandin T. Observations of cattle behavior applied to design of cattle handling facilities. *Appl Anim Ethol* 1980；6：19-31.

［120］Knesl O，Hart B，Fine AH，et al. Veterinarians and humane endings：when is it the right time to euthanize a companion animal？ *Front Vet Sci* 2017；4：45.

［121］Nogueira Borden LJ，Adams CL，Bonnett BN，et al. Use of the measure of patient-centered communication to analyze euthanasia discussions in companion animal practice. *J Am Vet Med Assoc* 2010；237：1275-1287.

［122］Martin F，Ruby KL，Deking TM，et al. Factors associated with client，staff，and student satisfaction regarding small animal euthanasia procedures at a veterinary teaching hospital. *J Am Vet Med Assoc* 2004；224：1774-1779.

［123］Guntzelman J，Riegger MH. Helping pet owners with the euthanasia decision. *Vet Med* 1993；88：26-34.

［124］Arluke A. Managing emotions in an animal shelter. In：Manning A，Serpell J，eds. *Animals and human society*. New York：Rout-ledge，1994；145-165.

［125］Rhoades RH. *The Humane Society of the United States euthanasia training manual*. Washington，DC：Humane Society Press，2002.

［126］Manette CS. A reflection on the ways veterinarians cope with the death，euthanasia，and slaughter of animals. *J Am Vet Med Assoc* 2004；225：34-38.

［127］Adams CL，Bonnett BN，Meek AH. Predictors of owner response to companion animal death in 177 clients from 14 practices in Ontario. *J Am Vet Med Assoc* 2000；217：1303-1309.

［128］Shaw JR，Lagoni L. End-of-life communication in veterinary medicine：delivering bad news and euthanasia decision making. *Vet Clin North Am Small Anim Pract* 2007；37：95-108.

［129］Frid MH，Perea AT. Euthanasia and thanatology in small animals. *J Vet Behav* 2007；2：35-39.

［130］AVMA. Pet loss support hotlines (grief counseling). *J Am Vet Med Assoc* 1999；215：1805.

［131］Hart LA，Mader B. Pet loss support hotline：the veterinary students' perspective. *Calif Vet* 1992；(Jan-Feb)：19-22.

［132］Neiburg HA，Fischer A. *Pet loss：a thoughtful guide for adults and children*. New York：Harper & Row，1982.

［133］Rogelberg SG，Reeve CL，Spitzmüller C，et al. Impact of euthanasia rates，euthanasia practices，and human resource practices on employee turnover in animal shelters. *J Am Vet Med Assoc* 2007；230：713-719.

［134］Arluke A. Coping with euthanasia：a case study of shelter culture. *J Am Vet Med Assoc* 1991；198：1176-1180.

［135］Reeve CL，Rogelberg SG，Spitzmuller C，et al. The caring-killing paradox：euthanasia-related strain among animal shelter workers. *J Appl Soc Psychol* 2005；35：119-143.

[136] White DJ, Shawhan R. Emotional responses of animal shelter workers to euthanasia. *J Am Vet Med Assoc* 1996; 208: 846-849.

[137] Wolfle T. Laboratory animal technicians: their role in stress reduction and human-companion animal bonding. *Vet Clin North Am Small Anim Pract* 1985; 15: 449-454.

[138] Rohlf V, Bennett P. Perpetration-induced traumatic stress in persons who euthanize nonhuman animals in surgeries, animal shelters, and laboratories. *Soc Anim* 2005; 13: 201-219.

[139] Bayne K. Development of the human-research bond and its impact on animal well-being. *ILAR J* 2002; 43: 4-9.

[140] Chang FT, Hart LA. Human-animal bonds in the laboratory: how animal behavior affects the perspectives of caregivers. *ILAR J* 2002; 43: 10-18.

[141] Overhulse KA. Coping with lab animal morbidity and mortality: a trainer's role. *Lab Anim (NY)* 2002; 31: 39-42.

[142] Woods J, Shearer JK, Hill J. Recommended on-farm euthanasia practices. In: Grandin T, ed. *Improving animal welfare: a practical approach*. Wallingford, England: CABI Publishing, 2010.

[143] Morrow WEM. Euthanasia hazards. In: Langley RL, ed. *Animal handlers. Occupational medicine: state of the art reviews*. Philadelphia: Hanley and Belfus, 1999: 235-246.

[144] Radek L, Kallionpää RE, Karvonen M, et al. Dreaming and awareness during dexmedetomidine- and propofol- induced unresponsiveness. *Br J Anaesth* 2018; 121: 260-269.

[145] Reilly JS, ed. *Euthanasia of animals used for scientific purposes*. Adelaide, SA, Australia: Australia and New Zealand Council for the Care of Animals in Research and Teaching, Department of Environmental Biology, Adelaide University, 2001.

[146] Murray MJ. Euthanasia. In: Lewbart GA, ed. *Invertebrate medicine*. Ames, Iowa: Blackwell, 2006; 303-304.

[147] Messenger JB, Nixon M, Ryan KP. Magnesium chloride as an anaesthetic for cephalopods. *Comp Biochem Physiol C* 1985; 82: 203-205.

[148] Meyer RE, Morrow WEM. Euthanasia. In: Rollin BE, Benson GJ, eds. *Improving the well-being of farm animals: maximizing welfare and minimizing pain and suffering*. Ames, Iowa: Blackwell, 2004; 351-362.

[149] Fakkema D. *Operational guide for animal care and control agencies: euthanasia by injection*. Denver: American Humane Association, 2010.

[150] Krueger BW, Krueger KA. US Fish and Wildlife Service fact sheet: secondary pentobarbital poisoning in wildlife. Available at: cpharm. vetmed. vt. edu/USFWS/. Accessed Mar 7, 2011.

[151] O'Rourke K. Euthanatized animals can poison wildlife: veterinarians receive fines. *J Am Vet Med Assoc* 2002; 220: 146-147.

[152] Otten DR. Advisory on proper disposal of euthanatized animals. *J Am Vet Med Assoc* 2001; 219: 1677-1678.

2 安乐死方法

2.1 吸入剂

2.1.1 一般注意事项

　　吸入性气化物及气体在肺泡及血液中需达到临界浓度才能发挥作用。因此，所有吸入方法对动物福利具有潜在副作用，因为这种安乐死方法不能立刻使动物失去意识。药品的性能（如刺激性、低氧和碳酸过多）或给药的条件状况（如动物的居住笼或专用饲养间，逐渐置换的或预填充的器皿）可能使动物产生痛苦，痛苦可能通过行为表现（如明显的躲避行为、厌恶回避），也可能通过生理参数表现，如心率改变、交感神经系统（SNS）兴奋和下丘脑-垂体轴（HPA）活跃。虽然 SNS 和 HPA 的激活被视为应激反应的良好标志，但这些系统在身体及心理表达的应激反应，并不一定与中央神经系统处理过程及动物的意识经验有关。此外，由于在从失去意识到死亡的过程期间存在安乐死药物持续暴露，利用 SNS 与 HPA 的激活来评价吸入安乐死药物使动物产生的痛苦是复杂的。

　　吸入药物过程中动物遭受的痛苦已通过行为评价及厌恶感测试来评估。尽管一些研究报道了动物痛苦时表现出的行为异常标志，但其他报道并未与之相一致。经厌恶测试证明动物对所有目前被用作安乐死的吸入药物均有不同程度的厌恶性。厌恶感测试是喜好的一种测量方式，虽然厌恶并不意味着动物的体验是疼痛的，但强迫动物处于厌恶的情况会使动物产生应激。用于各种研究的暴露条件可能与击晕或处死的暴露条件不同。此外，被认定为具有较少厌恶性的药品

（如氩或氮气混合物、吸入性麻醉药）仍会使某些种类的动物在特定的使用条件下（如逐步取代）产生痛苦的标志性行为（如张口呼吸）。正如之前关于意识的章节部分注明的，人类麻醉的一个特点是有离体的感觉，暗示人的自我意识与时空意识之间存在脱节[1]。我们不能确定动物的主观体验，但可以推测与人类相似的迷失感可导致我们观察到的动物有痛苦迹象。

　　吸入性药物实施安乐死的具体方法对动物的反应会产生很大影响，因此也影响到药物的适用性。直接将 SD 大鼠置于对其来说陌生的含有空气的箱体内，即使大鼠没有痛苦的感觉，也会有警觉反应[2]。猪是群居性动物，不宜单独隔离；因此要分组将它们移至 CO_2 窒息箱内，而不是按照电击的需要让它们排成一列纵队，让它们自发前移，前一种做法可以减少猪的应激和耗能反应，从而提高肉品质[3]。

　　人们也关注到能引起人类痛苦及副作用的吸入性药物在动物身上可能也会产生相同问题。美国政府《针对用于试验、研究及教学的脊椎动物使用及管理准则》[4]声明"除已确定，研究者应考虑到能引起人类疼痛或痛苦的操作程序或许也可能引起动物疼痛或痛苦。"有趣的是，40％以上的 2～10 岁儿童在使用七氟烷的过程中表现出痛苦行为，17％表现出明显的痛苦，30％以上表现出生理抵抗[5]。儿童对麻醉的恐惧可能来源于麻醉气体的气味或对麻醉面罩的恐惧[6]。尽管有痛苦及厌恶的现象，吸入麻醉依然被使用，因为其益处要远大于它们可能产生的痛苦和（或）厌恶。

　　因此，用于安乐死的吸入性药物的适用

性很大程度上取决于动物在失去意识前感受到的痛苦与（或）疼痛。痛苦可能来源于操作、特定药物性能或使用方法，因此没有通用的方法适用于所有药品。疼痛可被概念化为严重程度、发生概率及持续时间。一般情况下，柔和缓慢的死亡要优于快速、更多痛苦的死亡[7]；然而，对于某些特定物种或在某些环境条件下，最人道和最实用的方法或许是将动物暴露于某种药物中或暴露于可使动物快速失去意识，并产生较少或不产生明显痛苦。故我们的目标是找出吸入性药物的最佳使用方法，对动物运输、操作、药品选择及气体输送的最优条件做出规定，使动物遭受的痛苦和厌恶感最轻。

以下事项常见于所有吸入性安乐死药物：

（1）动物达到无意识所需时间与气体交换频率、容器体积及气体浓度相关。掌握控制气体或气化物输送至密闭空间的原理对于气体预填充以及气体逐步交换方法非常有必要。通过更大的气体置换率有助于更快到达最终浓度（见 2.1.2）。

（2）一开始就将动物暴露于高浓度药品中会使动物很快失去意识。然而，对于多种药品及多种动物，强迫动物暴露于高浓度药品中会使它们产生痛苦和厌恶感。故让动物逐渐暴露于安乐死药品中可能是更实用和人道的方法。

（3）吸入性药品必须是纯净、无污染和无杂质的，通常使用市售的装于气瓶或容器内的安乐死气体。这样使有效的气体交换率和（或）浓度更易被量化。由于含有不可靠或不需要的成分或气体交换率不符合要求，故不允许直接使用燃烧产物或升华作用的产物作为安乐死气体。

（4）用于输送及保存吸入性药物的设备必须处于良好的工作运转状态，且要符合所在美国联邦、州法规的要求。泄漏或运转不正常的设备可能会延长动物死亡的时间，增加死亡的痛苦，并且可能会对其他动物及人

员造成危害。

（5）因为存在爆炸风险（如乙醚和CO）、昏迷风险（如卤化碳麻醉药、N_2O、CO_2 和窒息气体）、缺氧风险（如窒息气体和CO）、上瘾或其他伤害身体的风险（N_2O 和卤化碳麻醉药），或由于慢性暴露造成的健康影响风险（如 N_2O、CO 或卤化碳麻醉药），多数吸入性药物对从事动物实验的工作人员也是有害的。

（6）当动物患病或精神萎靡时，动物气体交换功能会下降，肺泡气体浓度上升缓慢，这类动物在诱导麻醉过程中很容易产生躁动。在伴有心输出量增加的兴奋动物体内也发现了类似的肺泡气体浓度上升缓慢的现象。对以上这两类动物，应考虑采用安乐死术前用药或非吸入性安乐死方法。

（7）新生动物耐缺氧能力强，鉴于所有吸入性药物最终会导致动物缺氧，故新生动物在使用吸入性药物安乐死方法时死亡时间会比成年动物长[8]。吸入性药物能使未离乳的动物失去意识，但欲使这些动物死亡需要更长的暴露时间或需追加另一种安乐死方法。

（8）爬行动物、两栖类动物及潜鸟和哺乳动物具有很强的控制呼吸和厌氧代谢能力。因此，在使用吸入性安乐死方法的过程中，药物的诱导以及失去意识的时间可能会被延长。对于这些动物应考虑使用非吸入性安乐死方法，对于已失去意识的动物应考虑追加另一种安乐死方法。

（9）当气流快速进入容器时会产生噪声或冷风，这会导致动物产生惊恐及躲避行为。如需产生高流速的气流，安乐死设备应具备降低噪声的功能，且还应尽量减小直接吹到动物体表的气流。

（10）如可能，吸入性安乐死方法应在动物感到舒适的条件下实施（如对于啮齿类动物，可在昏暗的原饲养笼内进行[9]；对于猪，可在小群体范围内使用）。如动物需要

被集中起来进行安乐死，动物必须属于同一种类并且之间能和谐相处、不打斗。必要时可将某些动物保定或与其他动物分开，这样它们不会伤到自身及其他动物。用于安乐死的笼盒不应超负荷装载动物，同时要保持干净，以减少动物在安乐死过程中产生的气味。

（11）因为某些吸入性药品比空气轻或重，因此容器内气体会分层或损失并导致动物吸不到安乐死气体。只有确保进气或气流速率才能保证容器内气体最大程度的混合。同时，应确保诱导盒及容器不漏气。

（12）实施吸入性安乐死后必须通过科学的方法确定动物已死亡。可通过检查单个动物来确定，也可通过能够证明可导致动物死亡的暴露操作过程来确定[10]。如动物未死亡，必须重复该操作或追加其他安乐死方法直至确保动物死亡。

2.1.2　实施原则

任何密闭空间内气体浓度的改变包含两个物理过程：①新鲜气体的进入（或原有气体的排出）；②在已知流速下，容器内发生这种变化所需的时间常数。实施麻醉时，这两个过程通常结合在一起，以预测吸入麻醉剂浓度在循环再呼吸回路中的变化速度[11]。充分理解这两个过程如何协同工作，对于适当应用逐步置换和预填充这两种安乐死方法是至关重要的[12]。

任何密闭空间内气体浓度的变化率都遵循一种称为指数性过程的特殊非线性变化，其本身可起源于进气量与排气量曲线函数[13]。简而言之，对于进气量函数，在考虑范围内的气体量按照与距离成比例增加的速率上升到一个极限值后，仍会继续上升。理论上讲，气体量可以接近但无法达到100%。相反，对于排气量函数，在考虑范围内的气体量按照与距离成比例下降的速率逐渐下降。同样，理论上讲，气体量可以接

近但绝不会达到0。

进气量与排气量曲线函数可用于推导出在一个密闭的体积或空间的时间常数（τ）。该常数在数学上等于容器体积除以气体置换速率，即τ＝体积/速率[13,14]。因此，时间常数代表初始速率持续以线性函数而非指数函数完成进气或排气过程所用的时间[13]。同样，时间常数在内容上与半衰期相似，尽管它们既不完全相同也不可互换[14]。

对于进气量函数，1τ要求容器内气体浓度上升至流入气体浓度的63.2%，2τ要求浓度上升至86.5%，3τ要求浓度上升至95%，∞（τ）需要容器内的气体浓度与进气浓度等同。相反，对于排气量函数，1τ需要剩余气体浓度降至初始浓度的36.8%，2τ需要气体浓度降至13.5%，3τ需要气体浓度降至5%，∞（τ）需要气体浓度降至0%（图3）。因此，气流或置换率决定了任何密闭体积的时间常数，如上升的速率将导致任何大小型号容器中进气与排气时间常数的成比例下降（反之亦然）。

基于图3，可以发现容器体积梯度进气流或20%的气体置换率代表了一个时间常数值（τ）5min（1除以0.2/min），而不管容器的具体容积数。如按照Hornett、Haynes[15]、Smith与Harrap[16]所推荐的，二氧化碳置换率等于每分钟容器体积的20%，该置换率被预计为在5min之内二氧化碳浓度从0增加到63.2%（1τ），在10min之内增加至86.5%（2τ），在15min之内增加至95%（3τ）。Smith与Harrap发表的实验数据证实了这点，在这个研究中，二氧化碳的置换率为仓盒体积的22%，在4.5min之内二氧化碳浓度达到了将近64%（1τ）。相似的，Niel和Weary[17]报道了在340s后CO_2浓度达到65%（1τ），在600s后CO_2浓度达到87%（2τ），CO_2置换率为每分钟容器体积的17.5%。预装填方法将需要3τ的置换率，以使仓盒内的进气浓度

达到 95%。

因此，气体置换率对于吸入性安乐死方法是否真的人道非常关键。合适的降压调节器与流量计组合装置和被证明具有产生针对某型号已消毒容器置换率的设备在安乐死的气体压缩过程中是非常必要的。氮气、氩气及一氧化碳全部以高压气缸包装出售，但二氧化碳是以高压液化气形式出售。在使用过程中，当气缸压力降低时，通过降低气缸阀的高压，气流恒定通过流量计。对于二氧化碳，调节器也会防止气体流速过高，以免由于气体流速过高导致冰冻气体与干冰传递至动物，同时也防止调节器与气缸结冰。

动物所处的含有气体或蒸汽的容器的设计必须有所区别，可控气压致晕法（CAS）用于家禽和猪的商业致昏。尽管对这种商业用 CAS 系统操作的完整描述超出本指南的范围，但现在很典型的是对含有微量致昏迷气体的空气的入口是打开的。与浸泡安乐死方法不同，动物被置于严格控制气体浓度梯度的环境中。因此，可认为 CAS 是一种逐渐置换的方法。

2.1.3 吸入性麻醉药

致死剂量的吸入性麻醉药（如乙醚、氟烷、甲氧氟烷、异氟烷、七氟烷和恩氟烷）用于多种动物的安乐死[18]。尽管氟烷与甲氧氟烷在世界其他地方仍在使用，但目前美国只有异氟烷、恩氟烷、七氟烷和地氟烷可用于临床。氟烷快速诱导麻醉，是一种有效的吸入性安乐死药物。恩氟烷相比氟烷而言，在血液中的可溶性较低，但因为具有较低的汽化压及较低的效价，它的诱导率与氟烷相似。在深麻醉时，动物可能会发生抽搐。恩氟烷是一种有效的安乐死药物，但其引起的抽搐行为可能会干扰操作人员。异氟烷的可溶性比氟烷低，能更快地诱导麻醉。然而，异氟烷具有刺激性气味，动物由于刺激性导致的憋气可能会延长其发挥作用的时

间。由于较低的效价，与氟烷相比，异氟烷也可能需要更大药量才能安乐死动物。七氟烷的效力比异氟烷和氟烷都低，而且具有较低的汽化压，会很快到达麻醉浓度并维持在一定水平，但需要更大剂量才能处死动物。尽管七氟烷的气味比异氟烷好一些，但可能会引起某些种类动物猛烈地挣扎，并且当七氟烷通过面罩或者诱导箱执行安乐死时，动物也会发生窒息[19]。像恩氟烷一样，七氟烷会诱导癫痫行为[20]。地氟烷是目前可溶性最低的吸入性安乐死药物，但相当刺激，这使得诱导过程变慢。地氟烷具有很高的挥发性，如果没有及时补充 O_2，它会取代 O_2 并且诱导低氧血症。乙醚与甲氧氟烷具有较高的可溶性，动物可能会兴奋，其麻醉诱导过程很缓慢。乙醚对眼睛、鼻子及呼吸道均具有刺激性，且具有易燃易爆性，有严重的风险；已被用于制作动物应激模型[21-24]。

尽管吸入性麻醉通常被用于人类与动物的全身麻醉，但这些麻醉剂在某些特定的情况下会有副作用，使人或动物遭受痛苦。Flechnell 等[19]报道了通过面罩或诱导箱使用异氟烷、氟烷和七氟烷对兔子实施麻醉时，兔子会产生猛烈地挣扎同时还伴有呼吸暂停与心动过缓。由此得出结论，这些麻醉剂有副作用，应尽量避免使用。Leach 等[25-27]发现吸入性麻醉气体对实验用啮齿类动物会产生某种程度的副反应，随着气体浓度的升高，副作用的程度也随之升高；对大鼠，氟烷副作用最小；对小鼠，氟烷和恩氟烷的副作用最小。Makowska 与 Weary[28]也报道了氟烷与异氟烷对雄性 Wistar 大鼠产生的副作用，但副作用小于 CO_2。初次接触吸入性麻醉剂后，动物对其厌恶感会增加；啮齿类动物在第二次及以后吸入麻醉药时更有可能逃离测试笼盒[29-31]。这表明动物对这些药剂可能有习得性厌恶反应[32]。

动物吸入麻醉性气体直至呼吸停止发生死亡。因为大多数吸入性麻醉剂在液态时具

有刺激性，故只能将动物暴露于其汽化物中。对于吸入麻醉，动物可被置于密闭、含有浸泡适量液体麻醉剂的棉花或纱布的容器内[33]或通过精密的汽化器引入[34]。麻醉汽化器通常设置为最大输出量的 5%～7%，O_2 流速为 0.5～10L/min。诱导时间会受刻度盘数值、流速及容器大小的影响；由于 O_2 常被作为运载气体故动物到达死亡的时间可能会延长。在密闭容器内产生指定气体浓度的液态麻醉剂的需求量可计算出来[35]；使用异氟烷时，在 20℃时最多可产生 33% 的汽化物。为避免发生低氧，诱导过程中应提供充分的空气或 O_2[33]。当小型啮齿类动物置于大的容器内时，有充足的 O_2 防止低氧。但当大型动物置于小容器内时，可能一开始就需要补充空气或 O_2[33]。

一氧化二氮是效果最弱的吸入麻醉剂。对人类，N_2O 的最低肺泡有效浓度（定义为中间有效剂量）是 104%，在其他种类动物中的效力比在人类中的一半还要低（约 200%）。因为 N_2O 的有效剂量超过 100%，因此它不能单独用于任何种类动物的麻醉，否则会导致动物在呼吸或心脏骤停之前缺氧。这在动物失去意识之前可能会造成痛苦。高于 70% 的 N_2O 可能要与其他吸入性气体结合使用来加速麻醉；然而，在动物体内 N_2O 产生的麻醉效力会下降，只能达到在人体中产生效力的一半（20%～30%）[36]。

在吸入气体中加入二氧化氮可能是对安乐死方法的改进。在 5% 异氟醚（其余为氧气）中加入 75% N_2O，使小鼠丧失正常状态的时间减少了约 18%，而在置换率为 20% 时，加入 60% N_2O 和 CO_2 混合物，小鼠丧失正常状态的时间减少了 10%[37]。然而，在 0～7 日龄仔猪中，在 CO_2 之前先使用 N_2O 麻醉虽然减少了仔猪暴露于 CO_2 的时间，但据观察并没有减少动物的痛苦行为[38]。

应采取有效的操作程序减少动物操作者暴露于麻醉蒸汽中[39]。1977 年，国家职业安全与健康协会（NIOSH）发布了建议人员暴露极限：卤化吸入性麻醉剂单独使用的浓度不能超过 2ppm（1h 上限），或与 25ppm N_2O（使用期间时间加权平均浓度）联合使用时卤化吸入性麻醉剂的浓度不能超过 0.5ppm。美国政府工业卫生学家联合会签署的 N_2O 以及氟烷的时间加权平均浓度最高阈值为 50ppm，对于 8h 时间加权暴露的恩氟烷，其时间加权平均浓度为 75ppm。制定限值的原因是：这些麻醉剂可被用于临床排除废气技术，而且没有相应的对照研究证明暴露在这些浓度下的麻醉剂是安全的。对于目前常用的 3 种麻醉药（异氟烷、地氟烷与七氟烷），国家职业安全与健康协会未推荐暴露极限值。目前，该委员会对这几种特定的麻醉试剂也没有规定允许暴露极限。

优点——①吸入性麻醉剂对于小型动物 [<7kg（15.4lb）] 或静脉穿刺动物的安乐死非常有效。②根据环境和使用的设备，如面罩、开放点滴（不允许动物与液体麻醉剂直接接触）、精密汽化仪、精确或非精确的容器，吸入麻醉有不同的操作方法。③在一般临床条件下储存，氟烷、恩氟烷、异氟烷、七氟烷、地氟烷、甲氧氟烷与 N_2O 均为非易燃易爆品。④吸入性麻醉剂可单独用于安乐死或用于两步安乐死方法，在两步法中，动物首先暴露于吸入性麻醉剂中达到无意识状态后再通过第二种方法处死动物。

缺点——①实验兔与实验用啮齿类动物对吸入性麻醉剂会产生厌恶感，对于其他种类的动物或许也会有相同的反应。安乐死过程中动物可能出现挣扎、焦虑等表现，失去意识之前一些动物会出现躲避行为。啮齿动物对吸入麻醉药有习得性厌恶反应。因为安乐死过程中动物会发生窒息或有兴奋等表现，故失去意识的时间可能被延长。②乙醚具有刺激性和易燃易爆的特性，故当使用乙醚安乐死的动物被置于普通（非防爆的）冰箱或冷藏库内，或袋装动物尸体被放置于焚尸炉内时会发生爆炸。③甲氧氟烷诱导某些种类动物的过程比较慢，是不可接受的方法。④由于雾化气输出设计的限制，与较长的进气时间常数有关，精密的麻醉雾化气发生器可能会造成诱导时间较长；当 O_2 被用于雾化气运载气时，动物死亡时间可能被延长。⑤单独使用 N_2O 将会在动物失去意识之前产生低氧环境，会引起动物躁动。⑥人员与动物暴露在吸入麻醉剂中时可能会受伤。可能存在人员滥用吸入性麻醉剂的风险。⑦因为动物大量吸入麻醉剂，其尸体内残留的吸入性麻醉剂会存留数天，即使会逐步消失[40]，但对食品生产用动物来说，会有在动物组织中残留麻醉品的可能性，因此用吸入麻醉药进行安乐死并不合适。

一般注意事项——吸入性麻醉药品可用于小动物（<7kg）的安乐死，可能会遇到以下情况：①未见出现厌恶或躲避行为的动物种类，最好将其暴露于高浓度的麻醉剂中使其快速失去意识。此外，可使用逐步填充的方法，此时需注意容器容积、气体流速及麻醉剂浓度对时间常数及麻醉剂浓度升高率产生的作用。吸入性麻醉剂可单独用于安乐死，或可用于两步法，两步法中动物先暴露于吸入性麻醉剂达到无意识状态，之后使用第二种方法使动物安乐死。②吸入性麻醉剂的优先使用顺序为异氟烷、氟烷、七氟烷、恩氟烷、甲氧氟烷以及伴有或不伴有 N_2O 使用的地氟烷。N_2O 不能单独使用。甲氧氟烷只有在其他试剂或方法不适用时才可使用。乙醚不能被用于安乐死。③吸入性麻醉剂虽然可使用，但通常不用于大动物的安乐死，因为操作复杂并且成本高。④人员暴露于麻醉药品时必须符合国家及联邦健康与安全条例的要求。⑤新生动物需延长暴露时间[41]。

2.1.4 一氧化碳

一氧化碳（CO）是一种无色无味气体，浓度<12%时不易燃不易爆。CO具有累积毒性，会产生致命的低氧血症；CO很容易与血红蛋白结合，阻止红细胞运载 O_2 形成碳氧血红蛋白[42,43]。它具有潜在危险性并难于检测，即使低浓度也具有高毒性，其致命性早已被熟知；事实上，每年发生在美国的CO中毒急诊患者大约为 50 000 例[44]。

对于人类，CO吸入后的临床表现为非特异性的，低水平的CO中毒症状通常为头痛、头晕以及虚弱。当CO的浓度上升，还会出现视力下降、耳鸣、恶心、沮丧、混乱以及衰竭[45]。暴露于高浓度的CO时，会出现昏迷、惊厥以及心跳呼吸骤停[43]。CO刺激大脑运动中枢，故丧失意识的同时可能还伴有抽搐与肌肉痉挛。CO空气浓度达到0.05%时会出现明显的CO中毒症状，当空气中CO浓度接近0.2%时会出现CO中毒急性症状。对于人体，暴露于0.32%与0.45%CO中1h将会导致意识丧失与死亡[46]。慢性暴露于低浓度CO对健康有危害，尤其会发生心血管疾病以及致畸[43,44,47-49]。有效的排气通风系统对于防止人员暴露于CO是非常必要的。

过去，大规模的安乐死通过以下3种方法产生CO：①甲酸钠与硫酸发生化学反应。②内燃机内部空转汽油产生的废气。③压缩在钢瓶中的商业化CO。前两种方法存在同时产生其他气体、CO产生不足、气体冷却不足、传输率无法量化以及设备维修等问题。

Ramsey 和 Eilmann[50]发现8%浓度的CO会导致豚鼠在 40～120s 可瘫倒，6min 之内死亡。对于貂与南美栗鼠，CO能使其在 1min 之内瘫倒，2min 之内呼吸停止，5～7min 之内心搏骤停[51,52]。Chalifoux 与 Dallaire[53]评估了犬被暴露于含 6% 的 CO 浓度的空气中时的生理及行为特征，研究无法确定犬失去意识所需时间。脑电图记录显示在 20～25s 大脑皮质层出现了异常功能期。在此期间，犬变得焦虑并且吠叫。虽然不清楚这些行为反应是否表示动物遭受痛苦，但据报道人在该阶段未感受到痛苦[42]。随后的研究[54]显示使用乙酰丙嗪镇静明显减轻了犬对CO的行为及生理反应。大鼠对CO也有厌恶感，但不像对CO_2那样严重[55]。

在一项对猫的研究中[56]，研究者将来自汽油发动机排放的CO与70%CO_2+30%O_2混合物进行了比较。猫在失去意识之前的兴奋症状比在CO_2与O_2混合物中更加明显。CO_2与O_2混合气体完成对猫的保定时间（约90s）比单独使用CO的时间（约56s）要长[56]。在另一项对新生仔猪的研究[57]中，如果新生仔猪暴露于浓度缓慢升高的CO中，在失去意识之前更有可能表现为兴奋。

一项2003年荷兰关于禽流感流行病学的研究中，比较了在家禽舍内充CO_2以及CO发生的情况[58]。研究人员注意到当使用CO时，家禽出现更多的抽搐症状。根据CO使用安全条例，推荐使用CO_2。

优点——①针对不同种类动物，CO可在无痛及微量不适的情况下使动物丧失意识。②CO诱导的血氧不足不明显。③如CO浓度达到4%～6%，动物很快死亡。

缺点——①用于实验的啮齿类动物对CO有厌恶感，其他种类动物对其也有厌恶感。②必须采取措施监测和防止人员暴露于CO中。③暴露于CO的电子设备（如灯与风扇）必须防火防爆。

一般注意事项——CO可用于动物安乐死，会遇到以下情况：

①使用CO的人员必须接受关于CO使用的完整培训，而且必须要理解CO的危害性与局限性。②CO安乐死容器质量必须过关，并且可将不同动物个体隔离开。只有同一种类动物才可放在一起安乐死。如需要，还应将动物保定或隔离，避免其互相伤害或

伤到自身。容器不能过量装载并需保持清洁，以降低可能引起随后被安乐死动物痛苦的气味。③CO源以及安乐死容器必须固定于通风良好的环境中，最好是在室外。④安乐死容器必须有良好的照明，以便操作人员直接观察到动物。⑤CO气体流速适当，动物在被置于容器后，CO能够快速达到至少6%的浓度。但这对某些种类动物不适用（如新生仔猪），对于这类动物，应采用逐步提高CO浓度的方法以减少动物发生躁动[57]。⑥如安乐死容器在室内，房间内必须安装CO监测器以提示人员室内CO的浓度。⑦CO的使用必须符合国家及联邦健康与安全条例的要求。⑧必须能精确调节CO流速，且必须使用无污染物或杂质的纯净CO，通常使用自商业提供的气缸或气瓶。由于成分不可靠、含有不需要的杂质或气体置换率不符合要求，不能直接使用通过燃烧或升华产生的CO。气体置换率对人道使用CO麻醉至关重要，故配备适当的压力调节器与流量计，或已证明具备产生针对一定型号容器的推荐置换率相当的设备是非常必要的。

2.1.5 氮气和氩气

氮气（N_2）和氩气（Ar）是无臭、无色且无味的不易燃也不易爆的惰性气体。氮气在空气占比78%，然而氩气仅占不到1%。当前上下文中这两种气体的功能是置换空气（包括其中的O_2），造成缺氧症。将SD大鼠暴露于使用N_2或Ar形成的极低氧条件中（<2%O_2）在约90s时丧失意识；大鼠暴露于使用Ar形成的极低氧条件中会在3min之后发生死亡；如果暴露于N_2，则会在7min后死亡[2]；犬、兔以及貂中也有类似的发现[51,52,59,60]。在Ar或N_2环境中，O_2浓度为4.9%时，雄性SD大鼠会出现呼吸过度，可存活超过20min[61]。

大鼠对O_2浓度微小的变化都非常敏

感，能察觉高于或低于正常情况下 20.9% 的 O_2 浓度[62]。当大鼠与小鼠被允许在含有不同气体的笼盒之间活动时，大鼠与小鼠大部分时间都待在对照笼盒内（含有空气），但相比含有 CO_2 的笼盒，它们更偏向于含有 Ar 的低氧笼盒中；然而，动物只会在这两种气体中停留几秒钟[25-27]。即使大鼠接受过进入含有食物的笼盒的训练，但它们通常也拒绝进入低氧环境（<2% O_2、90% Ar），或在进入之后迅速离开[63]。当大鼠暴露于 O_2 浓度逐渐下降且 Ar 浓度逐渐增加的笼盒内时，它们总会在失去意识之前离开笼盒（特别是当 O_2 浓度下降至约 7% 时）[64]。当 N_2 流速为每分钟 39% 笼盒体积（τ=154s），大鼠在大约 3min 之内丧失意识并且在 5~6min 停止呼吸；如不关注流速，在大鼠丧失意识和死亡之前会出现明显的惊恐与痛苦症状[15]。大鼠被强制暴露在 Ar，流速为每分钟 50% 笼盒体积（τ=2min）时，雄性 SD 大鼠在失去意识之前表现出张口呼吸及惊厥样行为，提示该条件可能造成了动物的痛苦[65]。这些发现不足为奇，当单独使用 N_2 或 Ar 或与其他气体混合逐渐置换方法，通过进气量及排气量预测，会导致动物暴露于低氧条件的时间延长。

相反地，由惰性气体如 N_2 与 Ar 造成的低氧似乎极少或不会引起火鸡[66]或鸡[67]的厌恶反应，这些动物自由进入含有<2% O_2 以及>90% Ar 的笼盒内。当使用 Ar 对鸡进行安乐死时，暴露笼盒预先填充了含有浓度<2% O_2 的 Ar，会导致鸡脑电图改变，且在 9~12s 使鸡倒下。15~17s 从麻醉笼盒内移出的禽类对挤捏鸡冠无反应。20~24s 的暴露导致其持续的抽搐。躯体感应诱发电位在 24~34s 时丧失，脑电图在 57~66s 时变为等电位[68]。在 90% Ar 及 2% 残余 O_2 的环境中，41s 时火鸡脑电图抑制，44s 时丧失躯体感应诱发点位，101s 时脑电图变为等电位。该结果说明，禽类在这样含有惰性气体的环境中暴露 3min 以上才会死亡[69]。如果 O_2 浓度不能维持在 2% 以下，安乐死时间会被延长[70,71]。Gerritzen 等[72]也报道，鸡不会避开 O_2 含量<2% 的笼盒；鸟类逐渐失去知觉，没有痛苦的表现。缺氧的安乐死方式与 CO_2 处死的方式相比，鸡[72-75]与火鸡[66]较少表现出摇头、张嘴呼吸等症状。

通过 N_2 和 Ar 造成的缺氧似乎降低但不能消除猪的厌恶反应。猪选择将自己的头部置于低氧（<2% O_2、90% Ar）但含有食物的笼内，它们会把头保持在笼内直到运动失调，一旦恢复，它们又自由地将头部返回笼中[76]。相对，如果猪暴露在 90% Ar、70% N_2/30% CO_2，以及 85% N_2/15% CO_2 中，都会表现出厌恶反应。作者通过猪的逃避行为及喘息行为来判断这种厌恶现象[77]。如果过早把猪从该环境中移出，猪会快速恢复意识，故要等待 7min 以上才能确保猪已死亡[78]。

貂也会进入缺氧的笼盒中（<2% O_2、90% Ar），但不会持续到失去意识那一刻。貂能暴露于缺氧环境的时间与其潜水的时间相当，这提示貂能够察觉到缺氧并且能相应地调整其行为以避免伤害[79]。

优点——①N_2 和 Ar 似乎不会直接使鸡或火鸡产生厌恶反应，缺氧似乎也不会导致其产生厌恶反应或只是轻微地厌恶反应。类似地，N_2 与 Ar 的混合气体似乎也不会直接使猪产生厌恶感，能降低但不会消除猪对缺氧的行为反应。②N_2 与 Ar 是不易燃、不易爆且可被轻松压缩的气体。③当配备适合设备时，这两种气体对操作人员的危害最小。④Ar 与 N_2-CO_2 混合气体比空气重，可存在于设备底部，动物处于该设备较低的位置就完全暴露于混合气体中[77]。

缺点——①这些气体造成的缺氧会使大鼠、小鼠及貂产生厌恶反应。②基于进气量和排气量，单独使用 N_2 或 Ar 或与其他气体混合后逐渐置换的方法可能导致动物在失去意识之前就处于低氧环境。对于非禽类动物，在失去意识之前将会出现张口呼吸以及窒息，这都是动物痛苦的表现。③动物死亡之前在笼盒内重新建立一个低浓度 O_2 环境（如 6％或更大）将使动物很快恢复[76,78,80]。④猪死亡需要暴露时间超过 7min。⑤使用 Ar 对大鼠进行安乐死，与使用 CO_2 一样，会有肺泡出血[65]。⑥Ar 的价格是 N_2 的 3 倍。⑦这些气体与 CO_2 混合空气相比，造成禽类更频繁的翅膀扑扇现象。

一般注意事项——暴露于 Ar 或 N_2 混合气造成的低氧可用于鸡和火鸡的安乐死。同样，Ar 或 N_2 - CO_2 混合气体造成的缺氧可用于猪的安乐死，当猪暴露于浓度低于 2％ O_2 的环境中，7min 以上会死亡。对于其他哺乳动物，不可使用 Ar 或 N_2 来进行安乐死。因为这些气体造成的缺氧环境会引起某些种类动物痛苦，引起实验用啮齿类动物及貂的厌恶反应；对这些动物，最好选择其他安乐死方法。Ar 或 N_2 造成的低氧环境（氧气浓度低于 2％）可用于安乐死已失去意识的动物（即通过另一种可接受的方法让动物丧失意识），但需要较长的暴露时间以确保动物死亡。

N_2、Ar 及含有这些气体的混合气体必须由精确设备提供，气体中不能含污染物及杂质，通常为商业提供的气缸或气瓶。由于成分不可靠、含有不需要的杂质或气体置换率不符合要求，不能直接使用通过燃烧或升华产生的气体。气体置换率对人道使用 CO 麻醉至关重要，故配备适当的压力调节器与流量计，或已证明具备产生针对一定型号容器的推荐置换率相当的设备是非常必要的。

2.1.6 二氧化碳

吸入 CO_2 会导致呼吸性酸中毒，并且会通过快速降低细胞内 pH 造成一种可逆转的麻醉状态[81]。在吸入 100％ CO_2 后，动物的基础神经活动及诱发的神经活动都会很快被抑制[81-84]。吸入浓度为 7.5％的 CO_2 会提高疼痛阈值，长时间在 30％浓度及更高浓度的 CO_2 中暴露会造成动物深度麻醉甚至死亡[16,17,85-87]。在执行 CO_2 安乐死术时，将动物直接放置在密闭的、预填充有 CO_2 或 CO_2 浓度逐渐增加的容器中。

CO_2 有可能通过以下 3 种不同的机制造成动物痛苦：①在呼吸道和眼部黏膜上形成碳酸而引起疼痛；②发生氧饥饿以及呼吸困难；③直接刺激大脑杏仁体内与恐惧反应相关的离子通道。大量报道显示物种间和品系间存在差异。

由于 CO_2 接触呼吸道和眼部黏膜表面的水分时会形成碳酸，故可造成疼痛。对于人类、大鼠和猫，大多数疼痛感受器在 CO_2 浓度约为 40％时开始应答[88-91]。报道中称人类在 CO_2 浓度为 30％～50％时开始出现不适，更高浓度时疼痛加剧[92-94]。吸入性刺激物会诱导反射性窒息以及心率下降，这些反应被认为会减少有害物质进入体内[95]。对于大鼠，100％的 CO_2 可导致窒息以及心动过缓，但是当 CO_2 浓度为 10％、25％和 50％时不会导致窒息以及心动过缓[96]，这提示逐渐置换方法可能会减少啮齿类动物在丧失意识之前遭受的疼痛，因为在浓度达到伤害感受器被激活之前动物已丧失意识[32]。另外，据报道，与 CO_2 暴露相关的大鼠心动过缓发生在意识丧失之前[97]。

CO_2 会对呼吸道产生刺激并且提高其浓度会对呼吸系统、心血管及交感神经系统产生很大的影响[98-100]。对人类，CO_2 浓度为 8％时会发生氧饥饿，更高浓度会加剧这种感觉，浓度大约为 15％时这种感觉会变得很严重[101-103]。随着 CO_2 浓度轻微增加，空气流通的加剧会使得氧饥饿缓减或消除，但该代偿机制有限，氧饥饿可能在伴有高碳酸血症以及低氧血症的自主呼吸期间重新发生[104-106]。在 CO_2 中加入 O_2 可能会也可能不会避免动物出现痛苦症状[94,107-109]。补充 O_2 会延长动物因缺氧致死的时间且可能会延迟动物丧失意识的时间。

尽管动物暴露在 CO_2 中有发生应激反应的可能，但要描述动物的主观体验很困难。Borovsky[110] 发现大鼠暴露在 100% CO_2 中 30s 后会出现去甲肾上腺素增加。类似地，Reed[111] 将大鼠暴露于 CO_2 中 20~25s，足以使大鼠倒下、失去意识和无反应，体内抗利尿激素与催产素浓度增加 10 倍。间接测量大鼠交感神经系统活跃性，如心率加快和血压升高，发现其会因 CO_2 暴露产生的快速抑制作用而变得复杂。在 CO_2 暴露期间检测大鼠下丘脑-垂体轴的活跃度，发现长时间处于低浓度 CO_2（6%~10%）会使大鼠皮质酮[112,113] 和犬的皮质醇升高[114]。在一项对健康志愿者的单盲研究中，发现单次呼吸 35% CO_2 后会导致皮质醇浓度升高，且 CO_2 暴露与恐惧感增加也有关系[115]。动物对与存活有关的系统性应激源（如缺氧和高碳酸血症）的反应可能直接从脑干传递，该反应与高阶中枢神经系统处理过程及意识经验无关[116]。实际上，Kc 等[117] 发现清醒状态下和麻醉状态下大鼠对 CO_2 暴露反应对下丘脑抗利尿激素神经元的激活过程是相似的。如前所述，在动物失去意识与死亡之间的持续暴露期间，评估动物对吸入性药物（如 CO_2）的反应是复杂的。

CO_2 暴露期间的痛苦也通过动物行为和厌恶反应测试来评价。大鼠和小鼠[15-17,65,108,118-120]、猪[76,121-124] 及禽类[66,72-75,125-128] 对 CO_2 行为反应的变化性已被报道。然而在某些研究报道的动物表现痛苦，研究人员却未观察到这些影响。这或许与气体暴露方法、评估行为类型以及动物品系不同有关。

使用喜好与接近-回避测试，暴露于能导致意识丧失的 CO_2 浓度下时，大鼠和小鼠表现出厌恶反应[25,26]，并且愿意放弃美食奖励，以避免在禁食长达 24h 后[107] 暴露在 15% 或更高浓度的 CO_2 环境下[28,63]。Powell 等[9] 报道，暴露于异氟醚、高浓度 CO_2 和明亮室内时，小鼠的焦虑行为显著增加。貂不愿进入有好玩玩具但含 100% 浓度 CO_2 的笼盒[129]。与其他种类动物相比，部分鸡与火鸡会选择进入有中等浓度 CO_2（60%）的笼舍获取食物或与其他同伴接触的机会[67,72,121]。随着能力及意识丧失，这些研究中的禽类表现出诸如张口呼吸、摇头等行为；然而这些行为可能与痛苦无关，因为出现这些行为时，禽类并没有从 CO_2 环境中退出[73]。因此，禽类似乎比啮齿类动物及貂更耐受可使肌肉能力丧失及意识丧失的 CO_2 浓度。Withrock 等[130] 使用了接近-回避模型，初步表明乳山羊幼崽对 10%~30% 的 CO_2 没有表现出回避行为，也没有产生习得性厌恶。

CO_2 反应差异性可能与基因遗传有关。人类恐慌症通常与对 CO_2 的敏感性增强有关[131]。在这类患者中，由海马体、内侧前额叶皮质、大脑杏仁体及脑干突起组成的恐慌网络似乎对 CO_2 异常敏感[132]。某些有遗传背景的猪，特别是易兴奋的品种如汉普夏猪及德国长白猪对 CO_2 致晕厥的反应性差；而不易兴奋的品种包括约克夏猪或荷兰长白猪对 CO_2 的反应相对温和[133]。如提供选择，为获取食物奖励，杜洛克猪和大白猪能耐受 30% 浓度的 CO_2，但为了避免暴露在 90% 的 CO_2 中，即便已禁食 24h 也会放弃奖励[76,121]。电击休克对长白猪和大白猪的危害要比吸入 60% 或 90% 的 CO_2 更大，吸入 60% CO_2 的猪愿意再次进入含有 CO_2 的笼具内[122]。尚需开展进一步研究才能得知 CO_2 安乐死对哪些品种的猪是人道的，而对哪些品种的猪是不人道的[133]。

最近涉及小鼠的研究发现与恐惧行为相关的大脑杏仁体区域包含有酸敏感离子通道

（ASICs），其对 CO_2 浓度的升高敏感[134]。ASICs 受体被消除或抑制的小鼠对暴露于 CO_2 后产生的恐惧及厌恶反应减少了，这提示啮齿类动物及某些其他种类动物对 CO_2 的厌恶反应部分是通过先天的恐惧反应机制引起的。进一步研究确定了 ASICs 的存在，且它们在其他啮齿类动物和更多其他种类的动物对 CO_2 诱导的恐惧反应中起到作用。

像使用其他吸入性药品一样，吸入 CO_2 使动物丧失意识的时间依赖于气体置换率、容器容积以及 CO_2 浓度。80%～100%浓度的 CO_2 在 12～33s 可使大鼠失去意识，70%浓度的 CO_2 在 40～50s 可使大鼠失去意识[108,135]。类似地，快速增加浓度（流速＞每分钟 50%笼盒容积）则在 26～48s 内使大鼠失去意识[16,17,29,65,109,118,136]。Leake 与 Waters[87] 发现将犬暴露于 30%～40%浓度的 CO_2 时会在 1～2min 被麻醉。猫在 60%浓度的 CO_2 中经过 45s 会失去意识，经过 5min 会停止呼吸[137]。猪暴露于 60%～90%浓度的 CO_2 中经过 14～30s[80-82,121] 会在兴奋之前丧失意识[80,84]。CO_2 麻醉单只禽及小群禽类的方法已被报道[138]，CO_2 用于鸡、火鸡、鸭和兔的安乐死已被广泛研究，动物倒地、失去意识、死亡以及失去知觉诱发电位和 EEG 改变所需的时间均已被了解清楚。7 日龄来亨鸡在 97%浓度 CO_2 下经过 12s 会倒地[119]。Raj[71] 发现成批 1 日龄鸡暴露在 90%浓度的 CO_2 中，2min 可被杀死。5 周龄的雏鸡在 60%浓度 CO_2 中经过 17s 会倒地[72]。

与 N_2 和 Ar 不同，CO_2 不需要控制在严格的浓度范围内进行有效的安乐死，CO_2 可以在不同浓度范围内使禽类失去意识或处死禽类。在 8s 中达到预定浓度的试验中，雏鸡以及成年母鸡在 65%浓度 CO_2 中经过 19～21s 倒地，在 35%浓度 CO_2 经过 25～28s 倒地[139]。在一项逐渐填充的实验研究中，CO_2 浓度达到 25%之前鸭与火鸡就已

丧失意识，当浓度达到 45%时就会死亡[125]。对于鸡，在 49%浓度 CO_2 中经过 11s、26s 及 76s 会先后出现 EEG 抑制、体觉诱发电位（somatosensory evoked potentials，SEPs）丧失以及 EEG 停止[140]。对于火鸡，在 49%浓度的 CO_2 中平均经过 21s 会出现 EEG 抑制，但在 86%浓度的 CO_2 中经过 13s 会出现 EEG 抑制。在同一篇报道中，动物失去 SEPs 的时间不受气体浓度影响，平均时间为 20s、15s 以及 21s，但是停止 EEG 的时间与气体浓度有关（如 49%、65% 以及 86%浓度的 CO_2 分别用时 88s、67s 和 42s）[141]。

在兔体内，58%的 CO_2 置换率导致昏迷和死亡的时间明显短于 28%的置换率，两种置换率都没有引起明显的痛苦行为[142]。相比之下，Dalmau 等[143] 将肉兔浸泡在预先填充了 70%、80% 和 90% CO_2 的商业化晕厥系统。首次接触 CO_2 后的 30s 内出现姿势丧失，在姿势丧失前 15s 内，观察到兔的厌恶表现（如鼻腔不适和发声）。Dalmau 等得出结论，尽管该设备在预处理和不可逆性方面具备优势，但它仍存在动物福利问题。

较长时间的温和死亡要优于快速但更加痛苦的死亡[7]，这是评价安乐死方法是否人道的一般准则。逐渐填充 CO_2 的方法在 CO_2 浓度达到 15%时会造成啮齿类动物出现厌恶反应并一直持续到意识丧失。如使用适当的气体置换率，动物会在遭受痛苦前失去意识[32,65]。当气体置换率为 20%/min，动物在 106s 时丧失意识，此时的 CO_2 浓度达到 30%[15,17,94,109]；当气体置换率为 10%/min，动物丧失意识的时间会延长为 156s[65]，此时的 CO_2 浓度为 21%。当同时保证 50%/min 的 CO_2 置换率和笼盒 CO_2 浓度低于 40%时，小鼠出现呼吸困难和意识丧失之间的时间间隔最小；然而即使这样，小鼠出现呼吸困难和感觉迟钝之间的时

间仍大于 30s[29]。对于禽类而言，相对于将其暴露于 N_2 或 Ar 中，暴露于低浓度 CO_2 中或暴露于逐渐诱导意识丧失浓度的 CO_2 中时，其抽搐反应减少[74,144]。CO_2 可能会引发禽类不自主肌肉的运动如扑扇羽翼或其他末端运动，这些运动会损伤动物的组织并且使动物显得焦躁不安[119,145]；与使用 N_2 和 Ar 相比，使用 CO_2 产生的扑扇羽翼活动更少[144]。

由于幼年动物、爬行动物、两栖动物以及某些擅长挖掘和潜水的动物（如兔类、鼬科、水鸟、未孵化的鸟类和新孵化出的鸡）呼吸系统的适应性较强，故除了使用高浓度 CO_2 并延长暴露时间之外，可能还需要采用暴露于低氧或追加另一种安乐死方法来确保动物已失去意识或死亡。高浓度 CO_2（>60%）及延长暴露时间（>5min）对于新孵化的鸡来说是有效的安乐死方法[71,146]。将出生第一天的大鼠与小鼠暴露于 100% 浓度的 CO_2 中，暴露时间分别要达到 35min 与 50min 才能确保其死亡，对于 10 日龄的大鼠与小鼠，暴露于 100% 浓度的 CO_2 中，5min 足以将其致死[147,148]。对于成年貂，100% CO_2 暴露 5min 足以使其安乐死，但不能使用 70% 浓度的 CO_2[51]。家兔暴露于 CO_2 中时，存活时间也会较长[149]。

对于啮齿类动物的安乐死，已有研究提议用吸入性卤化麻醉剂代替 CO_2[7,28,34]。然而，使用吸入性安乐死方法时，啮齿类动物也会产生不同程度的厌恶反应[25-28]，在其他种类动物及人也会产生厌恶反应、痛苦和躲避行为。在接近-回避测试中，小鼠和大鼠均会选择暴露在光下（一种习得性厌恶反应）而不是暴露在二氧化碳下（更厌恶的状态），而在首次暴露于吸入性麻醉剂时，50% 以上的小鼠和大鼠会一直忍受到意识丧失。然而，小鼠和大鼠也表现出对吸入性麻醉剂的习得性厌恶反应，即在第二次和随后的吸入性麻醉剂暴露实验中，它们可能会更

快地逃离有吸入性麻醉剂的环境；相比之下，在 CO_2 环境下的厌恶反应不会随着后续暴露而增加[32]。使用精密麻醉汽化器，用氧气作为汽化物运载气体会延长死亡所需时间。动物会吸收大量吸入性麻醉剂，其尸体会残留大量吸入性麻醉剂，即使最终会消失但在此之前会在动物尸体中残留数天[40]，故吸入性麻醉剂安乐死方法不适用于食品动物。同时，应采取有效措施降低工作人员暴露于麻醉气体中的风险。尽管吸入性麻醉剂被认为是 CO_2 和缺氧方法的改进，但有必要进一步考虑其缺点[32]。

优点——①CO_2 快速镇静、止痛以及麻醉效果已被认可。②CO_2 钢瓶使得该方法易于使用。③CO_2 便宜、不易燃、不易爆，采用合适的设备时对操作人员的危害最小。④CO_2 不会导致食品动物毒性物质的累积残留。

缺点——①不同的动物物种、品系和品种对二氧化碳吸入的反应存在着很大的差异，故很难一概而论。②CO_2 无论是通过预填充还是逐步置换的方法，都会使某些种类动物产生厌恶反应，这被认为是痛苦的表现。③因为 CO_2 比空气重，如发生气体分层或容器的不完全填充，动物会通过爬高或抬头而避免处于 CO_2 的有效浓度中。④未成年动物及某些擅长潜水或挖掘的动物可能对 CO_2 的耐受力强于其他动物。⑤使用 CO_2 时，爬行动物和两栖动物的呼吸会减慢。⑥通过暴露于 CO_2 与 O_2 中的安乐死方法可能比其他安乐死方法需要更长时间[94,108,109]。⑦采用低于 80% CO_2 浓度安乐死时，尸检时会发现动物肺部及上呼吸道的损伤[94,150]。⑧干冰及液态 CO_2 如直接与动物接触，可能会造成动物痛苦或受伤。⑨如果动物在执行 CO_2 安乐死之前用吸入性麻醉药品麻醉，则应给予足够的麻醉时间，以防止动物在吸入 CO_2 和呼出麻醉药品过程中迅速恢复意识[32,151]。

一般注意事项——当动物厌恶反应或痛苦反应很小时，可采取 CO_2 安乐死法。采用逐渐填充的方法进行 CO_2 暴露不太可能造成在丧失意识之前由碳酸激活的疼痛；对于啮齿类动物，推荐的置换率为每分钟 30%～70% 容积[15,63,65,142]。应考虑使用深色笼，同时也要记住观察动物[9]。采用逐步置换方法，呼吸停止后 CO_2 气流应至少再维持 1min[16]。如果要将不同动物同时使用 CO_2 安乐死，应当是同种属的动物；如需要，应对动物进行保定以避免互相或自身伤害。未成年动物安乐死必须延长暴露时间来确保其死亡。O_2 与 CO_2 一起使用会产生有利影响，但不推荐用于安乐死。如果动物之前接触过吸入性麻醉剂，则采用 CO_2 安乐死动物没有明显的福利优势[32]。

直接将动物放置于预填充 100% CO_2 的笼具中的方法不被接受。当不能使用逐步置换方法时，最好采用两步法，即先使动物意识丧失，之后将其放置于 100% CO_2 浓度的笼具中。针对兔子，尚有必要开展进一步研究以确定是否可采用预填充 CO_2 的方法安乐死[143]。如禽类未表现出痛苦时，将其暴露于较低浓度 CO_2 安乐死是可接受的。

CO_2 和 CO_2 气体混合物均须以精确调节和净化的形式供应，不得含有污染物及杂质，通常为商业用气瓶或储罐。由于成分不可靠、含有不需要的杂质或气体置换率不符合要求，不得直接使用通过燃烧或升华产生的气体。气体置换率对人道使用 CO_2 至关重要，故必须配备适当的压力调节器与流量计，或已证明具备产生针对一定型号容器的推荐置换率相当的设备。

□ 2.2 非吸入剂

2.2.1 一般注意事项

用于安乐死的非吸入剂为不直接经呼吸道进入体内发挥作用的化学药剂。其主要给药途径有肠外注射、局部敷用和浸泡给药。当决定特定麻醉药和给药途径是否适合安乐死时，需要考虑涉及的动物种类、麻醉药的药效学、物理保定或化学保定的需求程度、对人员潜在的危害、人或其他动物有意或意外食用动物尸体的后果，以及化学残留物对环境的潜在危害。许多非吸入性安乐死药物能够诱导无意识的状态，该状态下生命体征极弱，其中有些动物可能会恢复。因此，不论使用哪种安乐死方法，在对动物尸体做最终处理前必须做动物死亡确认。

2.2.1.1 复合物

只要可行，应使用 FDA 兽药中心批准的产品。如使用上述获批产品不具可行性，则应尽可能使用符合执行安乐死时适用的指导文件和合规的现行有效版本推荐的安乐死药物[152]。使用可造成人类或动物健康风险的复合类安乐死药物是个令人担忧的问题（如被其他动物意外摄入）。

2.2.1.2 残留/处置问题

通过化学方法安乐死的动物不得食用，并应按照美国联邦、州及地方法律进行处置。对于使用会造成残留物危害的药物（如巴比妥类药物）实施安乐死后的动物尸体，大多数提供处置服务的设施将不再接收这些动物的尸体，因此安乐死动物的处置问题变得日益严重。在户外可被其他动物采食的场所进行动物安乐死[153]，或当被安乐死的动物用于饲喂动物园和外来动物时[154]，采食动物摄入安乐死药物的可能性是需考虑的重要因素。兽医以及非专业人员曾因没有妥善埋葬安乐死后的动物尸体被濒危鸟类误食并导致其意外死亡而被罚款[155]。现在，FDA 兽药中心批准的动物安乐死药物必须包含环境警告信息[156]。

2.2.2 给药途径

2.2.2.1 注射给药

注射安乐死药物是实施安乐死最快速和

可靠的方法之一，因为该方法通常不造成动物恐惧或痛苦，因此成为最令人满意的方法。如实施得当，注射可接受的安乐死药物会使动物在心跳和（或）呼吸功能停止之前平稳地失去意识，将动物的疼痛与痛苦降至最低。然而，在使用注射类安乐死药物时，必须提高人员安全意识。因为涉及这些药物的针刺伤害已被证实会导致不良反应（41.6%的概率）；17%的不良反应是全身性且严重的[157]。

通过静脉注射直接将麻醉药物注入血液，使药物快速分布于大脑或神经中枢，导致动物快速失去意识（对具有闭管式循环系统的无脊椎动物，血淋巴内注射类同于静脉注射）[158]。当对动物进行静脉注射所需的保定措施可能会给动物造成额外的痛苦或对操作人员造成不应有的风险时，应使用镇静、麻醉或可接受的替代给药途径或给药方法。对好斗或处于恐惧中的动物进行静脉注射操作之前应采取镇静措施。麻痹性固定剂（如神经肌肉阻断剂）不可单独用于安乐死，因为这类药物作用下的动物仍旧保持清醒且可感觉到疼痛。尽管如此，因为麻痹性固定剂（如神经肌肉阻断剂）相比其他固定药物而言会更快地发挥作用，在某些特殊情况下（如野生或野化动物）可能是实施安乐死之前最快速且最人道的保定方法[159]。这种情况下，只有当动物能在被保定后会很快实施安乐死（如系簧枪、静脉注射安乐死药物）的情况下才可使用麻痹性固定剂。麻痹性固定剂不能单独用于安乐死，也不应该在固定和安乐死之间预期会出现延迟的情况下使用麻痹性固定剂。

当血管内注射不切实际或不可能实施时，腹腔注射或脑内途径给予非刺激性药物（如巴比妥类药物）[160]是可接受的。向戊巴比妥中添加利多卡因或布比卡因可减少腹腔注射后实验室大鼠的腹部扭动[161]。对一些冷血动物经脑室内注射三卡因甲磺酸盐缓冲液（MS 222①）是可以接受的。当将可注射安乐死药物注入腹腔或体腔时，脊椎动物可能会缓慢地通过麻醉的第一和第二阶段[162]。因此，这些动物应被置于安静的环境中，以尽量减少兴奋与创伤。在具有开放循环系统的无脊椎动物中，采用腹腔注射安乐死药物的方式是可以接受的。

对已麻醉的小鼠，在条件允许的情况下经眼球后注射 $200\mu L$ 以下的液态麻醉剂（氯胺酮：赛拉嗪），5s 之内致小鼠死亡[163]。由于药物的黏度、化学刺激或其他原因，对清醒动物采用骨髓腔内注射液体药物的方式执行安乐死可能会引起疼痛[164]。当通过预留的骨内医用导管给药执行安乐死时，应尽可能采用止痛药、减缓注射安乐死药物的速度以及其他可减轻不适反应的方式[165]。只有在麻醉或无意识的动物身上进行安乐死时，放置骨内（股骨大转子、肱骨大结节、胫骨近端内侧）医用导管注射安乐死药物，以及心内、肝内、脾内或肾内注射才是可行的（猫的肝内注射例外，在本书伴侣动物部分讨论）。由于准确执行这些技术确保动物不适感最小化的难度和不可预测性，这些给药途径不适用于清醒的哺乳动物和禽类。对于某些冷血动物，心脏穿刺是标准的血管通路法（如某些蛇类和其他爬行动物），在清醒时对这类动物进行心内注射安乐死药物是可以接受的。除肌内注射超强效阿片类药物（如埃托啡和卡芬太尼）以及肌内注射某些特定可注射麻醉药之外，对清醒的动物不能采用肌内注射、皮下注射、胸内注射、肺内注射、鞘膜内注射以及其他非血管内注射的方法进行安乐死。

2.2.2.2 浸泡给药

对鱼类、某些水生两栖类动物以及无脊椎动物执行安乐死必须考虑不同种类之间新

---

① MS 222, Argent Laboratories Inc, Redmond, Wash.

陈代谢、呼吸作用、大脑缺氧耐受性等的差异。由于不同水生动物具有不同的生理学和解剖组织学特点，故输入麻醉剂的方法也会有所不同。多数情况下，将水生动物浸泡在含有安乐死药物的水中是减少动物疼痛与痛苦的最佳方法。水生动物对浸泡药物的反应与药物种类、浓度和水的质量相关，选择恰当的安乐死药物时应考虑这些因素。加入水中的浸泡药物可通过多种途径吸收，包括经鱼鳃、咽下和（或）通过皮肤吸收。

理想情况下，加入水中的浸泡药物不会对皮肤、眼睛、口、呼吸道组织产生刺激，可导致意识迅速丧失（通常但不总是表现为翻正反应丧失），并将痛苦或躲避行为的表现降至最低。目前尚没有被FDA批准用于水生动物安乐死的药物。由于作用机制和死亡时间不符合安乐死标准，不推荐使用美国环境保护局（EPA）用于毒鱼的注册药物（如鱼藤酮和抗霉素）作为安乐死药物。此外，使用这些药物需要严格的杀虫剂从业人员许可证，超出标签范围的使用是违法的。FDA批准用于鱼类的镇静及麻醉的药物（如MS 222、美托咪酯）已被用于水生动物的安乐死。

2.2.2.3 局部外敷给药

局部敷用药物的吸收过程缓慢且多变，故局部外敷用药对大多数动物来讲是不可接受的安乐死方法。但如果动物有高渗透性皮肤，使用对皮肤无刺激且可被快速吸收的药物（如苯佐卡因凝胶用于安乐死两栖动物）时例外。目前FDA没有批准任何物种的局部敷用的安乐死药物。

2.2.2.4 口服给药

口服用安乐死药物存在一些不利因素，包括缺乏已确定的药物和剂量、药物的吸收率和生物利用率存在可变性、给药的潜在困难（包括存在吸入可能），以及存在由于呕吐或反刍（在具有这些机能的物种中）而造成药物损失的可能。由于这些原因，口服途径不能单独作为安乐死的方法，但可用于实施肠外安乐死方法之前的镇静给药。

2.2.3 巴比妥酸衍生物

巴比妥类药物按降序抑制中枢神经系统，从大脑皮层开始，造成动物失去意识，直至发展到麻醉。由于其能抑制呼吸中枢，过量用药可实现深度麻醉，也可导致窒息，直至心脏骤停。

用于麻醉的所有巴比妥酸衍生物都可用于经静脉注射的安乐死方法。巴比妥类药物起效很快，并诱导意识丧失，会产生微弱的或瞬间的与静脉穿刺引起的疼痛。符合期望的戊巴比妥类药物应为有效、无刺激性、长效、溶液稳定且价格低廉的药物。尽管其他药物如司可巴比妥（速可眠）也可使用，但戊巴比妥钠最符合上述标准而被广泛地应用。尚需对巴比妥类安乐死药物的非血管途径效果、作用速度和伤害性反应等进行更多研究，才能对这些替代途径的建议进行修订。

优点——①巴比妥类药物作用速度快。效果与剂量、浓度、给药途径、注射率相关。②巴比妥类药物能平稳诱导安乐死，给动物造成的不适感极小。③巴比妥类药物比其他许多安乐死药物便宜。④FDA批准的基于巴比妥类药物的安乐死方法是可用的。

缺点——①静脉注射的效果最佳，但操作人员需要经过培训。②每只动物均必须被恰当地保定。③联邦药物监管要求对巴比妥类药物执行严格出入库管理，且必须在美国药物执行管理机构（Drug Enforcement Agency，DEA）注册人员的监督下使用。④失去意识的动物在安乐死的最后阶段会出现痛苦的喘息。⑤一些动物可能会经历一段兴奋期，这可能会导致观察者心理不安。⑥药物会残留在动物尸体内，可能会造成采食动物尸体的其他动物镇静甚至死亡。⑦在某些用巴比妥类药物安乐死的物种中，可能会出现因此造成的组织变化（如脾肿大）。

一般注意事项——对犬和猫使用巴比妥类药物进行安乐死的优点远大于缺点。静脉注射巴比妥酸衍生物是犬、猫、其他小型动物和马的首选安乐死方法。如环境允许，巴比妥类药物也适用于其他种类的动物。如因动物体积过小，采用静脉注射会造成痛苦、面临危险或难以执行时，可选择腹腔或腔内注射。心内注射（哺乳动物及鸟类）、脾内注射、肝内注射及肾内注射必须在动物无意识或麻醉状态下实施（宠物猫的肝脏注射除外，详见伴侣动物部分）。

2.2.4　戊巴比妥制品组合

某些安乐死产品将巴比妥酸衍生物（通常是戊巴比妥钠）与局部麻醉剂、其他中枢神经系统抑制剂（如苯妥英、乙醇）或与代谢产物为戊巴比妥的药物配伍使用。尽管某些配伍成分有缓慢的心脏毒性，但因为是用于安乐死，该药理作用变得无关紧要。这些配伍产品被 DEA 列为Ⅲ类药物，这使它们比Ⅱ类药物如戊巴比妥钠易于获得、储存和管理。将戊巴比妥钠与利多卡因或苯妥英钠等药物配伍使用的安乐死产品的药理学特性和推荐用途与对应的纯巴比妥酸衍生物可互换。

因为神经肌肉阻断剂可能会在意识丧失之前导致瘫痪，因此在同一注射装置中混合戊巴比妥和神经肌肉阻断剂不能用于安乐死。

2.2.5　曲布他胺（Tributame）

曲布他胺溶液是一种可注射的非巴比妥类安乐死药物，每毫升含有 135mg 乙甲丁酰胺、45mg 磷酸氯喹 USP 和 1.9mg 利多卡因 USP，溶剂为水或乙醇。成品为蓝绿色，同时添加了苦味剂苯酸苄铵酰胺，使溶液被意外摄入的风险降至最低。曲布他胺在 2005 年被 FDA 批准为犬的Ⅳ类安乐死药

物，而乙甲丁酰胺在 2006 年被分类为Ⅲ类管制药品，导致曲布他胺成为 C-Ⅲ类管制药物[166-168]。

乙甲丁酰胺是 γ-羟丁酸的衍生物，20 世纪 50 年代被研究作为全身麻醉剂，但因其安全性差，表现为对心血管影响严重包括低血压、心肌衰弱和心率失常[169]而从未被用作药物。乙甲丁酰胺单独用于注射可导致动物死亡，但需 5min 以上可死亡。之后，磷酸氯喹（一种具有很强的心血管抑制作用的抗疟疾药物）被添加到乙甲丁酰胺中，研究证明可明显缩短死亡时间[170,171]。犬的研究显示这种组合是有效的，但对猫进行安乐死测试时发现外周静脉注射时猫产生了明显的反应。加入利多卡因后该反应几乎被完全消除。加入氯喹以及利多卡因同样也降低了乙甲丁酰胺的用量[170]。曲布他胺引起严重的中枢神经系统抑制、缺氧和循环系统衰竭，而最终导致动物死亡。

曲布他胺在 30s 之内就可导致犬失去意识，2min 内致犬死亡；其中 $60\% \sim 70\%$ 的犬会出现濒死时的痛苦喘气[172]。每 2.3kg 体重通过预留的医用导管或浅真皮的针经静脉注射 1mL（0.45mL/kg 或 0.2mL/lb），注射时间为 10~15s。

优点——①曲布他胺发挥作用迅速。该效果依赖于剂量、浓度、注入途径以及注射速率。②曲布他胺可平稳地诱导安乐死，动物产生的不适感最少。③与如戊巴比妥钠等Ⅱ类药物相比，归属于Ⅲ类的曲布他胺更易于获得、储存以及管理。

缺点——①尽管曲布他胺已获 FDA 批准用于犬安乐死，但在编写此指南时尚未生产。②需由经过培训的人员进行静脉注射操作。③每只动物必须被单独保定。④失去意识的动物可能会在濒死时出现痛苦的喘气。⑤药物成分可能会残留在动物尸体中，这样可能导致食用这些尸体的其他动物被镇静甚至死亡。

一般注意事项——如可以获得，只要是由技能熟练的人员按照推荐剂量及恰当的注射速率进行静脉注射，曲布他胺是可接受的犬用安乐死药物。如果没有巴比妥类药物，则以标签外用法对猫使用也是可以接受的。非静脉注射途径使用曲布他胺是不可接受的。

2.2.6 T-61

T-61是一种可注射的非巴比妥类药物，含有乙甲丁酰胺、碘环三甲铵和盐酸丁卡因的非麻醉性混合药物[172]。乙甲丁酰胺诱导麻醉和呼吸抑制，然而，三甲铵造成非去极化型肌肉麻痹[173]。有人已对三甲铵导致的麻痹反应可能早于乙甲丁酰胺诱导的意识丧失而造成动物的痛苦表示担忧，因为在注射过程中动物表现出肌肉活动和（或）发出声音。然而，对于犬和兔的电生理研究显示，意识丧失、活动能力丧失与T-61注射同时发生[174]。尽管多数观点认为犬在注射T-61时表现出的不愉快反应类似于麻醉诱导期的烦躁，但在这些反应过程表现的不愉快行为会引起安乐死执行人员的痛苦。由于存在这些担忧，T-61已被生产厂家从市场中撤回并不在美国生产销售，尽管加拿大和其他国家还有在售。T-61只能通过静脉注射，注射时应密切监测注射速率，以避免注射过程中动物出现烦躁不安。

优点——①T-61作用快，已被用于犬、猫、马、实验动物、鸟类和野生动物的安乐死。②静脉注射巴比妥类药物时动物在濒死前出现的痛苦喘气在使用T-61时未发现。

缺点——①T-61目前在美国不生产。②缓慢静脉注射可避免意识丧失前的烦躁。③必须对每只动物进行适当的保定，需由经过培训的人员实施安乐死。④食用由T-61安乐死动物尸体的其他动物可能会发生二次中毒。⑤因为T-61包含乙甲丁酰胺，后者是一种Ⅲ类受管制药物，因此T-61也会在购买、储存和使用方面受到Ⅲ类受管制药物相同的限制。

一般注意事项——如由经过训练的人员进行操作，T-61是一种可接受的安乐死药物。不接受静脉注射以外的T-61给药方法。

2.2.7 超强效阿片类药物

盐酸埃托啡和柠檬酸卡芬太尼是获FDA批准用于保定野生动物的超强效阿片类药物（效果是硫酸吗啡的10 000倍）[175]。这些阿片类药物已被用于大型动物，特别是野生动物的保定以及标签外安乐死药物。卡芬太尼已被以棒棒糖的形式被黏膜吸收而安乐死圈养的大型猿类[176]。这些药物作用于μ阿片受体，导致中枢神经系统严重抑制最终引起呼吸停止而死亡。

优点——①埃托啡与卡芬太尼在难以实施静脉注射或操作危险的情况下，可通过肌内注射或黏膜吸收进入体内。②这些药物很快发挥作用。

缺点——①这些药物受到严格管制，需特殊许可才能获得和使用，且不是FDA批准的安乐死药物。②操作这些药物的人有很大的风险，这些药物可以通过破损的皮肤或黏膜被吸收。③如摄入安乐死动物的尸体，这些阿片类药物有可能会造成二次中毒；因此正确处置动物尸体至关重要。

一般注意事项——埃托啡或卡芬太尼只有在其他安乐死方法不适用或有危险的情况下才能使用。操作药物的人员必须熟悉其危害，且必须有另一人随时待命，并做好准备，在发生人身意外暴露的情况下以便召集医疗支持和实施急救。

2.2.8 解离剂及 α₂-肾上腺素能受体激动剂

注射用解离药物及 α₂-肾上腺素能受

激动剂在外科手术、牙科手术或其他操作之前能快速诱导动物失去意识和引起肌肉松弛。这些药物有时在给予安乐死药物前使用，以使动物痛苦最小化，便于保定和（或）提供动物主人能参与的良好安乐死环境。剂量过大会导致动物死亡，然而对多数种类动物的致死剂量还未被建立。注射 $100\mu L$ 10：1 的氯胺酮与赛拉嗪配伍溶液后的 3～5s 致小鼠死亡[163]。腹腔注射解离药物与 α_2-肾上腺素能受体激动剂，5 倍于麻醉剂量可用于实验动物的安乐死[177]。

优点——①这些药物易于获得。②这些药物配伍使用可使动物快速失去意识。③尽管首选静脉注射安乐死方法，但当静脉注射难以实施或操作有危险时也可选择肌内注射。

缺点——①这些药物不是 FDA 批准的安乐死药物。②大多数药物和物种的持续快速死亡剂量尚未确定。③可能会大大超过经批准的安乐死药物的成本。④许多解离剂是受管制药物，它们的获取、贮存和使用受限制。⑤如发生意外暴露，某些可注射制剂可能对人体有害。⑥安乐死后动物尸体中残留的麻醉剂对环境的影响尚未确定。

一般性注意事项——在已确定有效安乐死剂量以及注射途径的物种中，过量使用游离剂与 α_2-肾上腺素受体激动剂混合物是一种可接受的安乐死方法。当不能获得经批准的安乐死药物，或在已实施麻醉动物身上作为安乐死的辅助手段，只要在处理动物尸体前充分确定动物死亡，则这些药物是可以接受的。用于两步安乐死方法中的第一步，这些组合药物也是可接受的。在确定组织残留物对环境的影响前，必须采取特殊措施处理动物尸体。注射用麻醉剂不能用于食品动物的安乐死。

2.2.9 氯化钾和镁盐

尽管不能被用于有意识的脊椎动物的安乐死，但可用于无意识或处于全身麻醉状态下的动物体内静脉注射或心脏注射氯化钾、氯化镁或硫酸镁溶剂诱导心脏骤停。钾离子具有心脏毒性，快速静脉注射或心脏注射 $1～2mmol/kg$（0.5 ～ 0.9mmol/lb，1 ～ 2mEq/kg）或 75 ～ 150mg/kg（34.1 ～ 68.2mg/lb）的氯化钾可导致心脏骤停[178]。这是针对家畜或野生动物的安乐死方法，可能会降低捕食者或食腐动物的中毒风险[179,180]。被异氟烷麻醉的鹦鹉经静脉注射 $3mEq/kg$（1.4mEq/lb）的氯化钾，6 只中有 1 只出现轻微发声，并且在 68s 内心脏停搏[181]。对麻醉后的鹦鹉静脉注射 10mEq/kg（4.5mEq/lb）氯化钾，6 只中有 5 只出现肌肉非自主震颤，并在 32.8s 时鹦鹉心脏停搏。两种剂量都不会导致组织病理变化。

镁盐也可以溶入水中，用于一些水生无脊椎动物的浸泡式安乐死剂。在这些动物中，镁盐通过抑制神经活动而诱导死亡[181]。

优点——①氯化钾和镁盐不是管控类药物，因此易于获得、转运和配制。②动物失去意识之后使用氯化钾或镁盐溶液，有利于减少药物残留以及对捕食者及食腐动物的毒性，当无法恰当地处理动物尸体时（如熔化、焚化），则使用氯化钾和镁盐溶液是不错的选择。

缺点——①一经注射或注射后很快产生肌肉组织起皱及阵发性痉挛。②氯化钾和镁盐溶液不是 FDA 批准的安乐死药物。③对大型动物需要采用饱和溶液并快速注射。

一般注意事项——操作人员应接受培训并熟练掌握麻醉技术，能够评估使用氯化钾和镁盐溶液静脉注射前所需的无意识级别。使用氯化钾或镁盐溶液静脉注射安乐死的前提是，动物处于外科麻醉状态，其特点为意识丧失、肌肉反射和对伤害性刺激反应丧失。其他方法不适用或不可用时，可对无意识动物（如对有害刺激无反应）使用氯化钾或镁盐溶液经静脉注射执行安乐死。尽管尚无食腐动物因食用麻醉后经氯化钾或镁盐安乐死动物尸体而中毒的报道，但始终应将动物尸体进行适当的处置，以防范残留麻醉药物可能造成的中毒。

2.2.10 水合氯醛和α-氯醛糖

水合氯醛（1，1，1-三氯苯胺-2，2，-二羟乙烯）曾与硫酸镁和戊巴比妥钠联合使用，用于大型动物的麻醉和安乐死，但是现在很少用于兽医学。氯醛糖是水合氯醛的长效衍生物，已用于实验动物的麻醉，特别是脑血管研究中[182,183]。静脉注射时，这些药物几乎可立即发挥镇静作用，但除非与其他麻醉剂联合使用，否则麻醉效果的起始时间会延迟。该类药物通过抑制呼吸中枢进而引起血氧不足造成动物死亡，死亡前可能会伴有喘息、肌肉痉挛和发出声音。

优点——①水合氯醛曾经是一种经济的麻醉和安乐死药物，尤其是用于大动物时。②与Ⅱ类和Ⅲ类的药物相比，水合氯醛属于Ⅳ类药物，这意味着其获得、储存和管理较为简单。

缺点——①水合氯醛抑制大脑的作用比较慢；因此，对某些动物来说保定可能是个问题。②在美国水合氯醛不再是FDA批准的药物，只能通过原料药合成。这是个大问题，因为缺少生产控制、效力检测，而且使用由原料药制成的产品可能是违法的。

一般注意事项——水合氯醛和α-氯醛糖是不被接受的安乐死药物。因为其相关不良反应很严重，且这些反应很难被接受，而且有其他更好的药物可供选择。

2.2.11 醇类

乙醇和其他醇类物质可以增加细胞膜的流动性，改变神经细胞离子通道并降低神经细胞活性[184]。醇类物质通过抑制神经系统和呼吸系统引起麻醉和缺氧，最终导致死亡。对一些有鳍鱼类，醇类物质是推荐使用的辅助安乐死药物[185]，且是35日龄或以上小鼠推荐首选的注射安乐死药物[186]。腹腔注射0.5mL 70%乙醇，小鼠逐渐发生肌肉丧失控制、昏迷，最终在2～6min内死亡。腹腔注射乙醇已被用于实验室小鼠（小家鼠）和大鼠（褐家鼠）的安乐死[187]。然而，35日龄以下的小鼠在腹腔注射乙醇后经历了较长的时间才死亡，因此其不适用于该年龄组的小鼠或新生小鼠的安乐死[188]。这种方法也不适用于大鼠的安乐死，因为需要大量的乙醇，并且需要较长时间才能起作用[187]。三溴乙醇被用作啮齿类实验动物麻醉剂。

优点——醇类物质价格经济且易于获得。

缺点——①醇类物质对组织会产生剂量相关的刺激。②使用乙醇后，动物昏迷或死亡的发生可能会延迟。③对比小鼠大的动物，安乐死需要的乙醇量不切实际。④醇类物质不是FDA批准的安乐死药物。⑤医用级的三溴乙醇在市场上购买不到，必须采用原料药配制。

一般注意事项——低浓度乙醇对已使用其他方法昏迷的有鳍鱼类是可接受的辅助安乐死方法，以及作为一些无脊椎动物首选或次要选择的安乐死方法。但将动物浸入高浓度乙醇（如70%）是不被接受的。特殊情况下，乙醇可用于小鼠安乐死，但不能用于更大体型动物的安乐死。如通过IACUC批准，在配制、储存及剂量都正确时，特定情况下三溴乙醇作为啮齿类实验动物安乐死的方法是可以接受的。

2.2.12 三卡因甲磺酸盐（MS 222, TMS）

三卡因甲磺酸盐，通常称为MS 222，是FDA批准的用于短暂固定鱼类、两栖类和其他水生动物或冷血动物的一种麻醉药物[189]。三卡因甲磺酸盐已用于爬行动物、两栖动物和鱼类的安乐死。三卡因是一种苯甲酸衍生物，在水中呈弱碱性（相当于$CaCO_3 < 50mg/L$），用碳酸氢钠溶液作为缓冲液[190]。制备10g/L的贮存液时，需加入碳酸氢钠直至饱和，溶液最终pH为7.0～7.5。贮存液应避光保存，尽可能冷藏或冷冻保存。贮存液应每月更换，观察到棕色时也应更换[191]。该药物药效随着溶液温度升高而增强，随温度下降而减弱[190]。鱼类浸泡在MS 222溶液，10min后会观察到鳃部有节律运动丧失，这个时间足以安乐死多数鱼类。由于不同物种对MS 222的敏感性不同，故对某些有鳍鱼类和两栖动物推荐使用另外的辅助安乐死方法以确保动物死亡[190,192]。在美国，对MS 222有21d休药期；因此该药物不适用于安乐死后供食用的动物。

MS 222快速进入中枢神经系统并通过阻断压力敏感钠离子通道而改变神经传导[192]。此外，在心室肌内聚积后导致心血管功能下降。最终因神经系统和心血管功能下降而导致死亡。

对非洲爪蟾的研究显示，MS 222习惯上用于两栖类动物安乐死的浓度（0.25～0.5g/L）对于非洲爪蟾而言是不足的[193]。将爪蟾浸入5g/L的MS 222中，4min之内会进入深度麻醉，但至少需要1h所有的爪蟾才会死亡。该研究者建议如允许MS 222浓度低于5g/L或时间短于1h，则建议对非洲爪蟾追加使用另一种辅助安乐死方法。体腔内注射高浓度MS 222［2 590mg/kg（1 177mg/lb）］不会引起死亡，20只爪蟾注射后3h内有6只恢复了运动。故体腔内注射MS 222用于非洲爪蟾或其他两栖类动物安乐死的方法是不可接受的。

已有关于爬行动物的MS 222两步安乐死法的报道[172]。第一阶段，体腔内注射250～500mg/kg（113.6～227.3mg/lb）的pH中性溶液（含0.7%～1%的MSS 22），使动物快速昏迷（30～240s）；第二阶段，丧失意识后，再次体腔内注射无缓冲液的50% MS 222。

优点——①MS 222在淡水或海水中都可溶解，故使用范围广泛，可用于鱼类、两栖动物和爬行动物。②MS 222在市场上可购买到，不是管制类药物，其获得、保存和管理都相对容易。

缺点——①MS 222价格高，限制了其应用于鱼类、两栖动物和爬行动物的大批量安乐死。②据显示，不同物种对MS 222的反应不同，某些物种需在高浓度下或需二次注射才能确保动物死亡。③注射MS 222的方法不适用于鱼类，因为它们可通过鱼鳃快速地排出药物而导致其无效[190]。④MS 222不能用于供人食用的动物。⑤职业暴露，MS 222与人视网膜毒性有关[194]。⑥MS 222不是FDA批准的安乐死药物。⑦安乐死长须鲸体内MS 222残留对环境及食腐动物的影响尚未明确。

一般注意事项——对鱼类、某些两栖类动物和爬行动物，MS 222是可接受的安乐死方法。当用于大型有鳍鱼类或某些两栖动物（如非洲爪蟾），需使用第二种辅助方法以确保动物死亡；单独腔内注射MS 222不被接受。作为人类和其他动物食物来源的动物不应使用MS 222安乐死。

2.2.13 盐酸苯佐卡因

苯佐卡因碱是一种与MS 222相似的复合物，不溶于水，需用丙酮或乙醇溶液溶解制备成贮存液（100g/L）；此类溶剂的存在对组织有刺激性。相反，盐酸苯佐卡因是水溶性的，可直接作为鱼类和两栖动物麻醉或安乐死的药物[172,191]。含有苯佐卡因的药物需避光保存，避免冷冻或高温（大于40℃）。7.5%或20%盐酸苯佐卡因凝胶不需用缓冲液处理，局部敷于两栖类动物胸腹部即可起效。与 MS 222 类似，苯佐卡因通过阻断中枢神经系统和心脏的压力敏感钠离子通道而发挥抑制神经系统和心血管系统的作用。

腹部敷用盐酸苯佐卡因凝胶（浓度 20%，应用面积 20mm×1.0mm）对某些两栖动物是有效的麻醉和安乐死方法[193,195,196]。非洲爪蟾胸腹部使用该凝胶后放于潮湿的桶内，7min 内屈肌反射减弱，5h 内发生死亡[193]。没有证据表明皮肤损伤、皮肤脱水及呼吸困难与局部使用盐酸苯佐卡因有关。近期对成年非洲爪蟾安乐死的研究显示，剂量为 182mg/kg（82.7mg/lb）的盐酸苯佐卡因凝胶对其是有效的[193]。将用于北澳海鳠（海鳠属）安乐死的盐酸苯佐卡因外敷法与冰浴法相比，对某些温水鱼类，冰浴作为安乐死方法比过量使用苯佐卡因引起的运动反应少，但还需要额外的工作来确定哪种方法更人道[197]。

优点——①盐酸苯佐卡因对鱼类和两栖动物是相对快速和有效的。②盐酸苯佐卡因不是受管制药物。③用于鱼类安乐死的盐酸苯佐卡因浓度对人的毒性很低。④盐酸苯佐卡因对环境风险小，易被活性炭过滤，且在水中约 4h 就会分解。

缺点——①盐酸苯佐卡因不是 FDA 批准的安乐死药物。②盐酸苯佐卡因的价格可能会限制其用于大型鱼类、两栖动物和爬行动物，或大量动物的安乐死。③必须小心地溶解盐酸苯佐卡因以避免组织的刺激反应。④残留于鱼类体内的盐酸苯佐卡因对环境及食腐动物的影响尚未明确。

一般注意事项——盐酸苯佐卡因凝胶和溶液对鱼类和两栖动物安乐死是可以接受的。盐酸苯佐卡因不可用于供食用动物的安乐死。

2.2.14 丁香酚

丁香包含大量的香精油，包括丁香酚、异丁子香酚和甲基丁子香酚[198]。丁香酚占精油组分的 85%～95%，已被作为食物香料和人医牙科的局部麻醉药。美国环保局将其归为风险最小的杀虫剂活性成分。丁香酚具有抗寄生虫、抗细菌、抗氧化以及抗痉挛的活性。啮齿类动物研究表明，丁香油的某些其他成分，如异丁子香酚是可疑的致癌性[199]。丁香油及其提取物已广泛用于淡水和海洋鱼类的麻醉，与 MS 222 相比，其易于获得、价格低并且所需时间短[200,201]。丁香酚作为麻醉剂与 MS 222 相比，具有诱发时间短、恢复时间长和安全范围窄等特点，这是由于在高浓度时（大于 400mg/L）会引起通气衰竭快速发作[202]。

丁香油和其衍生物的麻醉机理尚未被深入研究，但其通过抑制神经系统压力敏感钠离子通道实现与其他局部麻醉剂类似的作用[175]。啮齿类动物研究[203-205]显示，该类物质除了会引起麻醉效果外，还会引起瘫痪。

优点——①丁香油及其衍生物很容易获得，并且价格相对较低，不是受管制药物。②诱发时间短。③在很宽范围的水温下都有效。

缺点——①并非 FDA 批准的安乐死药物。②供人类食用的动物不能用某些丁香油类药物安乐死。③某些丁香油衍生物有致癌作用。④用于鱼类安乐死时丁香油残留物对环境及食腐动物的影响尚未明确。

一般注意事项——丁香油、异丁子香酚和丁香酚是可接受的鱼类安乐死药物。建议尽可能使用标准的、香精油浓度已知的产品用于安乐死，这样可以知道准确的剂量。这些丁香油类药物不能作为供人类食用动物的安乐死药物。

2.2.15 2-苯氧乙醇

浸入浓度为 0.3～0.5mg/L 或更高浓度的 2-苯氧乙醇已用于鱼类的麻醉和安乐死[200]。在冷水中 2-苯氧乙醇的溶解度下降。2-苯氧乙醇的作用机制尚不清楚，但其引起死亡的原因是中枢抑制继发的缺氧。鱼在鱼鳃停止活动后还应继续浸在2-苯氧乙醇溶液中至少10min。

优点——①2-苯氧乙醇可用于鱼的一步浸入法安乐死。②2-苯氧乙醇不是受管制药物。

缺点——①诱发时间会延长。②安乐死所需的剂量水平和暴露时间存在物种差异。③有些物种会在失去意识前表现出多动症状。④2-苯氧乙醇不是FDA批准的安乐死药物。⑤用于鱼类安乐死时，2-苯氧乙醇残留物对环境及食腐动物的影响尚未明确。

一般注意事项——虽然可能有更有效的浸入药物可使用，但在某些特定情况下，2-苯氧乙醇是一种可接受的鱼类安乐死方法。2-苯氧乙醇安乐死不能用于供人类食用的动物。

2.2.16 喹哪啶(2-甲基喹啉、硫酸喹哪啶)

喹哪啶在水中溶解性很低，因此必须先溶解于丙酮或乙醇内，然后用碳酸氢盐作为缓冲液溶解[200]。喹哪啶的效力与物种、水温、水的pH和水的矿物质含量有关。喹哪啶通过抑制中枢神经系统的感觉中枢发挥作用。

优点——①喹哪啶可用于鱼类一步法安乐死。②喹哪啶不是受管制药物。

缺点——①喹哪啶不是FDA批准的安乐死药物。②用于鱼类安乐死时，喹哪啶残留物对环境及食腐动物的影响尚不明确。

一般注意事项——喹哪啶安乐死不能用于供人类食用的动物。

2.2.17 美托咪酯

美托咪酯是一种引起中枢神经系统抑制的高水溶性、非巴比妥类催眠药。使用剂量为推荐麻醉剂剂量上限的10倍时，它是一种快速作用的安乐死药物。有些鱼类需要更高浓度的美托咪酯来达到麻醉效果[206]。在鱼鳃运动停止后，鱼应该在安乐死溶液中保持10min以上。美托咪酯安乐死不能用于供人类食用的动物。美托咪酯目前作为鱼类镇静剂和麻醉剂被列入FDA合法上市的未经批准的小型动物新药索引[207]，该索引禁止任何标签外使用美托咪酯。

优点——①美托咪酯可用于鱼类安乐死的一步浸泡法。②美托咪酯不是受管制药物。

缺点——①由于美托咪酯是FDA索引的药物，因此禁止在标签外使用美托咪酯进行安乐死。②一些鱼类需要更高浓度的美托咪酯用于麻醉，因此对于这些鱼类来说美托咪酯不是最佳的安乐死药物。③使用美托咪酯安乐死的鱼不能食用。④安乐死鱼类中美托咪酯残留对环境或食腐动物的影响尚不确定。

一般注意事项——如果其监管状态发生变化，允许其用于安乐死，美托咪酯在某些情况下对一些鱼类进行安乐死是可接受的。美托咪酯不能用于食用动物的安乐死。

2.2.18 次氯酸钠

次氯酸钠（漂白剂）和次氯酸钙颗粒制备的溶液在组织中充当溶剂和氧化剂，引起脂肪酸皂化、蛋白变性和细胞过程紊乱[208]。次氯酸钠已被用于安乐死未孵化的或已孵化到受精后7d的斑马鱼，超出该时间段的斑马鱼被认为已超出胚胎阶段并且能够感受痛苦和疼痛[209]。在多种研究领域中次氯酸钠被用于胚胎终止过程中。

优点——①次氯酸钠和次氯酸钙价格不贵，容易获得，用于破坏胚胎和幼虫的浓度（1%～10%）对人的危害很小。②不是受管制药物。

缺点——①次氯酸钠溶液具有腐蚀性，如处理不当对皮肤、眼睛和呼吸道有损害。

②次氯酸钠不是 FDA 批准的安乐死药物。

一般注意事项——在胚胎和幼虫早期不能感受疼痛的阶段使用次氯酸钠，是可接受的安乐死方法；超出上述阶段，不能单独使用次氯酸盐作为安乐死方法。不能用次氯酸盐安乐死供食用的动物。

2.2.19　甲醛

甲醛通过氧化损伤以及 DNA、RNA 和蛋白交联，造成细胞破坏[210]。甲醛可用于安乐死和保存海绵动物，因为这些无脊椎动物缺乏神经系统。

优点——①甲醛价格不贵，容易获得，不是受管制药物。②甲醛固定组织很快，可保留原有结构用于随后研究。

缺点——甲醛对人的健康有危害，包括影响呼吸系统、皮肤过敏和刺激眼睛。甲醛也是一种已知的致癌物[211]。

一般注意事项——甲醛用于海绵动物的安乐死是可接受的。对于腔肠类动物（栉水母、珊瑚、海葵）和腹足类动物（蜗牛和蛞蝓），只有在其他方法（如氯化镁[212]）不起作用时，甲醛才可作为一种辅助的安乐死方法。对其他动物，使用甲醛无论作为第一阶段安乐死或辅助安乐死的方法均是不被接受的。

2.2.20　盐酸利多卡因

盐酸利多卡因是一种局部麻醉剂，作用于神经离子通道，阻止钠进入细胞，并由于无法产生动作电位而导致神经传导失败[213]。由于利多卡因诱导的 G 蛋白偶联受体和 N-甲基-d-天冬氨酸受体的抑制，神经传递发生了改变[214]。局部麻醉剂偶尔会被加入经静脉注射的巴比妥类或乙甲丁酰胺的安乐死溶液中，主要是因为它们的心脏抑制作用。

优点——①利多卡因价格便宜，可广泛获得，不是受管制药物。②当给麻醉动物鞘内注射利多卡因时，会导致大脑皮质的功能快速丧失（脑死亡）。③利多卡因的组织残留量相对较低，预计不会对食腐动物造成危害[214]。

缺点——①麻醉和鞘内给药需要专业的技术。②必须考虑麻醉药物残留物对食腐动物的潜在风险。③脑电活动丧失后偶尔出现反射性（濒死）呼吸。④取不明疾病动物的脑脊液时可能使操作人员暴露于脑病（如狂犬病）。

一般注意事项——在其他安乐死方法不可用或成本高昂，或无法确保正确处理尸体的情况下，鞘内注射 2‰ 盐酸利多卡因是一种可实施的动物安乐死辅助方法。

2.2.21　不被接受的药物

士的宁、尼古丁、咖啡因、清洁剂、溶解剂、杀虫剂、消毒剂及其他有毒物（除非是为治疗或安乐死而特殊设计的）均不能作为安乐死药物。

对有知觉的脊椎动物，硫酸镁、氯化钾和神经肌肉阻断剂不能作为安乐死药物。如前所述，这些药物可用于已麻醉动物或无知觉动物的安乐死。

2.3　物理方法

2.3.1　一般注意事项

安乐死的物理方法包括系簧枪、射击、颈椎脱臼、断头、电击、高能微波辐射、放血、溺水、击晕和脑脊髓刺毁法。由技术熟练的人员正确操作且器械维护良好时，物理安乐死的方法比其他安乐死方法造成的恐惧和焦虑更小，并且更快速、无痛、人道和实用。放血、击晕和脑脊髓刺毁法不推荐单独作为安乐死的方法，但可辅助其他药剂或方法。

有人认为物理安乐死方法从感官上不易被接受。然而有时哪种方法感官上被认可和哪种方法更人道是相互冲突的。尽管在某些场合，物理方法在感官上不能被接受，但实际上可能是最适合的选择，能使动物最快从疼痛和痛苦中解脱。当然，实施物理安乐死的人员必须经过良好的培训和指导，以确保所有操作都恰当。在一切可能的情况下，他们还必须对所用方法的美学加以考量，向旁观者展示他们希望看到的情形。

由于大多数物理方法都会造成创伤，因此对动物和人来说都存在一定风险。如果方法操作不当，可能会造成人员受伤或动物无法执行有效安乐死；人员技能和经验是至关重要的，没有经验的人员应由经验丰富的人员进行培训，在已安乐死的动物或已麻醉即将进行安乐死的动物上进行练习，直到他们能够熟练正确和人道地执行该方法。动物被执行安乐死后，必须确认死亡后才能对尸体进行处理。

2.3.2　穿透性系簧枪

穿透性系簧枪（PCB）已用于反刍动物、马、猪、实验兔、犬和羊驼的安乐死[215,216]。但标准的系簧枪可能不足以安乐死水牛[217]。系簧枪主要通过对大脑半球和脑干造成震荡和创伤来达到安乐死的目的。近期研究表明[218]，在牛身上将射击位置调整为稍高的位置可能会增加对脑干的破坏。为确保系簧枪的射入位置，需要对动物进行充分的保定。必须充分破坏动物的大脑半球和脑干，才能造成突然的意识丧失和随后的死亡。使用大功率气动穿透性系簧枪能成功地使年幼的公牛和小母牛失去知觉，而不会破坏脑干[219]。

已有文献描述了各种物种系簧枪适当的刺入位置[220-224]。系簧枪有效穿透和死亡的表现是动物被刺穿后，立即倒地并出现持续几秒钟的强直性痉挛，随后是后肢缓慢摆动[225,226]。角膜反射消失，眼睛圆睁、瞳大且不能转动[227]。

有两种穿透性系簧枪：常规型和空气喷射型。这两种系簧枪都会刺入脑部。空气喷射系簧枪是空气在高压下通过螺栓射入脑中，造成组织大规模破坏。常规的系簧枪是火药动力枪（9mm），有0.22in口径和0.25in口径[220]。由压缩空气（气动）驱动的系簧枪也有常规和空气喷射两种类型。所有系簧枪在每天使用后都需要仔细维护和清洁。维护不良是导致火药和气动系簧枪无法击发的主要原因[228]。长时间重复发射系簧枪会使枪过热而造成其效能降低[229]。

优点——①当药物安乐死的方法不适用或不切实际时，研究机构和农场中，可用两种系簧枪进行动物安乐死。②不会对动物的组织产生化学污染。

缺点——①使用系簧枪的安乐死方式在感官上可能令人不快。②设备需要得到适当的维护并正确使用，否则可能无法有效实施安乐死。③空气喷射系簧枪不能用于食用反刍动物的安乐死，因为其可能会使肉类被一些危险物质（神经组织）污染而无法食用。④因穿透性系簧枪破坏性很强，脑组织可能不能再用于检测狂犬病或其他慢性消耗性疾病。动物被系簧枪射中后发生的摆腿运动是由于颅脑底部的脊髓被破坏后，动物完全失去知觉的脊髓反射动作[230,231]。

一般注意事项——穿透性系簧枪安乐死在一定条件下是可以接受的，是一种对马、反刍动物、猪、兔子和家禽实施安乐死的实用方法。为确保动物死亡，建议安乐死后立即对动物进行放血或损毁脑脊髓（见辅助方法），除非使用了为安乐死而专门设计的系簧枪。目前，这种枪可以购买到，使用这种枪可减少辅助方法的使用。但不能损毁可食用的反刍类动物的脑脊髓，以避免有风险的特殊材料污染尸体。用系簧枪安乐死更大的动物必须要加长弹栓。

2.3.3　非穿透性系簧枪

研究表明，非穿透性系簧枪（NPCB）

对牛的安乐死效果不如穿透性系簧枪[232,233]。非穿透性系簧枪的前端较宽，呈蘑菇状，不能穿透大型哺乳动物的大脑，如成年牛、达到屠宰重量的猪、母猪和成年绵羊。一般来说，非穿透性系簧枪只能击晕动物，不应该作为安乐死的唯一方法。正确定位对于有效击晕成年奶牛至关重要。NPCB不能击晕公牛、成年猪或长毛牛。

近年来，专门制造的气动式非穿透性系簧枪发展很快，成功用于重达 9kg（20lb）的乳猪安乐死[234]。

优点——对大脑的破坏性较小。

缺点——①非穿透性系簧枪只能击晕动物，因此，通常不能作为安乐死的唯一方法。但是专门为乳猪、新生反刍动物[220]和火鸡实施安乐死而设计的气动式非穿透性系簧枪是个例外[235]。②根据损害的程度，使用非穿透性系簧枪对动物进行安乐死后可能会妨碍对其脑部疾病进行检查，包括狂犬病和其他慢性消耗性疾病。

一般注意事项——通常情况下，非穿透性系簧枪不作为安乐死的唯一方法。但是，专门为乳猪①、新生反刍动物[220]和火鸡安乐死而设计的非穿透性系簧枪例外[236]。

2.3.4 手动头部钝力创伤

使用手动头部钝力创伤作为动物安乐死方法前，必须要评估动物结构特征、操作人员熟练程度、动物数量以及实施安乐死的环境。手动头部钝力创伤对于头盖骨比较薄脆的新生动物而言是一种人道的安乐死方法，如果作用力足够，一下砸中头盖骨中心，就能立刻抑制中枢神经系统并损害脑组织。如果实施得当，很快就会丧失知觉。操作人员必须经过充分的培训，精通该方法并以感官上可以接受的方式操作，且要清楚动物麻醉的表现。

手动头部钝力创伤安乐死主要用于安乐死颅骨较薄的小型实验动物[223,237,238]，以及

仔猪的安乐死。新生牛犊的解剖学特征使其不能用这种方法安乐死。

实施该方法会影响操作人员的心情，并且很快就会精疲力竭。当大批动物需要实施安乐死时，由于过于疲劳，会影响安乐死的效果。因此，AVMA 鼓励寻找其他更好的替代方法。

优点——①如果实施得当，手动头部钝力创伤是一种经济有效的方法。②钝力击伤不会对动物组织造成化学污染。

缺点——①手动头部钝力创伤安乐死对操作人员而言是一种不悦的经历。②多次实施手动头部钝力创伤法，会让人疲劳，失去该方法的有效性，影响安乐死的效果。③颅骨破裂会损伤脑组织，干扰脑部疾病的诊断。

一般注意事项——尽可能用其他方法替代手动头部钝力创伤安乐死。初生牛犊因其解剖学特征而不能采用手动头部钝力创伤法进行安乐死。

2.3.5 射击

射击动物的适当部位会导致其立即失去知觉，是一种人道的安乐死方法。在某些情况下，射击可能是唯一可行的安乐死方法。射击只能由受过枪支使用培训，能够熟练操作枪支的人员进行，并且只能在允许合法使用枪支的地区进行。要考虑到附近人员、公众及其他动物的安全，在户外执行还要限制人员进入。

对捕获动物执行头部射击时要瞄准以确保子弹射入脑部，立即引起意识丧失[33,224,239-242]。射击前必须考虑不同种属的大脑位置和颅骨构造的差异，以及弹丸穿透颅骨和鼻窦所需的能量[221,240]。已有文献描述了射击安乐死不同物种时，应该瞄准头部

---

① T - 61, Intervet Canada Corp, Kirkland, QC, Canada.

的具体位置[240,241,243]。对于野生动物和其他散养的动物，首选目标区域应该是头部，然而，远距离射杀很难击中头部（射击偏差可能导致颌骨骨折或其他非致命性伤害）或需要脑组织样本来诊断对公共卫生很重要的疾病时（如狂犬病、慢性消耗性疾病），不能选择射击头部。根据情况选择合适的枪支，目的是能够穿透和破坏脑组织但不要从头部对侧穿出[220,244]。射击心脏或颈部不会造成动物立即丧失知觉，但如符合 POE 安乐死的要求时也可使用[245]。

2.3.5.1　枪支使用的基本原则

要确定枪支或弹药类型是否适合对动物实施安乐死，必须了解一些基本原则。物体的速度、重量或质量增加时，其动能也增加。子弹的动能（枪口动能）是指子弹在枪支发射时离开枪管末端的能量。枪口能量经常被用来衡量子弹破坏力。子弹越重，速度越大，其枪口能量和对射程内物体的破坏力就越大。

$$\frac{枪口动能}{(E)} = \frac{\frac{子弹的质量}{(M)} \times \left[\frac{速度}{(V)}\right]^2}{2}$$。但

是，美国民众常用的民用枪支测量的能量（E）单位是以英尺-磅（ft－lb）来表示。通过将子弹的重量（W）乘以速度（V）的平方，然后除以 450 450 来计算的。枪口动能的国际标准单位是焦耳（J）。

市售弹药的枪口能量差异很大。例如，装有 180gr 的火药粒与装有 110gr 的火药粒的子弹在 0.357 麦林枪（Magnum）产生的枪口能量差异可能高达 180ft－lb[246]。速度对子弹能量的影响比子弹质量更大。在执行安乐死时，选择合适的子弹和枪支对于安乐死的最终效果至关重要。重量较轻、速度较快的子弹可以具有较高的枪口能量，但穿透力会降低，难以穿透较厚的骨头。

因为多数用于安乐死的枪支都是近距离的，计算枪口动能有助于确定不同大小的

动物适合的枪支规格。当子弹射出枪支时其能量开始逐步降低，对于近距离射击动物不需要考虑这种能量的降低，但当要远距离射击需安乐死的动物时，要保证射击准确度和足够的枪口动能，高性能的步枪应是更好的选择。任何情况下，有经验和技术娴熟的射击手是确保成功实施安乐死最重要的因素。

2.3.5.2　枪口能量要求

安乐死体重为 400lb（180kg）以下的动物，所选择的枪支和弹药的组合必须达到 300ft－lb（407J）以上的枪口能量[247]。对于动物体重为 400lb 以上时，枪口能量需要达到 1 000ft－lb（1 356J）[220]。这是手枪无法达到的，因此，必须使用步枪对这些动物实施安乐死。

推荐的枪口能量远远超出了满足安乐死所需要的能量，这点可能会引起质疑。有些评论建议，0.22LR 是最常用作安乐死家畜的枪支，并取得了不同程度的成功。因此，安乐死的成败与枪支和子弹的特性有关，但选择合适射击部位（即更可能影响脑干的部位）可能更重要。人道屠宰协会列出了多种用于家畜安乐死的枪支，包括猎枪（0.12、0.16、0.20、0.28 和 0.410 口径）、手枪（0.32～0.45 口径）和步枪（0.22、0.243、0.270 和 0.308 口径）。一般来说，将手枪与步枪进行比较时，枪管越长，初速越高。因此，如果同样 0.22 口径枪支用于安乐死，最好用步枪射击。0.22 口径枪支不能用于老年公牛、公猪或公羊的安乐死[248]。

2.3.5.3　子弹的选择

枪支只是输送子弹的工具，不应过分关注枪支本身，子弹的选择才是射击作为安乐死方法时最需关注的问题。对此，可将子弹分为 3 种基本类型：实心头子弹、空头子弹和完全金属套子弹。实心头子弹最适合用于安乐死，因为其设计时就是为了穿透目标。理想条件下，这种子弹经过适当膨胀成为蘑

菇状，以增加其破坏力。空头子弹设计了中空的头，可以使其快速膨胀和碎裂。空头子弹可最大程度传递能量，而无过度穿透风险。如使用时希望控制和尽可能减少击穿的程度，那么可选择空头子弹。然而，对于牲畜安乐死而言，首先要求子弹穿透颅骨到达脑组织。空头子弹的问题是大多数能量都通过碰撞成碎片的过程中释放出来，导致最终穿透颅骨的能量不足。另一个极端代表是完全金属套子弹，撞击目标后完全不会膨胀和碎裂，这种子弹的核心为铅，外面包着薄的金属外罩（完全包裹）。这种子弹穿透力最大，有利于安乐死，但会对观察者带来危险。装有霰弹（4、5或6号）的猎枪有足够的能量穿入颅骨，但与手枪或步枪的子弹不同，它们很少射出颅骨。农场在选择安乐死用的枪支时，以上这些信息都是重要的考虑因素。缺乏选择枪支和子弹的科学信息可能是使用枪支对动物实施安乐死最关键的问题，也是安乐死急需研究的领域。

2.3.5.4 枪支安全

强调枪支安全永远都不过分。因枪支固有的危险性，任何时候都必须小心操作，这是持有和使用枪支必须时刻保持的心态。使用枪支时通常注意以下几点：①始终假设所有枪支都已上膛；②始终知道枪口在哪里，并且枪口永远不要指向自己或旁观者；③让手指远离扳机，除非准备好开火时；④确定好射击目标以及目标周围的物体；⑤始终确保枪支在不使用时子弹退膛。想要了解更多正确使用枪支的信息或培训内容，建议参照当地捕猎安全教程，这类教程可以提供枪支的安全培训及相关法律法规。

枪支不能顶在动物身上，因为射击时枪管内的压力会使枪管爆炸，可能伤及开枪的人和周围的人。理想状态是枪口应离动物的前额1~2ft，并垂直于头骨，弹道应大致经过枕骨大孔。这样会减轻子弹跳弹的风险，子弹直接穿过大脑、中脑和延髓，使动物立即丧失知觉并快速死亡。

优点——①如果子弹破坏了大部分脑组织，动物会立刻丧失意识。②对野生动物或自由活动的动物，如果为了减少因人为接触和处理带来的应激反应，射击对野生动物和自由活动动物而言可能是最可行和符合安乐死要求的方法。

缺点——①射击可能对人员是危险的。②对许多人来说，有感官上的不愉快。③在野外条件下，可能难以击中目标的要害部位。④以头部为射击目标时，脑组织可能不能用于脑部疾病（如狂犬病、慢性消耗性疾病）的检查。⑤要求射击人员对枪支应用熟练并掌握不同种类动物合适的射击靶点。在某些州，有犯罪记录的人员是不允许使用枪支的。

一般注意事项——当无法使用其他安乐死方法时，特定情况下能够实施准确射击的安乐死方法是可以接受的[241,249]。如可以适当固定动物，系簧枪也可用于安乐死，并且比射击的方法要好，因为其对人员比较安全。对于与人已熟悉的动物，射击前应对动物进行安抚以减少其焦虑。对野生动物，射击前应尽量减少与动物不必要的接触。射击不能作为动物管理场所如市政动物拘留所或收容所常规的动物安乐死方法。

2.3.6 颈椎脱臼法

颈椎脱臼安乐死动物的方法已使用了多年，由有经验的人员实施颈椎脱臼是人道的方法。但很少有科学研究证实这一点。该方法已用于对小型鸟类、家禽、小鼠、幼龄大鼠（<200g）和兔实施安乐死。对于小鼠和大鼠，用一只手的拇指和食指捏在头底部的颈部两侧，或按压头底部，另一只手迅速拉扯尾巴的基部或后肢，使其颈椎与头部分离。对于幼兔，需要一只手握着头，另一只手握着后肢，拉伸并扭转幼兔，使颈部过度伸展和背部扭曲，导致第一颈椎与头部分

离[223,250]。对于家禽和其他鸟类，应抓住禽类的腿（或翅膀根部），拉动头部以对颈部产生拉伸，同时旋转腹背部。除非鸟开始就处于无意识状态，否则不推荐捣毁颈椎和脊髓。操作人员应用麻醉或已死亡的动物来练习这项操作。

数据表明，大鼠颈椎脱臼后大脑中的生物电活动能够持续13s[251]，与断头法不同的是，快速放血不会导致意识丧失[252,253]。对于某些种类的家禽，有证据表明颈椎脱臼可能不会导致其立即失去意识[235,236,254,255]。

优点——①颈椎脱臼可导致动物意识迅速丧失[150,251]。②不会对组织造成化学污染。③动作完成快速。

缺点——①执行或观察过程令人不悦。②为确保动物迅速丧失意识，技术人员需要熟练掌握颈椎脱臼操作方法。③该方法仅适用于小型鸟类、家禽、小鼠、幼龄大鼠（<200g）和兔子。

一般注意事项——对小型鸟类、家禽、小鼠、大鼠（<200g）和兔子的安乐死，特定条件下可由熟练操作的人员执行颈椎脱臼。如技术人员不能熟练执行颈椎脱臼安乐死，则需要让动物失去意识或者麻醉。对于体重较大的大鼠和兔子，颈椎区域的肌肉群发达，使手动颈椎脱臼实施起来更加困难[256]。对家禽进行颈椎脱臼时，必须确保不会对椎骨和脊髓造成挤压。有证据表明，在某些种类的家禽中，颈椎脱臼可能不会导致其立即失去知觉[235,236,254,255]。在这些情况下，使用其他物理方法如钝器创伤或断头法可能更人道[257]。

负责执行颈椎脱臼的人员必须接受过适当的培训，并始终人道且有效地实施该方法。

2.3.7 断头法

在研究环境中，断头术可用于啮齿动物和幼兔实施安乐死。该方法不会造成组织和

体液的化学污染，也不会对脑组织造成破坏[258]。

虽然有报道证明，断头后大脑中的生物电活动会持续13~14s[259]，但最近的研究和报告表明[251-253]，这种生物电活动并不意味着疼痛的感知，而可能表示意识会迅速丧失。与断头法相比，颈椎脱臼法会让小鼠诱发电位消失得更快[260]。

市面上可以买到用于安乐死成年啮齿动物和幼兔的断头台。商业化断头台无法用于新生啮齿动物，但可以使用锋利的刀片达到断头的目的。

优点——①断头可能会导致意识迅速丧失[251-254]。②不会对组织造成化学污染。③完成快速。

缺点——①进行断头时所需的抓取和保定可能会使动物感到痛苦[261]。②对于断头处理后存在的大脑电位活动的解释目前仍有争议，其重要性也有待讨论[251-254,259]。③执行断头法的人员要意识到该装置的危险性并采取预防措施。④执行或观察断头术可能令人不快。

一般注意事项——如果执行正确，特定条件下此方法是接受的，如有科学实验设计并经IACUC批准后，该方法可用于科学研究。如要求脑组织不被破坏和污染，选择断头法是合理的。用于执行断头术的设备必须保持良好的工作状态并定期维护，以确保刀片的锋利度。塑料圆锥体保定动物可以减少动物痛苦，最大限度地减少人员受伤的机会，并使动物处于舒适的体位。两栖动物、鱼类和爬行动物的断头术在该指南的其他章节有所提及。负责执行此方法的人员必须确保接受过适当的培训，能胜任此操作。

2.3.8 电击

交流电已用于对犬、牛、绵羊、山羊、猪、鸡、狐狸、水貂和鱼的安乐

死[227,239,242,262-270]。50～60 频次的电流比更高的频率更有效[271,272]。触电可引起房颤，进而导致脑缺氧和死亡[269,270,273]。然而，动物在经过房颤发作后 10～30s 甚至更长时间内不会失去知觉。在电击安乐死之前，需使动物处于无知觉或昏迷状态。无知觉状态可根据情况通过其他方法诱导，包括让电流通过脑部[274]。

使用电流诱发动物昏迷的参数很容易获得[239,275]。当使用电击造成无知觉状态，电流通过脑部会诱发癫痫发作症状[267,270,276,277]。症状表现为四肢伸展、角弓反张、眼球向下旋转和僵硬的抽搐，之后变为阵挛性（划动）抽搐，最后肌肉松弛。

有 3 种电击安乐死的方法：仅头部、头部到身体一步法、头部到身体两步法。为使安乐死有效，这 3 种方法都必须诱导癫痫发作。

仅头部方法中，电流通过头部诱发癫痫发作。这会导致 15～30s 的暂时性意识丧失[276-278]，但不会引起房颤。出于这个原因，仅头部的方法执行后必须立即实行二次辅助方法以确保动物死亡。仅电击头部时，很容易观察到严重的抽搐表现。电击诱导房颤、放血或其他适当的辅助方法可使动物死亡，但以上操作应在动物失去知觉后 15s 内完成。

头部到身体一步法中，电流同时通过大脑和心脏，这会导致严重的抽搐和心脏骤停，从而达到安乐死动物的目的[263,276,279-281]。由于电流通过脊柱，严重抽搐的临床症状可能会被掩盖。然而，在通电 3s 后，通常可以看到肌肉微弱的强直期和阵挛期。通电 3s 以上，则可能会阻断强直性和阵发性痉挛。一步法必须使用经过科学验证的电流数，以诱导抽搐发作。推荐的电流数是猪 1.25A、绵羊 1A、牛 1.25A[238,281]。Denicourt 等[282]报道，在 60Hz 下施加 110V 电压，通电 3s 对重达 125kg（275lb）的猪有效。

在两步法中，电流先通过头部导致意识丧失，然后第二次电流通过身体侧面或胸部导致心脏骤停[283,284]。另据报道，把电极放在身体一侧的前肢后面，施加第二次电流也是有效的[283]。

导致意识丧失失败的常见原因是电极放置不正确[279]。犬的实验显示电极位置如果绕过脑，就不会造成瞬间的知觉丧失。当电流仅通过前肢和后肢或脖子和脚，会造成房颤，但不会造成突然的知觉丧失[273]。动物也会触电死亡，但死于房颤前会处于有意识状态。

仅电击头部方法中，放置电极的正确位置选择有 3 个：头两侧眼睛和耳朵之间、两侧耳根部、一侧耳根到对侧眼睛的对角线。一步法中，头部电极可以放在额头或耳后。头部电极一定不能放在颈部，因为会绕过脑部[285]。把脑部电极置于一侧耳后，身体电极置于另一面，这样就会产生通过身体的对角线电流。使用两步法时，身体电极放在前肢后面很有效[283]。对 125kg 以上的猪而言，有效的方法是用金属带或链组成的电极围着鼻子，金属带或链组成的电极围着胸部[282]。

当使用电击安乐死法时，必须杜绝出现以下意识恢复的现象：有节奏的呼吸、翻正反射、发出声音、眨眼、捕捉移动的物体[283]。电击导致动物意识丧失后可能还会存在喘气和眼球转动的现象，喘气不能与有节奏的呼吸混淆，眼球震颤（眼球快速的转动）不应与眨眼（在不触碰时，眼睛完全睁开以及完全闭合）混淆。

优点——①如果动物首先失去知觉，电击是人道的。②不会对组织产生化学污染。③经济。

缺点——①电击可能对人员造成危险。②对于危险、难以驯服、保定困难的动物无用。③因为电击能造成动物四肢、头部以及颈部处于挺直状态，引起感官上不舒服。

④可能不会导致小型动物（<5kg）死亡，因为电流停止后房颤和循环衰竭可能不会持续。⑤有时对脱水动物无效[275]。⑥工作人员必须熟悉合适的电击位置和设备的使用。⑦必须使用专用设备。

一般注意事项——采用电击进行动物安乐死是有条件的，需要特殊技能与设备，以确保足够大的电流通过大脑诱导动物意识丧失以及癫痫性肌肉痉挛。动物必须在房颤之前或房颤的同时发生意识丧失，房颤决不能在动物失去意识之前发生。不能采用从头到尾、从头到脚或者从头到受潮的金属板通电流的方法。当质疑是否有足够的电流诱导动物癫痫的情况时应使用两步法。这样可以在二次电流诱导心脏停搏之前观察到动物的癫痫性肌肉痉挛。虽然在满足上述要求的条件下是可以接受的，但在大多数施行过程中，该方法还是弊大于利。电击法麻痹未失去意识的动物是有害的，且不能被接受[274,275]。出于人道和安全性考虑，禁止使用家用电线进行电击。

2.3.9 捕杀圈套

出于商业目的（如毛、皮或肉）、科研用途或保护财产不被破坏、保护人类安全等，一般会使用机械的捕杀圈套捕捉并处死小型、自由活动的哺乳动物。但该方法一直存在争议，因为与POE发布的快速、无应激反应的安乐死动物标准不一致[286]。故推荐采用本方法捕获活体动物后，再对其实施其他安乐死方法。某些情况下不使用该法，如不可能采用活捕法（如害虫防治）时，或采用活捕法对动物造成的应激更多时，或采用活捕法对人产生了危险时。

尽管已有很多新的技术对捕杀圈套进行改进，可使动物快速丧失意识，但还是建议针对每种方法分别进行测试以确保该方法能正确使用[287]。如果不得不使用该方法[288-290]，必须选择被国际组织标准测试程序评估过

的[291]，或Gilbert[292]、Proulx[293,294]、Hiltz和Roy[295]的方法中最人道的方法。

为达到要求，可能要对圈套生产商的产品标准进行修改。此外，用于科研时，要考虑圈套的放置（地面相对树）、诱饵的类型、位置、灵敏度、选择的装置、布局修饰装置（如双翅、锥体）、扳机灵敏度及扳机型号、大小、构造等，这些因素都可能会影响圈套能否达到标准。一些捕杀圈套的改装和特殊细节设置已被科学地评估，可满足不同种类动物的标准[293,294,296-309]。①

优点——①在处死自由活动的小型哺乳动物时，将人类接触和处理可能引起的痛苦最小化。②当存在公共卫生、动物行为或其他限制时，可用这种方法对多种动物进行有效的处死。

缺点——①圈套可能不会在规定时限内处死动物。②其选择性和有效性依赖于操作者技术的熟练程度。③其他非目标动物可能会被捕捉和误伤。

一般注意事项——捕杀圈套并不总是满足POE对安乐死的标准，但在某些特定情况下是人道处死动物的最佳选择。同时，当确定了实施方式、快速处死动物及不会破坏需研究的部位时，该方法可用于科研动物的收集或害虫防治，而且已被证明是可行和有效的[310,311]，必须小心以避免诱捕和伤害非目标物种。

圈套需要每天至少检查一次。在动物受伤或被俘但未死亡的情况下，必须迅速和人道地杀死动物。只有当其他可接受的方法不实用或失败时，才应使用捕杀圈套。对夜行性动物的捕捉不应在白天进行，避免误捕获昼行性动物[310]。圈套生产商应尽量满足对目标动物造成最少疼痛和痛苦的要求。不能

---

① Twitchell C, Roy LD, Gilbert FF, et al. Effectiveness of rotating - jaw killing traps for beaver (Castor Canadensis) (oral presentation). North Am Aquat Furbearer Symp, Starkville, Miss, May 1999.

对有意识的动物使用粘胶或其他黏性物质作为安乐死的方法，但在害虫防治时可能需要。粘胶圈套可用于昆虫或蜘蛛。

2.3.10 绞碎法

使用特殊设计的具有旋转刀片和突出物的机械性设备来绞碎目标的方法，这种方法可使3日龄以下的家禽以及含胚卵快速死亡。在市售的绞碎机对雏鸟、幼禽以及蛋进行安乐死的综述中指出[312]，对3日龄以下的雏鸟进行绞碎法安乐死时，可快速使幼禽死亡并且疼痛与痛苦最小。对于3日龄的幼禽而言，绞碎法可替代CO_2安乐死法。从时间方面来讲，绞碎法被认为是与颈椎脱臼和颅骨挤压法相等同的方法，而且是被美国联邦动物科学会[313]、加拿大农业部[314]、世界动物卫生组织[239]和欧盟[315]所认可的针对新孵出禽类安乐死的方法。

优点——①死亡几乎是瞬间的。②该方法对操作人员是安全的。③可以快速杀死大量动物。

缺点——①需要专用设备，设备必须保持良好的工作状态。②必须对人员进行培训，以确保设备的正确操作。③破碎的组织可能存在生物安全风险。

一般注意事项——绞碎法需要特殊的设备，设备必须处于良好的工作状态。要掌握雏禽进入机器的速度，避免堆积在入口处，也要避免在使用此方法前对雏禽造成伤害、窒息或其他痛苦。

2.3.11 聚焦束微波辐射

聚焦束微波辐射法主要受到神经生物学家青睐，这种方法可保证大脑组织完整并保存大脑内代谢物的活性[316]。微波仪器已针对实验小鼠和大鼠安乐死进行了特定的设计，在设计上该仪器不同于厨房微波炉，其输出功率为1.3~10kW。所有微波能量都作用于动物头部。微波仪器的单位效率、调

整共振腔的能力及啮齿类动物头部的大小决定快速灭活脑部酶活性所需的能量[317]。不同仪器造成动物失去意识及死亡所需的时间并不相同。10kW、2 450MHz的设备在9kW条件下，会增加动物脑部温度，使18~28g小鼠的脑温在330ms后升高到79℃，250~420g大鼠的脑温在800ms后升高到94℃[318]。

优点——①100ms内造成动物意识丧失，1s内造成动物死亡。②是体内固定脑组织最有效的方法，可用于酶促不稳定化学物质的后续分析。

缺点——①仪器价格昂贵。②目前市售设备只能对小鼠和大鼠这种体型的动物进行安乐死。

一般注意事项——如使用的仪器可使小型啮齿类动物快速失去意识，聚焦束微波辐射是一种人道的安乐死方法。只能选用专门为此用途设计的且具有恰当功率和微波的设备。家用微波炉不能用于安乐死。

2.3.12 胸廓（心肺、心脏）压迫

胸廓压迫是一种已被生物学家用于结束野生小型哺乳动物及鸟类生命的方法，主要用于野外环境[319]。尽管该方法在野外已被广泛使用，但仍无法获得支持这种方法的数据，包括动物痛苦程度、失去意识或死亡所需的时间[320]。基于目前对小型哺乳及鸟类生理功能的了解，胸廓压迫法在动物失去意识之前会产生疼痛和应激，故该方法是不人道的。兽医和相关组织并不支持采用胸廓压迫法对动物进行安乐死。因此，对未被深度麻醉或失去知觉的动物不建议使用胸廓压迫法安乐死，但可作为已丧失意识的动物安乐死的辅助方法。

受过野生生物学培训、具备专业知识的兽医一致认为目前已有便携设备和替代方法可用于野外条件下野生动物的安乐死，并且这些方法也符合良好的动物福利标准。应用胸廓压迫法之前可对动物先实施麻醉。根据

类群，可使用不需 DEA 注册的开放点滴法或注射法。野外工作开始前，符合标准程序的人员培训或准备不足时，这些替代方法很实用。

2.3.13 辅助方法

2.3.13.1 放血法

击晕或者其他方法导致动物失去意识后，为确保动物已死亡，可采用放血法。因焦虑与血容量过低有关，因此放血法不能单独用于安乐死[321]。通过给动物放血可以获得血液制品，但只有在它们被镇静、昏迷或麻醉时才可以[322]。

2.3.13.2 脑脊髓刺毁法

通过其他方法造成动物意识丧失后，可使用脑脊髓刺毁法确保动物死亡。对于某些物种，如青蛙，由于其解剖学特征，刺毁针可以轻松进入中枢神经系统，因此将脑脊髓刺毁法作为其安乐死的唯一方法，但过量麻醉后再对其实施安乐死更人道一些。

对反刍动物使用脑脊髓刺毁法时，应将脑脊髓刺毁针或其他工具，插入由穿透性系簧枪螺钉或子弹进入头骨留下的孔洞（进针点）[323]。操作者用穿刺工具破坏脑干和脊髓组织，该过程会引起肌肉运动，但随后便会安静下来以利于放血或执行其他操作。脑脊髓刺毁法有时也用于放血之前，以减少被击晕动物的不自主运动[324]。供食用的反刍动物不能用该方法，因为动物的肉有被特定物质污染的风险。

市场上可购买到一次性的刺毁针，这种针应具有一定的硬度同时又要柔韧，要足够长以通过头盖骨的进针点到达大脑和脊柱。

2.4 参考文献

[1] Alkire MT. General anesthesia. In: Banks WP, ed. *Encyclopedia of consciousness*. San Diego: Elsevier/Academic Press, 2009: 296-313.

[2] Sharp J, Azar T, Lawson D. Comparison of carbon dioxide, argon, and nitrogen for inducing unconsciousness or euthanasia of rats. *J Am Assoc Lab Anim Sci* 2006; 45: 21-25.

[3] Christensen L, Barton Gade P. Danish Meat Research Institute. Transportation and pre-stun handling: CO_2-systems. Available at: www.butina.eu/fileadmin/user_upload/images/articles/transport.pdf. Accessed Dec 13, 2010.

[4] Interagency Research Animal Committee. US government principles for the utilization and care of vertebrate animals used in testing, research and training. Available at: grants.nih.gov/grants/olaw/references/phspol.htm ♯ USGovPrinciples. Accessed Dec 13, 2010.

[5] Chorney JM, Kain ZN. Behavioral analysis of children's response to induction of anesthesia. *Anesth Analg* 2009; 109: 1434-1440.

[6] Przybylo HJ, Tarbell SE, Stevenson GW. Mask fear in children presenting for anesthesia: aversion, phobia, or both? *Paediatr Anaesth* 2005; 15: 366-370.

[7] Hawkins P, Playle L, Golledge H, et al. *Newcastle consensus meeting on carbon dioxide euthanasia of laboratory animals*. London: National Centre for the Replacement, Refinement and Reduction of Animals in Science, 2006. Available at: www.nc3rs.org.uk/downloaddoc.asp? id=416&page=292&skin=0. Accessed Jan 20, 2011.

[8] Glass HG, Snyder FF, Webster E. The rate of decline in resistance to anoxia of rabbits, dogs, and guinea pigs from the onset of viability to adult life. *Am J Physiol* 1944; 140: 609-615.

[9] Powell K, Ethun K, Taylor DK. The effect of light level, CO_2 flow rate, and anesthesia on the stress response of mice during CO_2 euthanasia. *Lab Anim* (NY) 2016; 45: 386-395.

[10] Garnett N. PHS policy on humane care and use of laboratory animals clarification regarding use of carbon dioxide for euthanasia of small laboratory animals. Release date: July 17, 2002. Available at: grants.nih.gov/grants/guide/no-

tice-files/NOT-OD-02-062. html. Accessed Dec 14, 2010.

[11] Meyer RE, Morrow WEM. Carbon dioxide for emergency on-farm euthanasia of swine. *J Swine Health Prod* 2005; 13: 210-217.

[12] Meyer RE. Principles of carbon dioxide displacement. *Lab Anim* (NY) 2008; 37: 241-242.

[13] Nunn JF. *Nunn's applied respiratory physiology*. 4th ed. Oxford, England: Butterworth-Heinemann, 1993: 583-593.

[14] Davis PD, Kenny GNC. *Basic physics and measurement in anaesthesia*. 5th ed. Edinburgh: Butterworth-Heinemann, 2003: 57-58.

[15] Hornett TD, Haynes AP. Comparison of carbon dioxide/air mixture and nitrogen/air mixture for the euthanasia of rodents: design of a system for inhalation euthanasia. *Anim Technol* 1984; 35: 93-99.

[16] Smith W, Harrap SB. Behavioural and cardiovascular responses of rats to euthanasia using carbon dioxide gas. *Lab Anim* 1997; 31: 337-346.

[17] Niel L, Weary DM. Behavioural responses of rats to gradual-fill carbon dioxide euthanasia and reduced oxygen concentrations. *Appl Anim Behav Sci* 2006; 100: 295-308.

[18] Booth NH. Inhalant anesthetics. In: Booth NH, McDonald LE, eds. *Veterinary pharmacology and therapeutics*. 6th ed. Ames, Iowa: Iowa State University Press, 1988: 181-211.

[19] Flecknell PA, Roughan JV, Hedenqvist P. Induction of anaesthesia with sevoflurane and isoflurane in the rabbit. *Lab Anim* 1999; 33: 41-46.

[20] Voss LJ, Sleigh JW, Barnard JP, et al. The howling cortex: seizures and general anesthetic drugs. *Anesth Analg* 2008; 107: 1689-1703.

[21] Knigge U, Søe-Jensen P, Jorgensen H, et al. Stress-induced release of anterior pituitary hormones: effect of H3 receptor-mediated inhibition of histaminergic activity or posterior hypothalamic lesion. *Neuroendocrinology* 1999; 69:

44-53.

[22] Tinnikov AA. Responses of serum corticosterone and corticosteroid-binding globulin to acute and prolonged stress in the rat. *Endocrine* 1999; 11: 145-150.

[23] Zelena D, Kiem DT, Barna I, et al. Alpha-2-adenoreceptor subtypes regulate ACTH and beta-endorphin secretions during stress in the rat. *Psychoneuroendocrinology* 1999; 24: 333-343.

[24] van Herck H, Baumans V, de Boer SF, et al. Endocrine stress response in rats subjected to singular orbital puncture while under diethyl-ether anesthesia. *Lab Anim* 1991; 25: 325-329.

[25] Leach MC, Bowell VA, Allan TF, et al. Aversion to gaseous euthanasia agents in rats and mice. *Comp Med* 2002; 52: 249-257.

[26] Leach MC, Bowell VA, Allan TF, et al. Degrees of aversion shown by rats and mice to different concentrations of inhalational anaesthetics. *Vet Rec* 2002; 150: 808-815.

[27] Leach MC, Bowell VA, Allan TF, et al. Measurement of aversion to determine humane methods of anaesthesia and euthanasia. *Anim Welf* 2004; 13: S77-S86.

[28] Makowska LJ, Weary DM. Rat aversion to induction with inhaled anaesthetics. *Appl Anim Behav Sci* 2009; 119: 229-235.

[29] Moody CM, Chua B, Weary DM. The effect of carbon dioxide flow rate on the euthanasia of laboratory mice. *Lab Anim* 2014; 48: 298-304.

[30] Wong D, Makowska IJ, Weary DM. Rat aversion to isoflurane versus carbon dioxide. *Biol Lett* 2012; 9: 20121000.

[31] Bertolus JB, Nemeth G, Makowska IJ, e al. Rat aversion to sevoflurane and isoflurane. *Appl Anim Behav Sci* 2015; 164: 73-80.

[32] Hawkins P, Prescott MJ, Carbone L, et al. A good death? Report of the Second Newcastle Meeting on Laboratory Animal Euthanasia. *Animals* (Basel) 2016; 6: 50.

[33] Universities Federation for Animal Welfare. *Humane killing of animals*. 4th ed. South

Mimms, Potters Bar, England: Universities Federation for Animal Welfare, 1988; 16-22.

[34] Makowska IJ, Vickers L, Mancell J, et al. Evaluating methods of gas euthanasia for laboratory mice. *Appl Anim Behav Sci* 2009; 121: 230-235.

[35] Schmid RD, Hodgson DS, McMurphy RM. Comparison of anesthetic induction in cats by use of isoflurane in an anesthetic chamber with a conventional vapor or liquid injection technique. *J Am Vet Med Assoc* 2008; 233: 262-266.

[36] Steffey EP, Mama KR. Inhalation anesthetics. In: Tranquilli WJ, Thurmon JC, Grimm KA, eds. *Lumb and Jones' veterinary anesthesia and analgesia*. 4th ed. Ames, Iowa: Blackwell, 2007; 355-393.

[37] Thomas AA, Flecknell PA, Golledge HDR. Combining nitrous oxide with carbon dioxide decreases the time to loss of consciousness during euthanasia in mice—refinement of animal welfare? *PLoS One* 2012; 7: e32290.

[38] Smith RK, Rault JL, Gates RS, et al. A two-step process of nitrous oxide before carbon dioxide for humanely euthanizing piglets: on-farm trials. *Animals (Basel)* 2018; 8: 52.

[39] Occupational Safety and Health Administration. Anesthetic gases: guidelines for workplace exposures. Available at: www. osha. gov/dts/osta/anestheticgases/index. html # A. Accessed Dec 5, 2010.

[40] Lockwood G. Theoretical context-sensitive elimination times for inhalational anaesthetics. *Br J Anaesth* 2010; 104: 648-655.

[41] Seymour TL, Nagamine CM. Evaluation of isoflurane overdose for euthanasia of neonatal mice. *J Am Assoc Lab Anim Sci* 2016; 55: 321-323.

[42] Haldane J. The action of carbonic oxide in man. *J Physiol* 1895; 18: 430-462.

[43] Raub JA, Mathieu-Nolf M, Hampson NB, et al. Carbon monoxide poisoning—a public health perspective. *Toxicology* 2000; 145: 1-14.

[44] Hampson NB, Weaver LK. Carbon monoxide poisoning: a new incidence for an old disease. *Undersea Hyperb Med* 2007; 34: 163-168.

[45] Lowe-Ponsford FL, Henry JA. Clinical aspects of carbon monoxide poisoning. *Adverse Drug React Acute Poisoning Rev* 1989; 8: 217-240.

[46] Bloom JD. Some considerations in establishing divers' breathing gas purity standards for carbon monoxide. *Aerosp Med* 1972; 43: 633-636.

[47] Norman CA, Halton DM. Is carbon monoxide a workplace teratogen? A review and evaluation of the literature. *Ann Occup Hyg* 1990; 34: 335-347.

[48] Wojtczak-Jaroszowa J, Kbow S. Carbon monoxide, carbon disulfide, lead and cadmium—four examples of occupational toxic agents linked to cardiovascular disease. *Med Hypotheses* 1989; 30: 141-150.

[49] Fechter LD. Neurotoxicity of prenatal carbon monoxide exposure. *Res Rep Health Eff Inst* 1987; 12: 3-22.

[50] Ramsey TL, Eilmann HJ. Carbon monoxide acute and chronic poisoning and experimental studies. *J Lab Clin Med* 1932; 17: 415-427.

[51] Enggaard Hansen N, Creutzberg A, Simonsen HB. Euthanasia of mink (*Mustela vison*) by means of carbon dioxide (CO_2), carbon monoxide (CO) and nitrogen (N_2). *Br Vet J* 1991; 147: 140-146.

[52] Vinte FJ. *The humane killing of mink*. London: Universities Federation for Animal Welfare, 1957.

[53] Chalifoux A, Dallaire A. Physiologic and behavioral evaluation of CO euthanasia of adult dogs. *Am J Vet Res* 1983; 44: 2412-2417.

[54] Dallaire A, Chalifoux A. Premedication of dogs with acepromazine or pentazocine before euthanasia with carbon monoxide. *Can J Comp Med* 1985; 49: 171-178.

[55] Weary DM, Makowska IJ. Rat aversion to carbon monoxide. *Appl Anim Behav Sci* 2009; 121: 148-151.

[56] Simonsen HB, Thordal-Christensen AA, Ockens N. Carbon monoxide and carbon dioxide euthanasia of cats: duration and animal behavior. *Br Vet J* 1981; 137: 274-278.

[57] Lambooy E, Spanjaard W. Euthanasia of young pigs with carbon monoxide. *Vet Rec* 1980; 107: 59-61.

[58] Gerritzen MA, Lambooij E, Stegeman JA, et al. Slaughter of poultry during the epidemic of avian influenza in the Netherlands in 2003. *Vet Rec* 2006; 159: 39-42.

[59] Herin RA, Hall P, Fitch JW. Nitrogen inhalation as a method of euthanasia in dogs. *Am J Vet Res* 1978; 39: 989-991.

[60] Noell WK, Chinn HI. Time course of failure of the visual pathway in rabbits during anoxia. *Fed Proc* 1949; 8: 1-19.

[61] Altland PD, Brubach HF, Parker MG. Effects of inert gases on tolerance of rats to hypoxia. *J Appl Physiol* 1968; 24: 778-781.

[62] Arieli R. Can the rat detect hypoxia in inspired air? *Respir Physiol* 1990; 79: 243-253.

[63] Niel L, Weary DM. Rats avoid exposure to carbon dioxide and argon. *Appl Anim Behav Sci* 2007; 107: 100-109.

[64] Makowska IJ, Niel L, Kirkden RD, et al. Rats show aversion to argon-induced hypoxia. *Appl Anim Behav Sci* 2008; 114: 572-581.

[65] Burkholder TH, Niel L, Weed JL, et al. Comparison of carbon dioxide and argon euthanasia: effects on behavior, heart rate, and respiratory lesions in rats. *J Am Assoc Lab Anim Sci* 2010; 49: 448-453.

[66] Raj ABM. Aversive reactions to argon, carbon dioxide and a mixture of carbon dioxide and argon. *Vet Rec* 1996; 138: 592-593.

[67] Webster AB, Fletcher DL. Assessment of the aversion of hens to different gas atmospheres using an approach-avoidance test. *Appl Anim Behav Sci* 2004; 88: 275-287.

[68] Raj ABM, Gregory NG, Wotton SB. Changes in the somatosensory evoked potentials and spontaneous electroencephalogram of hens during stunning in argon-induced anoxia. *Br Vet J* 1991; 147: 322-330.

[69] Raj M, Gregory NG. Time to loss of somatosensory evoked potentials and onset of changes in the spontaneous electroencephalogram of turkeys during gas stunning. *Vet Rec* 1993; 133: 318-320.

[70] Mohan Raj AB, Gregory NG, Wotton SB. Effect of carbon dioxide stunning on somatosensory evoked potentials in hens. *Res Vet Sci* 1990; 49: 355-359.

[71] Raj ABM, Whittington PE. Euthanasia of day-old chicks with carbon dioxide and argon. *Vet Rec* 1995; 136: 292-294.

[72] Gerritzen MA, Lambooij E, Hillebrand SJW, et al. Behavioral responses of broilers to different gaseous atmospheres. *Poult Sci* 2000; 79: 928-933.

[73] McKeegan DEF, McIntyre J, Demmers TGM, et al. Behavioural responses of broiler chickens during acute exposure to gaseous stimulation. *Appl Anim Behav Sci* 2006; 99: 271-286.

[74] Webster AB, Fletcher DL. Reactions of laying hens and broilers to different gases used for stunning poultry. *Poult Sci* 2001; 80: 1371-1377.

[75] Lambooij E, Gerritzen MA, Engel B, et al. Behavioural responses during exposure of broiler chickens to different gas mixtures. *Appl Anim Behav Sci* 1999; 62: 255-265.

[76] Raj ABM, Gregory NG. Welfare implications of the gas stunning of pigs: 1. Determination of aversion to the initial inhalation of carbon dioxide or argon. *Anim Welf* 1995; 4: 273-280.

[77] Dalmau A, Llonch P, Rodriguez P, et al. Stunning pigs with different gas mixtures: gas stability. *Anim Welf* 2010; 19: 315-323.

[78] Raj AB. Behaviour of pigs exposed to mixtures of gases and the time required to stun and kill them: welfare implications. *Vet Rec* 1999; 144: 165-168.

[79] Raj M, Mason G. Reaction of farmed mink (*Mustela vison*) to argon-induced hypoxia. *Vet*

Rec 1999; 145; 736-737.

[80] Dalmau A, Rodriguez P, Llonch P, et al. Stunning pigs with different gas mixtures: aversion in pigs. *Anim Welf* 2010; 19; 325-333.

[81] Martoft L, Lomholt L, Kolthoff C, et al. Effects of CO_2 anaesthesia on central nervous system activity in swine. *Lab Anim* 2002; 36; 115-126.

[82] Raj AB, Johnson SP, Wotton SB, et al. Welfare implications of gas stunning pigs: 3. the time to loss of somatosensory evoked potentials and spontaneous electrocorticogram of pigs during exposure to gases. *Vet J* 1997; 153; 329-339.

[83] Ring C, Erhardt W, Kraft H, et al. CO_2 anaesthesia of slaughter pigs. *Fleischwirtschaft (Frankf)* 1988; 68; 1304-1307.

[84] Forslid A. Transient neocortical, hippocampal, and amygdaloid EEG silence induced by one minute inhalation of high CO_2 concentration in swine. *Acta Physiol Scand* 1987; 130; 1-10.

[85] Mattsson JL, Stinson JM, Clark CS. Electroencephalographic power-spectral changes coincident with onset of carbon dioxide narcosis in rhesus monkey. *Am J Vet Res* 1972; 33; 2043-2049.

[86] Woodbury DM, Rollins LT, Gardner MD, et al. Effects of carbon dioxide on brain excitability and electrolytes. *Am J Physiol* 1958; 192; 79-90.

[87] Leake CD, Waters RM. The anesthetic properties of carbon dioxide. *Curr Res Anesth Anal* 1929; 8; 17-19.

[88] Chen X, Gallar J, Pozo MA, et al. CO_2 stimulation of the cornea—a comparison between human sensation and nerve activity in polymodal nociceptive afferents of the cat. *Eur J Neurosci* 1995; 7; 1154-1163.

[89] Peppel P, Anton F. Responses of rat medullary dorsal horn neurons following intranasal noxious chemical stimulation—effects of stimulus intensity, duration and interstimulus interval.

J Neurophysiol 1993; 70; 2260-2275.

[90] Thürauf N, Hummel T, Kettenmann B, et al. Nociceptive and reflexive responses recorded from the human nasal mucosa. *Brain Res* 1993; 629; 293-299.

[91] Anton F, Peppel P, Euchner I, et al. Noxious chemical stimulation—responses of rat trigeminal brain stem neurons to CO_2 pulses applied to the nasal mucosa. *Neurosci Lett* 1991; 123; 208-211.

[92] Feng Y, Simpson TL. Nociceptive sensation and sensitivity evoked from human cornea and conjunctiva stimulated by CO_2. *Invest Ophthalmol Vis Sci* 2003; 44; 529-532.

[93] Thürauf N, Günther M, Pauli E, et al. Sensitivity of the negative mucosal potential to the trigeminal target stimulus CO_2. *Brain Res* 2002; 942; 79-86.

[94] Danneman PJ, Stein S, Walshaw SO. Humane and practical implications of using carbon dioxide mixed with oxygen for anesthesia or euthanasia of rats. *Lab Anim Sci* 1997; 47; 376-385.

[95] Widdicombe JG. Reflexes from the upper respiratory tract. In: Cherniak NS, Widdicombe JG, eds. *Handbook of physiology: the respiratory system*. Bethesda, Md: American Physiological Society, 1986; 363-394.

[96] Yavari P, McCulloch PF, Panneton WM. Trigeminally-mediated alteration of cardiorespiratory rhythms during nasal application of carbon dioxide in the rat. *J Auton Nerv Syst* 1996; 61; 195-200.

[97] Chisholm JM, Pang DS. Assessment of carbon dioxide, carbon dioxide/oxygen, isoflurane and pentobarbital killing methods in adult female Sprague-Dawley rats. *PLoS One* 2016; 11; e0162639.

[98] Moosavi SH, Golestanian E, Binks AP, et al. Hypoxic and hypercapnic drives to breathe generate equivalent levels of air hunger in humans. *J Appl Physiol* 2003; 94; 141-154.

[99] Millar RA. Plasma adrenaline and noradrena-

line during diffusion respiration. *J Physiol* 1960; 150: 79-90.

[100] Nahas GG, Ligou JC, Mehlman B. Effects of pH changes on O_2 uptake and plasma catecholamine levels in the dog. *Am J Physiol* 1960; 198: 60-66.

[101] Liotti M, Brannan S, Egan G, et al. Brain responses associated with consciousness of breathlessness (air hunger). *Proc Natl Acad Sci USA* 2001; 98: 2035-2040.

[102] Dripps RD, Comroe JH. The respiratory and circulatory response of normal man to inhalation of 7. 6 percent CO_2 and 10. 4 percent CO_2 with a comparison of the maximal ventilation produced by severe muscular exercise, inhalation of CO_2 and maximal voluntary hyperventilation. *Am J Physiol* 1947; 149: 43-51.

[103] Hill L, Flack M. The effect of excess of carbon dioxide and of want of oxygen upon the respiration and the circulation. *J Physiol* 1908; 37: 77-111.

[104] Banzett RB, Lansing RW, Evans KC, et al. Stimulus-response characteristics of CO_2-induced air hunger in normal subjects. *Respir Physiol* 1996; 103: 19-31.

[105] Shea SA, Harty HR, Banzett RB. Self-control of level of mechanical ventilation to minimize CO_2-induced air hunger. *Respir Physiol* 1996; 103: 113-125.

[106] Fowler WS. Breaking point of breath-holding. *J Appl Physiol* 1954; 6: 539-545.

[107] Kirkden RD, Niel L, Stewart SA, et al. Gas killing of rats: the effect of supplemental oxygen on aversion to carbon dioxide. *Anim Welf* 2008; 17: 79-87.

[108] Coenen AM, Drinkenburg WH, Hoenderken R, et al. Carbon dioxide euthanasia in rats: oxygen supplementation minimizes signs of agitation and asphyxia. *Lab Anim* 1995; 29: 262-268.

[109] Hewett TA, Kovacs MS, Artwohl JE, et al. A comparison of euthanasia methods in rats, using carbon dioxide in prefilled and fixed flow-rate filled chambers. *Lab Anim Sci* 1993; 43: 579-582.

[110] Borovsky V, Herman M, Dunphy G, et al. CO_2 asphyxia increases plasma norepinephrine in rats via sympathetic nerves. *Am J Physiol* 1998; 274: R19-R22.

[111] Reed B, Varon J, Chait BT, et al. Carbon dioxide-induced anesthesia result in a rapid increase in plasma levels of vasopressin. *Endocrinology* 2009; 150: 2934-2939.

[112] Raff H, Roarty TP. Renin, ACTH, and aldosterone during acute hypercapnia and hypoxia in conscious rats. *Am J Physiol* 1988; 254: R431-R435.

[113] Marotta SF, Sithichoke N, Garcy AM, et al. Adrenocortical responses of rats to acute hypoxic and hypercapnic stresses after treatment with aminergic agents. *Neuroendocrinology* 1976; 20: 182-192.

[114] Raff H, Shinsako J, Keil LC, et al. Vasopressin, ACTH, and corticosteroids during hypercapnia and graded hypoxia in dogs. *Am J Physiol* 1983; 244: E453-E458.

[115] Argyropoulos SV, Bailey JE, Hood SD, et al. Inhalation of 35% CO_2 results in activation of the HPA axis in healthy volunteers. *Psychoneuroendocrinology* 2002; 27: 715-729.

[116] Herman JP, Cullinan WE. Neurocircuitry of stress: central control of the hypothalamo-pituitary-adrenocortical axis. *Trends Neurosci* 1997; 20: 78-84.

[117] Kc P, Haxhiu MA, Trouth CO, et al. CO_2-induced c-Fos expression in hypothalamic vasopressin containing neurons. *Respir Physiol* 2002; 129: 289-296.

[118] Hackbarth H, Kuppers N, Bohnet W. Euthanasia of rats with carbon dioxide—animal welfare aspects. *Lab Anim* 2000; 34: 91-96.

[119] Blackshaw JK, Fenwick DC, Beattie AW, et al. The behavior of chickens, mice and rats during euthanasia with chloroform, carbon dioxide and ether. *Lab Anim* 1988; 22: 67-75.

[120] Britt DP. The humaneness of carbon dioxide

as an agent of euthanasia for laboratory rodents. In: *Euthanasia of unwanted, injured or diseased animals or for educational or scientific purposes.* Potters Bar, England: Universities Federation for Animal Welfare, 1987: 19-31.

[121] Raj ABM, Gregory NG. Welfare implications of the gas stunning of pigs: 2. Stress of induction of anaesthesia. *Anim Welf* 1996; 5: 71-78.

[122] Jongman EC, Barnett JL, Hemsworth PH. The aversiveness of carbon dioxide stunning in pigs and a comparison of the CO_2 stunner crate vs the V-restrainer. *Appl Anim Behav Sci* 2000; 67: 67-76.

[123] Troeger K, Woltersdorf W. Gas anesthesia of slaughter pigs. 1. Stunning experiments under laboratory conditions with fat pigs of known halothane reaction type—meat quality, animal protection. *Fleischwirtschaft (Frankf)* 1991; 72: 1063-1068.

[124] Dodman NH. Observations on use of Wernberg dip-lift carbon dioxide apparatus for preslaughter anesthesia of pigs. *Br Vet J* 1977; 133: 71-80.

[125] Gerritzen MA, Lambooij E, Reimert HG, et al. Susceptibility of duck and turkey to severe hypercapnic hypoxia. *Poult Sci* 2006; 85: 1055-1061.

[126] Gerritzen M, Lambooij B, Reimert H, et al. A note on behaviour of poultry exposed to increasing carbon dioxide concentrations. *Appl Anim Behav Sci* 2007; 108: 179-185.

[127] McKeegan DEF, McIntyre JA, Demmers TGM, et al. Physiological and behavioural responses of broilers to controlled atmosphere stunning: implications for welfare. *Anim Welf* 2007; 16: 409-426.

[128] Abeyesinghe SM, McKeegan DEF, McLeman MA, et al. Controlled atmosphere stunning of broiler chickens. I. Effects on behaviour, physiology and meat quality in a pilot scale system at a processing plant. *Br Poult Sci* 2007; 48: 406-423.

[129] Cooper J, Mason G, Raj M. Determination of the aversion of farmed mink (*Mustela vison*) to carbon dioxide. *Vet Rec* 1998; 143: 359-361.

[130] Withrock IC. The use of carbon dioxide (CO_2) as an alternative euthanasia method for goat kids. Available at: search. proquest. com/docview/1733971790/abstract/C0605E819B-D543A6PQ/1. Accessed Nov 11, 2019.

[131] Battaglia M, Ogliari A, Harris J, et al. A genetic study of the acute anxious response to carbon dioxide stimulation in man. *J Psychiatr Res* 2007; 41: 906-917.

[132] Nardi AE, Freire RC, Zin WA. Panic disorder and control of breathing. *Respir Physiol Neurobiol* 2009; 167: 133-143.

[133] Grandin T. Effect of genetics on handling and CO_2 stunning of pigs (updated July 2008). *Meat Focus Int* 1992; July: 124-126. Available at: www. grandin. com/humane/meatfocus7-92. html. Accessed Dec 13, 2010.

[134] Ziemann AE, Allen JE, Dahdaleh NS, et al. The amygdala is a chemosensor that detects carbon dioxide and acidosis to elicit fear behavior. *Cell* 2009; 139: 1012-1021.

[135] Kohler I, Moens Y, Busato A, et al. Inhalation anaesthesia for the castration of piglets: CO_2 compared to halothane. *Zentralbl Veterinarmed A* 1998; 45: 625-633.

[136] Boivin GP, Bottomley MA, Dudley ES, et al. Physiological, behavioral, and histological responses of male C57BL/6N mice to different CO_2 chamber replacement rates. *J Am Assoc Lab Anim Sci* 2016; 55: 451-461.

[137] Glen JB, Scott WN. Carbon dioxide euthanasia of cats. *Br Vet J* 1973; 129: 471-479.

[138] Franson JC. Euthanasia. In: Friend M, Franson JC, eds. *Field manual of wildlife diseases. General field procedures and diseases of birds.* Biological Resources Division information and technology report 1999-001. Washington, DC: US Department of the Interior

and US Geological Survey, 1999; 49-53.

[139] Mohan Raj AB, Gregory NG. Effect of rate of induction of carbon dioxide anaesthesia on the time of onset of unconsciousness and convulsions. *Res Vet Sci* 1990; 49: 360-363.

[140] Mohan Raj AB, Wotton SB, Gregory NG. Changes in the somatosensory evoked potentials and spontaneous electoencephalogram of hens during stunning with a carbon dioxide and argon mixture. *Br Vet J* 1992; 148: 147-156.

[141] Raj M, Gregory NG. An evaluation of humane gas stunning methods for turkeys. *Vet Rec* 1994; 135: 222-223.

[142] Walsh JL, Percival A, Turner PV. Efficacy of blunt force trauma, a novel mechanical cervical dislocation device, and a non-penetrating captive bolt device for on-farm euthanasia of pre-weaned kits, growers, and adult commercial meat rabbits. *Animals (Basel)* 2017; 7: 100.

[143] Dalmau AJ, Pallisera C, Pedernera I, et al. Use of high concentrations of carbon dioxide for stunning rabbits reared for meat production. *World Rabbit Sci* 2016; 24: 25-37.

[144] Poole GH, Fletcher DL. A comparison of argon, carbon dioxide, and nitrogen in a broiler killing system. *Poult Sci* 1995; 74: 1218-1223.

[145] Latimer KS, Rakich PM. Necropsy examination. In: Ritchie BW, Harrison GJ, Harrison LR, eds. *Avian medicine: principles and application*. Lake Worth, Fla: Wingers Publishing Inc, 1994; 355-379.

[146] Jaksch W. Euthanasia of day-old male chicks in the poultry industry. *Int J Study Anim Probl* 1981; 2: 203-213.

[147] Pritchett-Corning KR. Euthanasia of neonatal rats with carbon dioxide. *J Am Assoc Lab Anim Sci* 2009; 48: 23-27.

[148] Pritchett K, Corrow D, Stockwell J, et al. Euthanasia of neonatal mice with carbon dioxide. *Comp Med* 2005; 55: 275-281.

[149] Hayward JS, Lisson PA. Carbon dioxide tolerance of rabbits and its relation to burrow fumigation. *Aust Wildl Res* 1978; 5: 253-261.

[150] Iwarsson K, Rehbinder C. A study of different euthanasia techniques in guinea pigs, rats, and mice. Animal response and postmortem findings. *Scand J Lab Anim Sci* 1993; 20: 191-205.

[151] Valentine H, Williams WO, Maurer KJ. Sedation or inhalant anesthesia before euthanasia with CO_2 does not reduce behavioral or physiologic signs of pain and stress in mice. *J Am Assoc Lab Anim Sci* 2012; 51: 50-57.

[152] US FDA. Animal drug compounding. Available at: www.fda.gov/animal-veterinary/unapproved-animal-drugs/animal-drug-compounding. Accessed Jan 13, 2020.

[153] Campbell VL, Butler AL, Lunn KF. Use of a point-of-care urine drug test in a dog to assist in diagnosing barbiturate toxicosis secondary to ingestion of a euthanized carcass. *J Vet Emerg Crit Care San Antonio* 2009; 19: 286-291.

[154] Jurczynski K, Zittlau E. Pentobarbital poisoning in Sumatran tigers (*Panthera tigris sumatrae*). *J Zoo Wildl Med* 2007; 38: 583-584.

[155] O'Rourke K. Euthanatized animals can poison wildlife: veterinarians receive fines. *J Am Vet Med Assoc* 2002; 220: 146-147.

[156] US FDA. 21 CFR Part 522. Injectable or implantable dosage form new animal drugs; euthanasia solution; technical amendment. *Fed Regist* 2003; 68: 42968-42969.

[157] Wilkins JR, Bowman ME. Needlestick injuries among female veterinarians: frequency, syringe contents and side-effects. *Occup Med (Lond)* 1997; 47: 451-457.

[158] Lewbart GA, ed. *Invertebrate medicine*. Oxford, England: Blackwell, 2006.

[159] Schwartz JA, Warren RJ, Henderson DW, et al. Captive and field tests of a method for im-

mobilization and euthanasia of urban deer. *Wildl Soc Bull* 1997; 25: 532-541.

[160] Bucher K, Bucher KE, Waltz D. Irritant actions of unphysiological pH values. A controlled procedure to test for topical irritancy. *Agents Actions* 1979; 9: 124-132.

[161] Khoo SY, Lay BPP, Joya J, et al. Local anaesthetic refinement of pentobarbital euthanasia reduces abdominal writhing without affecting immunohistochemical endpoints in rats. *Lab Anim* 2018; 52: 152-162.

[162] Grier RL, Schaffer CB. Evaluation of intraperitoneal and intrahepatic administration of a euthanasia agent in animal shelter cats. *J Am Vet Med Assoc* 1990; 197: 1611-1615.

[163] Schoell AR, Heyde BR, Weir DE, et al. Euthanasia method for mice in rapid time-course pulmonary pharmacokinetic studies. *J Am Assoc Lab Anim Sci* 2009; 48: 506-511.

[164] Philbeck TE, Miller LJ, Montez D, et al. Hurts so good. Easing IO pain and pressure. *JEMS* 2010; 35: 58-62, 65-66, 68, 69.

[165] Montez D, Miller LJ, Puga T, et al. Pain management with the use of IO: easing IO pain and pressure. Available at: www. jems. com/article/intraosseous/pain-management-use-io. Accessed Jun 13, 2011.

[166] US FDA. *Tributame euthanasia solution: embutramide/chloroquine phosphate/lidocaine*. Freedom of Information summary. NADA 141-245. Silver Spring, Md: FDA, 2005.

[167] US FDA. 21 CFR Part 522. Implantation or injectable dosage form new animal drugs; embutramide, chloroquine, and lidocaine solution. *Fed Regist* 2005; 70: 36336-36337.

[168] US FDA. 21 CFR Part 1308. Schedules of controlled substances: placement of embutramide into schedule Ⅲ. *Fed Regist* 2006; 71: 51115-51117.

[169] Sodfola OA. The cardiovascular effect of chloroquine in anesthetized dogs. *Can J Physiol Pharmacol* 1980; 58: 836-841.

[170] Don Michael TA, Alwassadeh S. The effects of acute chloroquine poisoning with special references to the heart. *Am Heart J* 1970; 79: 831-842.

[171] Webb AI. Euthanizing agents. In: Riviere JE, Papich MG, eds. *Veterinary pharmacology and therapeutics*. 9th ed. Ames, Iowa: Wiley Blackwell, 2009; 401-408.

[172] Webb AI, Pablo LS. Local anesthetics. In: Riviere JE, Papich MG, eds. *Veterinary pharmacology and therapeutics*. 9th ed. Ames, Iowa: Wiley Blackwell, 2009; 381-400.

[173] Hellebrekers LJ, Baumans V, Bertens APMG, et al. On the use of T61 for euthanasia of domestic and laboratory animals: an ethical evaluation. *Lab Anim* 1990; 24: 200-204.

[174] Park CK, Kim K, Jung SJ, et al. Molecular mechanism for local anesthetic action of eugenol in the rat trigeminal system. *Pain* 2009; 144: 84-94.

[175] Kearns KS, Swenson B, Ramsay EC. Dosage trials with transmucosal carfentanil citrate in non-human primates. *Zoo Biol* 1999; 18: 397-402.

[176] Flecknell PA. *Laboratory animal anaesthesia*. 2nd ed. San Diego: Elsevier Academic Press, 1996; 168-171.

[177] Saxena K. Death from potassium chloride overdose. *Postgrad Med* 1988; 84: 97-98, 101-102.

[178] Lumb WV. Euthanasia by noninhalant pharmacologic agents. *J Am Vet Med Assoc* 1974; 165: 851-852.

[179] Ciganovich E. Barbiturates. In: *Field manual of wildlife diseases. General field procedures and diseases of birds*. Biological Resources Division information and technology report 1999-001. Washington, DC: US Department of the Interior and US Geological Survey, 1999; 349-351.

[180] Raghav R, Taylor M, Guincho M, et al. Potassium chloride as a euthanasia agent in psittacine birds: clinical aspects and consequences

for histopathologic assessment. *Can Vet J* 2011; 52: 303-306.

[181] Messenger JB, Nixon M, Ryan KP. Magnesium chloride as an anaesthetic for cephalopods. *Comp Biochem Physiol C* 1985; 82: 203-205.

[182] Luckl J, Keating J, Greenberg JH. Alphachloralose is a suitable anesthetic for chronic focal cerebral ischemia studies in the rat: a comparative study. *Brain Res* 2008; 1191: 157-167.

[183] Belant JL, Tyson LA, Seamans TW. Use of alpha-chloralose by the Wildlife Services program to capture nuisance birds. *Wildl Soc Bull* 1999; 27: 938-942.

[184] Cobaugh DJ. Ethanol. In: Brent J, Phillips SD, Wallace KL, et al, eds. *Critical care toxicology*. Philadelphia: Mosby, 2005; 1553-1558.

[185] Harms C. Anesthesia in fish. In: Fowler ME, Miller RE, eds. *Zoo and wild animal medicine: current therapy* 4. Philadelphia: WB Saunders Co, 1999; 158-163.

[186] Lord R. Use of ethanol for euthanasia of mice. *Aust Vet J* 1989; 66: 268.

[187] Allen-Worthington KH, Brice AK, Marx JO, et al. Intraperitoneal injection of ethanol for the euthanasia of laboratory mice (*Mus musculus*) and rats (*Rattus norvegicus*). *J Am Assoc Lab Anim Sci* 2015; 54: 769-778.

[188] de Souza Dyer C, Brice AK, Marx JO. Intraperitoneal administration of ethanol as a means of euthanasia for neonatal mice (*Mus musculus*). *J Am Assoc Lab Anim Sci* 2017; 56: 299-306.

[189] US FDA. ANADA 200-226 Tricaine-S—original approval. Available at: www. fda. gov/AnimalVeterinary/Products/ApprovedAnimalDrugProducts/FOIADrugSummaries/ucm132992. htm. Accessed May 16, 2011.

[190] Noga EJ. Pharmacopoeia. In: *Fish disease: diagnosis and treatment*. 2nd ed. Ames, Iowa: Wiley-Blackwell, 2010; 375-420.

[191] Stoskopf MK. Anesthesia. In: Brown LA, ed. *Aquaculture for veterinarians: fish husbandry and medicine*. Oxford, England: Pergamon Press, 1993; 161-167.

[192] Committee for Veterinary Medicinal Products. *Tricaine mesilate: summary report*. EMEA/MRL/586/99-FINAL. London: European Agency for the Evaluation of Medicinal Products, 1999. Available at www. ema. europa. eu/docs/en _ GB/document _ library/Maximum_ Residue_ Limits _-_ Report/2009/11/WC500015660. pdf. Accessed Sep 9, 2010.

[193] Torreilles SL, McClure DE, Green SL. Evaluation and refinement of euthanasia methods for *Xenopus laevis*. *J Am Assoc Lab Anim Sci* 2009; 48: 512-516.

[194] Bernstein PS, Digre KB, Creel DJ. Retinal toxicity associated with occupations exposure to the fish anesthetic MS 222 (ethyl-m-aminobenzoic acid methanesulfonate). *Am J Ophthalmol* 1997; 124: 843-844.

[195] Kaiser H, Green DM. Keeping the frogs still: Orajel is a safe anesthetic in amphibian photography. *Herpetol Rev* 2001; 32: 93-94.

[196] Chen MH, Combs CA. An alternative anesthesia for amphibians: ventral application of benzocaine. *Herpetol Rev* 1999; 30: 34.

[197] Blessing JJ, Marshal JC, Balcombe SR. Humane killing of fishes for scientific research: a comparison of two methods. *J Fish Biol* 2010; 76: 2571-2577.

[198] US FDA Center for Veterinary Medicine. *Enforcement priorities for drug use in aquaculture*. Silver Spring, Md: US FDA, 2011. Available at: www. fda. gov/downloads/AnimalVeterinary/GuidanceComplianceEnforcement/PoliciesProceduresManual/UC M046931. pdf. Accessed Jan 10, 2011.

[199] National Toxicology Program. *NTP technical report on the toxicology and carcinogenesis studies of isoeugenol (CAS No. 97-54-1) in F344/N rats and B6C3F1 mice (gavage studies)*. NTP TR 551. NIH publication No.

08-5892. Washington, DC: US Department of Health and Human Services, 2008. Available at: ntp. niehs. nih. gov/files/TR551board_web. pdf. Accessed May 16, 2011.

[200] Grush J, Noakes DL, Moccia RD. The efficacy of clove oil as an anesthetic for the zebrafish, *Danio rerio* (Hamilton). *Zebrafish* 2004; 1: 46-53.

[201] Borski RJ, Hodson RG. Fish research and the institutional animal care and use committee. *ILAR J* 2003; 44: 286-294.

[202] Sladky KK, Swanson CR, Stoskopf MK, et al. Comparative efficacy of tricaine methanesulfonate and clove oil for use as anesthetics in red pacu (*Piaractus brachypomus*). *Am J Vet Res* 2001; 62: 337-342.

[203] Brodin P, Roed A. Effects of eugenol on rat phrenic nerve and phrenic-diaphragm preparations. *Arch Oral Biol* 1984; 29: 611-615.

[204] Ingvast-Larsson JC, Axén VC, Kiessling AK. Effects of isoeugenol on in vitro neuromuscular blockade of rat phrenic nerve-diaphragm preparations. *Am J Vet Res* 2003; 64: 690-693.

[205] Meyer RE, Fish R. Pharmacology of injectable anesthetics, sedatives, and tranquilizers. In: Fish RE, Danneman PJ, Brown M, et al, eds. *Anesthesia and analgesia of laboratory animals*. 2nd ed. San Diego: Academic Press, 2008: 27-82.

[206] Neiffer DL, Stamper A. Fish sedation, anesthesia, analgesia, and euthanasia: considerations, methods, and types of drugs. *ILAR J* 2009; 50: 343-360.

[207] US FDA. The index of legally marketed unapproved new animal drugs for minor species. Available at: www. fda. gov/animal-veterinary/minor-useminor-species/index-legally-marketed-unapproved-new-animal-drugs-minor-species. Accessed Dec 27, 2019.

[208] Estrela C, Estrela CR, Barbin EL, et al. Mechanism of action of sodium hypochlorite. *Braz Dent J* 2002; 13: 113-117.

[209] National Institutes of Health. *Guidelines for use of zebrafish in the NIH intramural research program*. Bethesda, Md: National Institutes of Health, 2009. Available at: oacu. od. nih. gov/arac/documents/Zebrafish. pdf. Accessed Nov 25, 2010.

[210] Agency for Toxic Substances and Disease Registry. Toxological profile for formaldehyde. July 1999. Available at: www. atsdr. cdc. gov/toxprofiles/tp111. pdf. Accessed Aug 13, 2012.

[211] National Toxicology Program. *Report on carcinogens*. 12th ed. Research Triangle Park, NC: US Department of Health and Human Services, Public Health Service, National Toxicology Program, 2011.

[212] Murray MJ. Invertebrates. In: *Guidelines for the euthanasia of nondomestic animals*. Yulee, Fla: American Association of Zoo Veterinarians, 2006: 25-27.

[213] Vickroy TW. Local anesthetics. In: Riviere JE, Papich MG, eds. *Veterinary pharmacology and therapeutics*. 10th ed. Hoboken, NJ: Wiley Blackwell, 2018: 369-386.

[214] Aleman M, Davis E, Kynch H, et al. Drug residues after intravenous anesthesia and intrathecal lidocaine hydrochloride euthanasia in horses. *J Vet Intern Med* 2016; 30: 1322-1326.

[215] Dennis MB, Jr., Dong WK, Weisbrod KA, et al. Use of captive bolt as a method of euthanasia in larger laboratory animal species. *Lab Anim Sci* 1988; 38: 459-462.

[216] Gibson TJ, Whitehead C, Taylor R, et al. Pathophysiology of penetrating captive bolt stunning in Alpacas (*Vicugna pacos*). *Meat Sci* 2015; 100: 227-231.

[217] Schwenk BK, Lechner I, Ross SG, et al. Magnetic resonance imaging and computer tomography of brain lesions in water buffaloes and cattle stunned with handguns or captive bolts. *Meat Sci* 2016; 113: 35-40.

[218] Gilliam JN, Shearer JK, Bahr RJ, et al. Eval-

uation of brainstem disruption following penetrating captive-bolt shot in isolated cattle heads: comparison of traditional and alternative shot-placement landmarks. *Anim Welf* 2016; 25: 347-353.

[219] Kline HC, Wagner DR, Edwards-Callaway LN, et al. Effect of captive bolt gun length on brain trauma and post-stunning hind limb activity in finished cattle *Bos taurus*. *Meat Sci* 2019; 155: 69-73.

[220] Woods J, Shearer JK, Hill J. Recommended on-farm euthanasia practices. In: Grandin T, ed. *Improving animal welfare: a practical approach*. Wallingford, England: CABI Publishing, 2010.

[221] Blackmore DK. Energy requirements for the penetration of heads of domestic stock and the development of a multiple projectile. *Vet Rec* 1985; 116: 36-40.

[222] Daly CC, Whittington PE. Investigation into the principal determinants of effective captive bolt stunning of sheep. *Res Vet Sci* 1989; 46: 406-408.

[223] Clifford DH. Preanesthesia, anesthesia, analgesia, and euthanasia. In: Fox JG, Cohen BJ, Loew FM, eds. *Laboratory animal medicine*. New York: Academic Press Inc, 1984; 528-563.

[224] Australian Veterinary Association. *Guidelines for humane slaughter and euthanasia. Member's directory and policy compendium*. Lisarow, NSW: Veritage Press, 1997.

[225] Finnie JW. Neuropathologic changes produced by non-penetrating percussive captive bolt stunning of cattle. *N Z Vet J* 1995; 43: 183-185.

[226] Blackmore DK, Newhook JC. The assessment of insensibility in sheep, calves and pigs during slaughter. In: Eikelenboom G, ed. *Stunning of animals for slaughter*. Boston: Martinus Nijhoff Publishers, 1983; 13-25.

[227] Gregory NG. Animal welfare at markets and during transport and slaughter. *Meat Sci* 2008; 80: 2-11.

[228] Grandin T. Objective scoring of animal handling and stunning practices at slaughter plants. *J Am Vet Med Assoc* 1998; 212: 36-39.

[229] Gibson TJ, Mason CW, Spence JY, et al. Factors affecting penetrating captive bolt gun performance. *J Appl Anim Welf Sci* 2015; 18: 222-238.

[230] Terlouw C, Bourguet C, Deiss V. Consciousness, unconsciousness and death in the context of slaughter. Part 1. Neurobiological mechanisms underlying stunning and killing. *Meat Sci* 2016; 118: 133-146.

[231] Terlouw C, Bourguet C, Deiss V. Consciousness, unconsciousness and death in the context of slaughter. Part 2. Evaluation methods. *Meat Sci* 2016; 118: 147-156.

[232] Oliveira SEO, Gregory NG, Dalla Costa FA, et al. Effectiveness of pneumatically powered penetrating and non-penetrating captive bolts in stunning cattle. *Meat Sci* 2018; 140: 9-13.

[233] Gibson TJ, Oliveira SEO, Dalla Costa FA, et al. Electroencephalographic assessment of pneumatically powered penetrating and non-penetrating captive-bolt stunning of bulls. *Meat Sci* 2019; 151: 54-59.

[234] Casey-Trott TM, Millman ST, Turner PV, et al. Effectiveness of a nonpenetrating captive bolt for euthanasia of 3 kg to 9 kg pigs. *J Anim Sci* 2014; 92: 5166-5174.

[235] Erasmus MA, Turner PV, Niekamp SG, et al. Brain and skull lesions resulting from use of percussive bolt, cervical dislocation by stretching, cervical dislocation by crushing and blunt trauma in turkeys. *Vet Rec* 2010; 167: 850-858.

[236] Erasmus MA, Turner PV, Widowski TM. Measures of insensibility used to determine effective stunning and killing of poultry. *J Appl Poult Res* 2010; 19: 288-298.

[237] Canadian Council on Animal Care. *Guide to the care and use of experimental animals*.

Vol 1. 2nd ed. Ottawa: Canadian Council on Animal Care, 1993.

[238] Green CJ. Euthanasia. In: *Animal anesthesia.* London: Laboratory Animals Ltd, 1979; 237-241.

[239] World Organisation for Animal Health (OIE). Chapter 7. 6: killing of animals for disease control purposes. In: *Terrestrial animal health code.* 20th ed. Paris: OIE, 2011. Available at: www. oie. int/index. php? id=169&L=0&htmfile=chapitre_1. 7. 6. htm. Accessed May 16, 2011.

[240] Finnie JW. Neuroradiological aspects of experimental traumatic missile injury in sheep. *N Z Vet J* 1994; 42: 54-57.

[241] Longair JA, Finley GG, Laniel MA, et al. Guidelines for the euthanasia of domestic animals by firearms. *Can Vet J* 1991; 32: 724-726.

[242] Carding T. Euthanasia of dogs and cats. *Anim Regul Stud* 1977; 1: 5-21.

[243] Blackmore DK, Bowling MC, Madie P, et al. The use of a shotgun for the emergency slaughter or euthanasia of large mature pigs. *N Z Vet J* 1995; 43: 134-137.

[244] Finnie IW. Traumatic head injury in ruminant livestock. *Aust Vet J* 1997; 75: 204-208.

[245] Blackmore DK, Madie P, Bowling MC, et al. The use of a shotgun for emergency slaughter of stranded cetaceans. *N Z Vet J* 1995; 43: 158-159.

[246] Nelson JM. Bullet energy in foot pounds. Available at: web. stcloudstate. edu/jmnelson/web/gun/benergy/index. html. Accessed Jun 15, 2011.

[247] Baker HJ, Scrimgeour HJ. Evaluation of methods for the euthanasia of cattle in a foreign animal disease outbreak. *Can Vet J* 1995; 36: 160-165.

[248] Humane Slaughter Association. *Humane killing of livestock using firearms: guidance notes #3.* 2nd ed. Wheathampstead, England: Humane Slaughter Association, 2005.

[249] National Pork Board, American Association of Swine Practitioners. *On-farm euthanasia of swine.* 2nd edition. Des Moines, Iowa: National Pork Board, 2009.

[250] Hughes HC. Euthanasia of laboratory animals. In: Melby EC, Altman NH, eds. *Handbook of laboratory animal science.* Vol 3. Cleveland: CRC Press, 1976; 553-559.

[251] Vanderwolf CH, Buzak DP, Cain RK, et al. Neocortical and hippocampal electrical activity following decapitation in the rat. *Brain Res* 1988; 451: 340-344.

[252] Holson RR. Euthanasia by decapitation: evidence that this technique produces prompt, painless unconsciousness in laboratory rodents. *Neurotoxicol Teratol* 1992; 14: 253-257.

[253] Derr RF. Pain perception in decapitated rat brain. *Life Sci* 1991; 49: 1399-1402.

[254] Gregory NG, Wotton SB. Comparison of neck dislocation and percussion of the head on visual evoked responses in the chicken's brain. *Vet Rec* 1990; 126: 570-572.

[255] Erasmus MA, Lawlis P, Duncan IJ, et al. Using time to insensibility and estimated time of death to evaluate a nonpenetrating captive bolt, cervical dislocation, and blunt trauma for on-farm killing of turkeys. *Poult Sci* 2010; 89: 1345-1354.

[256] Keller GL. Physical euthanasia methods. *Lab Anim (NY)* 1982; 11: 20-26.

[257] Webster AB, Fletcher DL, Savage SI. Humane on-farm killing of spent hens. *J Appl Poult Res* 1996; 5: 191-200.

[258] Feldman DB, Gupta BN. Histopathologic changes in laboratory animals resulting from various methods of euthanasia. *Lab Anim Sci* 1976; 26: 218-221.

[259] Mikeska JA, Klemm WR. EEG evaluation of humaneness of asphyxia and decapitation euthanasia of the laboratory rat. *Lab Anim Sci* 1975; 25: 175-179.

[260] Cartner SC, Barlow SC, Ness TJ. Loss of

cortical function in mice after decapitation, cervical dislocation, potassium chloride injection, and CO_2 inhalation. *Comp Med* 2007; 57: 570-573.

[261] Urbanski HF, Kelley ST. Sedation by exposure to gaseous carbon dioxide-oxygen mixture: application to studies involving small laboratory animal species. *Lab Anim Sci* 1991; 41: 80-82.

[262] Gregory NG, Wotton SB. Effect of slaughter on the spontaneous and evoked activity of the brain. *Br Poult Sci* 1986; 27: 195-205.

[263] Anil MH, McKinstry JL. Reflexes and loss of sensibility following head-to-back electrical stunning in sheep. *Vet Rec* 1991; 128: 106-107.

[264] Hatch RC. Euthanatizing agents. In: Booth NH, McDonald LE, eds. *Veterinary pharmacology and therapeutics*. 6th ed. Ames, Iowa: Iowa State University Press, 1988; 1143-1148.

[265] Lambooy E, van Voorst N. Electrocution of pigs with notifiable diseases. *Vet Q* 1986; 8: 80-82.

[266] Eikelenboom G, ed. *Stunning of animals for slaughter*. Boston: Martinus Nijhoff Publishers, 1983.

[267] Warrington R. Electrical stunning, a review of the literature. *Vet Bull* 1974; 44: 617-628.

[268] Roberts TDM. Electrocution cabinets. *Vet Rec* 1974; 95: 241-242.

[269] Loftsgard G, Rraathen S, Helgebostad A. Electrical stunning of mink. *Vet Rec* 1972; 91: 132-134.

[270] Croft PG, Hume CW. Electric stunning of sheep. *Vet Rec* 1956; 68: 318-321.

[271] Anil MH, McKinstry JL. The effectiveness of high frequency electrical stunning in pigs. *Meat Sci* 1992; 31: 481-491.

[272] Croft PS. Problems with electric stunning. *Vet Rec* 1952; 64: 255-258.

[273] Roberts TDM. Cortical activity in electrocuted dogs. *Vet Rec* 1954; 66: 561-567.

[274] Pascoe PJ. Humaneness of an electroimmobilization unit for cattle. *Am J Vet Res* 1986; 47: 2252-2256.

[275] Grandin T, American Meat Institute Animal Welfare Committee. *Recommended animal handling guidelines and audit guide: a systematic approach to animal welfare*. Washington, DC: American Meat Institute, 2010; 19-22.

[276] Grandin T. Euthanasia and slaughter of livestock. *J Am Vet Med Assoc* 1994; 204: 1354-1360.

[277] Lambooy E. Electrical stunning of sheep. *Meat Sci* 1982; 6: 123-135.

[278] Blackmore DK, Newhook JC. Insensibility during slaughter of pigs in comparison to other domestic stock. *N Z Vet J* 1981; 29: 219-222.

[279] Grandin T. Solving return-to-sensibility problems after electrical stunning in commercial pork slaughter plants. *J Am Vet Med Assoc* 2001; 219: 608-611.

[280] Anil MH. Studies on the return of physical reflexes in pigs following electrical stunning. *Meat Sci* 1991; 30: 13-21.

[281] Hoenderken R. Electrical and carbon dioxide stunning of pigs for slaughter. In: Eikelenboom G, ed. *Stunning of animals for slaughter*. Boston: Martinus Nijhoff Publishers, 1983; 59-63.

[282] Denicourt M, Klopfenstein C, DuFour V, et al. *Developing a safe and acceptable method for on-farm euthanasia of pigs by electrocution. Final report*. Montreal: Faculty of Veterinary Medicine, University of Montreal, 2009.

[283] Vogel KD, Badtram G, Claus JR, et al. Head-only followed by cardiac arrest electrical stunning is an effective alternative to head-only electrical stunning in pigs. *J Anim Sci* 2011; 89: 1412-1418.

[284] Weaver AL, Wotton SB. The Jarvis Beef Stunner: effect of a prototype chest electrode. *Meat Sci* 2009; 81: 51-56.

[285] Grandin T. Cattle vocalizations are associated with handling and equipment problems in slaughter plants. *Appl Anim Behav Sci* 2001; 71: 191-201.

[286] Meerburg BGH, Brom FWA, Kijlstra A. The ethics of rodent control. *Pest Manag Sci* 2008; 64: 1205-1211.

[287] Federal Provincial Committee for Humane Trapping. *Final report: Committee of the Federal Provincial Wildlife Conference*. Ottawa: Canadian Wildlife Service, 1981.

[288] Department of Foreign Affairs and International Trade. *Agreement on international humane trapping standards between the European Community, Canada, and the Russian Federation*. Ottawa: Department of Foreign Affairs and International Trade, 1997; 1-32.

[289] Canadian General Standards Board. *Animal (mammal) traps—mechanically powered, trigger-activated killing traps for use on, land*. No. CAN/CGSB-144. 1-96. Ottawa: Canadian General Standards Board, 1996; 1-36.

[290] Nolan JW, Barrett MW. *Description and operation of the humane trapping research facility at the Alberta Environmental Centre*. AECV90-R3. Vegreville, AB, Canada: Alberta Environmental Centre, 1990.

[291] International Organization for Standardization. *Animal (mammal) traps-part 4: methods for testing killing trap systems used on land or underwater*. TC 191, ISO/DIS 19009-4E. Geneva: International Organization for Standardization, 2000; 1-15.

[292] Gilbert FF. Assessment of furbearer response to trapping devices, in *Proceedings*. Worldw Furbearer Conf 1981; 1599-1611.

[293] Proulx G, Barrett MW. Evaluation of the Bionic trap to quickly kill fisher (*Martes pennanti*) in simulated natural environments. *J Wildl Dis* 1993; 29: 310-316.

[294] Proulx G, Barrett MW, Cook SR. The C120 Magnum with pan trigger: a humane trap for mink (*Mustela vison*). *J Wildl Dis* 1990; 26:

[295] Hiltz M, Roy LD. Rating of killing traps against humane trapping standards using computer simulations, in *Proceedings*. 19th Vertebr Pest Conf 2000; 197-201.

[296] Association of Fish and Wildlife Agencies. Best management practices. Available at: jjc-dev. com/~fishwild/? section=best_management_practices Accessed Jul 22, 2012.

[297] International Association of Fish and Wildlife Agencies. *Summary of progress*. 1999-2000 *field season: testing restraining and body-gripping traps for development of best management practices for trapping in the United States*. Washington, DC: International Association of Fish and Wildlife Agencies, 2003.

[298] Warburton B, Gregory NG, Morriss G. Effect of jaw shape in kill-traps on time to loss of palpebral reflexes in brushtail possums. *J Wildl Dis* 2000; 36: 92-96.

[299] King CM. The effects of two types of steel traps upon captured stoats (*Mustela erminea*). *J Zool (Lond)* 1981; 195: 553-554.

[300] Proulx G, Kolenosky AJ, Cole PJ, et al. A humane killing trap for lynx (*Felis lynx*): the Conibear 330 with clamping bars. *J Wildl Dis* 1995; 31: 57-61.

[301] Warburton B, Hall JV. Impact momentum and clamping force thresholds for developing standards for possum kill traps. *NZ J Zool* 1995; 22: 39-44.

[302] Naylor BJ, Novak M. Catch efficiency and selectivity of various traps and sets used for capturing American martens. *Wildl Soc Bull* 1994; 22: 489-496.

[303] Proulx G, Barrett MW. Field testing of the C120 magnum trap for mink. *Wildl Soc Bull* 1993; 21: 421-426.

[304] Proulx G, Kolenosky AJ, Badry MJ, et al. Assessment of the Savageau 2001-8 trap to effectively kill artic fox. *Wildl Soc Bull* 1993; 21: 132-135.

[305] Proulx G, Kolenosky AJ, Cole PJ. Assess-

511-517.

ment of the Kania trap to humanely kill red squirrels (*Tamiasciurus hudsonicus*) in enclosures. *J Wildl Dis* 1993; 29: 324-329.

[306] Proulx G, Pawlina IM, Wong RK. Re-evaluation of the C120 magnum and Bionic traps to humanely kill mink (lett). *J Wildl Dis* 1993; 29: 184.

[307] Cooper JE, Ewbank R, Platt C, et al. *Euthanasia of amphibians and reptiles*. London: Universities Federation for Animal Welfare and World Society for the Protection of Animals, 1989.

[308] Proulx G, Cook SR, Barrett MW. Assessment and preliminary development of the rotating jaw Conibear 120 trap to effectively kill marten (*Martes americana*). *Can J Zool* 1989; 67: 1074-1079.

[309] Hill EP. *Evaluation of improved traps and trapping techniques*. Project report W-44-6, Job IV-B. Montgomery, Ala: Alabama Department of Conservation and Natural Resources, 1981; 1-19.

[310] Sikes RS, Gannon WL, Animal Care and Use Committee of the American Society of Mammalogists. Guidelines of the American Society of Mammalogists for the use of wild mammals in research. *J Mammal* 2011; 92: 235-253.

[311] *Improving animal welfare in US trapping programs*. Washington, DC: International Association of Fish and Wildlife Agencies, 1997.

[312] American Association of Avian Pathologists (AAAP) Animal Welfare and Management Practices Committee. *Review of mechanical euthanasia of day-old poultry*. Athens, Ga: American Association of Avian Pathologists, 2005.

[313] Federation of Animal Science Societies (FASS). *Guide for the care and use of agricultural animals in agricultural research and teaching*. Champaign, Ill: Federation of Animal Science Societies, 2010.

[314] Agriculture Canada. *Recommended code of practice for the care and handling of poultry from hatchery to processing plant*. Publication 1757/E. 1989. Ottawa: Agriculture Canada, 1989.

[315] European Council. *European Council Regulation No. 1099/2009 of 24 December 2009 on the protection of animals at the time of killing*. Brussels: The Council of the European Union, 2009.

[316] Stavinoha WR. Study of brain neurochemistry utilizing rapid inactivation of brain enzyme activity by heating and microwave irradiation. In: Black CL, Stavinoha WB, Marvyama Y, eds. *Microwave irradiation as a tool to study labile metabolites in tissue*. Elmsford, NY: Pergamon Press, 1983; 1-12.

[317] Stavinoha WB, Frazer J, Modak AT. Microwave fixation for the study of acetylcholine metabolism. In: Jenden DJ, ed. *Cholinergic mechanisms and psychopharmacology*. New York: Plenum Publishing Corp, 1978; 169-179.

[318] Ikarashi Y, Marvyama Y, Stavinoha WB. Study of the use of the microwave magnetic field for the rapid inactivation of brain enzymes. *Jpn J Pharmacol* 1984; 35: 371-387.

[319] Engilis A Jr, Engilis IE, Paul-Murphy J. Rapid cardiac compression: an effective method of avian euthanasia. *Condor* 2018; 120: 617-621.

[320] Paul-Murphy JR, Engilis, Jr. A, Pascoe PJ, et al. Comparison of intraosseous pentobarbital administration and thoracic compression for euthanasia of anesthetized sparrows (*Passer domesticus*) and starlings (*Sturnus vulgaris*). *Am J Vet Res* 2017; 78: 887-899.

[321] Blackmore DK. Differences in behavior between sheep and cattle during slaughter. *Res Vet Sci* 1984; 37: 223-226.

[322] Gregory NG, Wotton SB. Time to loss of brain responsiveness following exsanguination in calves. *Res Vet Sci* 1984; 37: 141-143.

[323] Appelt M, Sperry J. Stunning and killing cat-

tle humanely and reliably in emergency situations—a comparison between a stunning-only and stunning and pithing protocol. *Can Vet J* 2007; 48: 529-534.

[324] Leach TM, Wilkins LJ. Observations on the physiological effects of pithing cattle at slaughter. *Meat Sci* 1985; 15: 101-106.

3 不同物种和环境中的安乐死方法

3.1 伴侣动物

条件性可接受的方法在其所有的应用前提条件被满足时等同于可接受的方法。

3.1.1 一般注意事项

伴侣动物的安乐死通常涉及以下4种情况：个人所有的动物；种畜（来自繁殖种群的雌性、雄性和个别窝的动物）；饲养在动物控制设施，如庇护救援所和宠物商店的动物种群；实验室供研究而饲养的动物。不太常见的执行伴侣动物安乐死的场地可能有检疫站和灵缇犬赛场。水生伴侣动物安乐死请见3.6。正如之前所说（参见1.5.5），当选择一种安乐死方法时，应该认真考虑并且尊重伴侣动物与其畜主或饲养人员之间的关系。

执行伴侣动物安乐死时，最好选择一个安静的、动物熟悉的环境。被执行安乐死的动物种类、原因和实际执行的设备、人员都可能影响执行安乐死最佳地点的选择。对于伴侣动物和在特定环境中，兽医在执行或指导监督安乐死的过程中，做出的专业判断是至关重要的（如位置、试剂、给药途径等）。执行安乐死的人员必须对使用的方法有一个全面深入的理解，并且熟练掌握。

对于个人拥有的伴侣动物来说，安乐死通常在兽医诊所或者家中某独立房间里进行，以尽量减少动物和畜主的痛苦[1]。应该对需要施行安乐死的原因进行讨论[2]，并且当条件允许时，应该允许畜主在安乐死的现场。应该告知畜主即将目睹的全过程，包括麻醉中的潜在刺激和可能的并发症[1,3]。如

果一种安乐死的方法被证明很难实施，应立即尝试另一种安乐死的方法。只有在必要的药品和物资齐全、能够保证顺利进行的情况下才可以实施安乐死，并且"死亡"一经确认，应当立即口头通知畜主[4]。

在动物管理处、避难所（收容站）和救援场所下，以及研究实验室和其他机构设施中，安乐死通常由训练有素的技术人员而不是兽医执行。对这些人员（如动物管理人员、实验室中的动物饲养技术人员、一些避难所中的安乐死专门技术人员）的培训和对其熟练程度的监督因机构和州而变化，所需要的兽医监管的力度也是如此。经常执行大量动物的安乐死，会使工作人员产生巨大的压力，且导致同情心疲乏[5]。为了减轻这种工作的压力和后果，必须让训练有素的员工相信他们是在用最为人道的方式执行安乐死。这就需要一个组织承诺为员工持续提供安乐死最新方法和材料以及同情心疲乏有效管理等的专业培训[6]。此外，人员应该熟悉所有可能会在他们的设施遇到的物种的保定以及安乐死的方法。

如果可能，公立机构里的安乐死区域应该与其他活动区域分开，以减少动物的应激反应，并为工作人员提供一个专业且专用的工作环境。一个设计良好的安乐死实施空间，应具备能根据需要调节明暗的灯光、通风设备、合适的固定装置，以及能满足至少两人活动自如并能操作任何种类动物的空间[6,7]。应尽量减少安乐死过程中引起动物应激反应的气味、场景和声音。抓取和保定的基础设备，天平、钳子、止血带、听诊器、消毒用品、各种型号的针头及注射器，以及尸体袋等满足不同种类动物的潜在需求

的物品应准备齐全。此外，应准备一个应急箱以应对操作人员的轻伤，当操作人员被咬伤或受伤严重时应寻求医疗帮助。

因具有特殊要求，公立机构（如避难所、大的繁殖设施、科研设施、检验检疫设施、比赛场等）的伴侣动物（通常指犬和猫）的安乐死方案与传统的伴侣动物临床实践中所应用的有所不同，包括能使用的药物和其他设备的不同、诊断和研究的需求（如尸体组织样本）不同、实施安乐死动物的数量不同等。因此，适用于伴侣动物的安乐死方法的一般注意事项后面都会有它们在时常碰到的环境下的适用性的具体信息。不论动物是否归个人所有，即使方案可能不同，其利益都是平等的。

3.1.2 可接受的方法

非吸入剂

巴比妥类药物和巴比妥酸衍生物：静脉注射巴比妥酸衍生物（如戊巴比妥、戊巴比妥组合产品）是犬、猫和其他小型伴侣动物安乐死的首选药物。巴比妥类药物静脉注射可以单独用于安乐死，也可在镇静或全身麻醉后使用。推荐剂量请参考产品标签或相关的文献[8]。目前的联邦药品法规要求严格控制巴比妥类药物，且必须在美国 DEA 注册人员的监督下使用。

当静脉注射巴比妥类药物非常痛苦、危险或者不具备实操性时（如体型小的动物，即幼犬、幼猫、小型犬和猫、啮齿类动物以及其他一些非家养动物，或基于一些小型外来哺乳动物和野生家畜的行为考虑），可选择腹腔注射路径（如戊巴比妥钠、司可巴比妥，不包括戊巴比妥组合产品，因其仅被批准用于静脉注射和心脏给药）。因为潜在的腹膜刺激和疼痛（在大鼠试验中观察到）[9]，可使用利多卡因来减轻不适，此方法已经被成功用于大鼠[10,11]。在一项实验研究中，利多卡因与戊巴比妥钠结合使用于动物收容

所的猫，以比较静脉注射和肝脏注射途径[12]。为确定对其他物种的适用性和使用剂量，更多的研究是非常必要的。

过量非巴比妥类麻醉剂：当动物体型、保定要求或其他因素表明这些药物是安乐死最好的选择时，可以过量注射麻醉剂（如将氯胺酮和赛拉嗪联合静脉注射、腹腔注射或肌内注射，或异丙酚静脉注射）。保证死亡是非常重要的，可能会需要第二步，如使用巴比妥类药物或额外剂量的麻醉剂。附加信息见 2.2（非吸入剂）和 3.2（实验动物）。

曲布他胺：虽然当前不再生产，但假如有训练有素的人员按推荐的剂量和注射速度给予静脉注射，它是犬安乐死时可接受的一种药物。如果没有巴比妥类药物，可考虑把它用于猫，虽然标签上未说可用于猫。静脉注射外的给药方式是不被接受的。动物昏迷状态下可能会发生濒死时的呼吸困难，感官上让人不适，因此当畜主在场时，不推荐使用这种药物。虽然会令观察者不安，但是因为动物处于昏迷状态，濒死呼吸困难对动物福利的影响是有限的。

T-61：如果由训练有素的人员操作，T-61 是一种执行安乐死时可以接受的药剂。为避免造成动物无意识前就肌肉麻痹，应进行缓慢的静脉注射[13]。静脉注射方式以外的给药方式是不可接受的。T-61 同样没有在美国生产，但是可以从加拿大购买。

在美国，如果很难买到戊巴比妥钠，且恢复了曲布他胺和 T-61 生产，人们将越来越多地使用后两种药物，用于犬和猫的安乐死。

3.1.3 条件性可接受的方法

3.1.3.1 非吸入剂

巴比妥类药物和巴比妥酸衍生物（替代给药方式）：对中型和大型犬类进行腹腔注射给药是不切实际的，因为给药的量必须足够大，并且从给药到动物死亡的时间较长。对

于这类动物，当人工保定无法进行静脉注射时，最好的方法就是全身麻醉后进行器官注射。当静脉注射难执行时，对无意识的或麻醉后的动物实施器官［如骨（图4）、心脏（图5）、肝和脾（图6）及肾（图7）[14,15]①］内注射，可以作为巴比妥类药物静脉注射或腹腔注射的替代方式[15]。相较于腹腔注射，器官内注射的方式可以加速巴比妥类药物的吸收，当畜主在场时，这种方法会被优先选择[16]。对一只清醒的来自动物收容所的猫使用肝脏注射戊巴比妥钠和利多卡因，这种方法比腹腔注射造成无意识的速度快且更加精准[12]。因此，对于清醒的猫进行肝脏注射，仅适用于可控的环境中，由训练有素的人员操作。但是，对清醒的猫实施肝脏注射，应使其保持坐立姿势，即上半身抬起而不是侧躺。

3.1.3.2 吸入剂

吸入麻醉剂：过量吸入麻醉剂（如异氟烷、七氟烷）是一种可以用于小型哺乳动物和体重在7kg以下的其他种类动物的条件性接受的安乐死方式，因为大多数脊椎动物对吸入麻醉剂表现出厌恶的反应（详情请见吸入剂部分）。由于存在复苏的可能性，因此在处理动物尸体前应确定动物已经死亡。吸入麻醉剂也可以用于在注射安乐死药物之前先对小型易怒的动物进行麻醉。

一氧化碳：如能满足实施条件（见指南吸入剂部分），一氧化碳可以有效地用于实施安乐死。在实际中，这些条件具有挑战性且昂贵，并且如果没有遵守安全注意事项会使人员遭受极大伤害（缺氧）。因此，一氧化碳在具有合理的操作规程、维护良好的设备、受过培训和监督的人员的机构中是一种条件性可接受的方法，但是，并不推荐用于日常猫和犬安乐死。它可以被用于不平常的或少见的情况下，如自然灾害爆发和大型疾病暴发。如果可能的话，推荐使用限制条件和

缺点较少的替代方法来实施伴侣动物安乐死。

二氧化碳：如能满足实施条件（见指南中对于吸入剂部分的详细说明），二氧化碳可以有效地用于实施安乐死。但是，就如使用一氧化碳一样，在实际中，这些条件具有挑战性且昂贵。使用二氧化碳具有使人麻醉的人身安全风险。其在具有合理的操作规程、维护良好的设备、经过培训和指导的人员的机构中是条件性可接受的方法，但是，并不推荐用于日常猫和犬的安乐死。它可以被用于不平常的或少见的情况下，包括但不限于自然灾害和大规模的疾病暴发。如果可能的话，推荐使用限制条件和缺点较少的替代方法来进行伴侣动物安乐死。

3.1.3.3 物理方法

枪击：枪击必须由经过枪械训练的技术精湛的人员（动物管理和执法官员、经训练的兽医）且在法律允许使用枪械的区域范围内执行。作为条件性可接受的方法，枪击适用于在偏远地区或紧急情况下，在此种情况下如不枪击动物致死，可能导致动物长时间忍受疼痛和痛苦，或者会对人的生命产生危害。已经有了确保动物人道死亡的枪击方案[17,18]，在对犬和猫执行枪击时首选的解剖学部位也已经分别在图8和图9中展示。只要可能，建议对猫进行安乐死前先镇静（如将药物加入食物中），因为很难对猫执行人道的枪击[17]。不推荐枪击法作为日常犬、猫和其他小型伴侣动物安乐死的方法，并且只有当不能使用其他方法时才能够使用枪击。

系簧枪：在可控的实验室环境中，由训练过的人员使用系簧枪穿透头部，是一种有效的和人道的兔和犬的安乐死方法[19]。系

---

① Mays J. Euthanasia certification (slide presentation). Natl Anim Control Assoc Euthanasia Certification Workshop, Dayton, Ohio, September 2011.

簧枪必须直接对准头盖骨；因此，安乐死前的镇静或者麻醉有助于该方法的安全和有效实施。不推荐系簧枪作为日常犬、猫和其他小型伴侣动物安乐死的方法，并且只有当没有其他方法时才能够使用这种方法。

3.1.4　辅助方法

氯化钾：静脉注射或心脏注射氯化钾（1～2mmol/kg，75～150mg/kg 或 1～2mEq/kg）可用于无意识状态下（对伤害性刺激无反应）或全身麻醉时伴侣动物的安乐死。在清醒的动物身上使用氯化钾是不可接受的。

氮气或氩气：利用逐渐充气置换的方法，单独使用或联合其他气体一起使用，可使清醒的犬和猫在失去意识前缺氧（详情请见指南中吸入剂部分）。因此，使用氮气和氩气（低于氧气的 2%）只能是对无意识的或麻醉的犬和猫的一种辅助方法；可能需要持续充气以确保死亡。只要可行，推荐使用限制条件和缺陷少的替代方法。

电击：可使用交流电电击已丧失意识的（如全身麻醉）犬来实施安乐死（详情请见2.3.8）。电击的缺点大于优点，因此，不推荐用于日常的伴侣动物安乐死。只要可行，推荐使用限制条件和缺陷少的替代方法。

3.1.5　不可接受的方法

除了肌内注射特定的麻醉剂，否则经皮下、肌肉、肺内和蛛网膜下腔途径给予注射用安乐死药物实施安乐死都是不可接受的，因为关于这些给药途径的有效性的信息有限而且这些注射方法极可能给清醒的动物带来疼痛。

家用化学品、消毒剂、清洁剂、农药不能用于实施安乐死。

其他不可接受的方法包括低温和溺水。

3.1.6　特别注意事项

3.1.6.1　危险的或凶猛的动物

那些不能够被安全且人道保定的动物，在实施安乐死前，需要通过口服药物（如将胶囊药物加入到食物中[20]，液体药物直接射入嘴中[21]）或远距离给药（如飞镖、用杆支撑的注射器）使它们镇定下来。除了降低人员的安全风险，这样做还有助于减轻动物的焦虑和疼痛。有各种各样的药物可通过口服、皮下注射和肌内注射等途径，以单独或者联合用药的方式，使动物处于无意识状态，以最大限度地减少动物安乐死前的抓取保定[22]。

3.1.6.2　动物尸体的处理

常用于伴侣动物安乐死的注射药剂（如戊巴比妥钠）通常仍然残留于动物尸体内，可以导致食腐动物镇静甚至死亡。因此，对动物尸体安全和适当的处理是至关重要的。额外的信息可以参考1.8。

3.1.7　动物胎儿和新生动物

科学数据[23]表明，哺乳类动物的胚胎和胎儿在妊娠和分娩期间处于一种无意识的状态。对于部分猫和犬而言，由于神经系统还不完全成熟，知觉是在出生后数天才形成的。早熟性的豚鼠幼崽因为化学抑制剂（如腺苷酸、四氢孕酮、孕烷醇酮、前列腺素 D_2、胎盘神经抑制肽等）和低氧抑制大脑皮层活动，在孕程的前 75%～80% 是没有感觉和意识的，无意识状态可持续到出生[23]。鉴于胚胎和胎儿不能有意识地体验气喘或疼痛这类感觉。因此，当母体由于各种原因死亡之后，它们自身在死亡过程中也不会感觉痛苦[23]。有关发育中的非哺乳类动物卵（蛋）的信息参见3.5、3.6、3.7。

如前所述，对孕中晚期的犬、猫和其他哺乳类动物，需要注射巴比妥类药物或巴比妥酸衍生物（如戊巴比妥钠）进行安乐死。

确认母体死亡后，胎儿需要被留在子宫内15~20min。这个指导原则同样适用于非哺乳类动物，鸟类的卵（蛋）参见3.5、3.6、3.7。应尽可能避免在孕后期腹腔注射戊巴比妥，因为可能由于疏忽而注射入子宫进而导致注射无效。

新生和断奶前的晚成熟的哺乳动物对以缺氧为作用机制的安乐死方法比较耐受。静脉注射也很困难。因此，对于离乳前的犬、猫和其他小型哺乳动物，腹腔注射戊巴比妥是推荐的安乐死方法。如果有对策可以尽量减小骨内注射的不适，如通过已有的骨内导管注射（见2.2），或动物在注射前进行麻醉，骨内注射同样可以使用。

在孕期犬和猫以及其他怀有晚成熟的新生动物的小型哺乳动物的卵巢或子宫摘除术中，子宫血管结扎术会导致仍滞留在子宫内的胎儿死亡。由于晚成熟的新生动物（如猫、犬、小鼠、大鼠）对以缺氧为作用机制的安乐死方式的耐受，因此建议其子宫保持封闭的时间应远长于早熟型新生儿，或许持续1h或更长[24]。妊娠晚期的剖宫术，对已从子宫中移除的动物胎儿（可能已成功进行呼吸）和因有先天畸形或疾病而必须实施安乐死的动物胎儿，建议腹腔注射戊巴比妥。

3.1.8 特殊环境中的安乐死

3.1.8.1 有畜主在场的个体动物

如果可能，应在安乐死前实施镇静或麻醉，可以在畜主和他们的宠物临别前或后进行。一旦动物安静下来，可直接静脉穿刺或使用静脉留置针来注射安乐死药物。当畜主在场时，可使用静脉留置针以避免重复注射，且尽量减少保定。当动物的血液循环受到影响，镇静或麻醉可能会降低注射的成功率时，可能需要对清醒的动物进行静脉注射，或者可以考虑其他给药途径，或进行全身麻醉，然后给予安乐死药剂。

3.1.8.2 生产设施

大型生产设施实施安乐死的程序可能会不同于临床实践。生产设施中安乐死的适应证包括新生动物的先天畸形、部分种群中出现的后天畸形或疾病，或者其他导致动物不适合繁殖或售卖的情况。可对单个或一群动物实施安乐死。安乐死方法的选择取决于被实施安乐死的动物的种类、体型大小、年龄和数量。静脉或腹腔注射巴比妥类药物可广泛用于任何品种动物的个体和所有年龄犬、猫的安乐死。二氧化碳常用于小型动物的个体或群体的安乐死，包括雪貂、啮齿类动物和兔子。不论安乐死的方法和动物的数量如何，程序都必须在兽医的监督下由受过专业训练的人员以专业和富有同情心的方式执行。不管被实施安乐死的动物数量有多少，必须通过适当的方法确定每一个动物的死亡。

3.1.8.3 动物管理、收容和救援设施

在这类设施中实施安乐死，优先选择的方法是在对动物适当保定的情况下，注射巴比妥类药物或巴比妥酸衍生物。对驯化充分且没有安乐死前镇静或麻醉的动物，通常有两名受过培训的人员即可恰当操作。一名人员保定动物，另一人进行安乐死给药[25]。

对抑郁的、危险的或好斗的动物实施安乐死时，应该在安乐死前使用镇静剂或麻醉剂。当已经安全地执行必要的保定（必须使用适当的技术和设备），则可通过肌内注射或口服给予镇静剂或麻醉剂。给予镇静剂或麻醉剂后，随着药物起效，把动物送到一个低应激的舒适的环境（如微暗的笼子或区域）[22]。由于收容所中动物的种类繁多，实施安乐死的技术人员必须对动物的行为和保定方法、仪器设备的正确使用、可获得的各种各样的安乐死药物和它们的效果有一个深刻的了解[26]。

3.1.8.4　实验动物设施

对科研设施内的伴侣动物实施安乐死必须通过 IACUC 的允许。IACUC 有强制性的兽医意见，并且要考虑动物福利、死后的组织标本需求及安乐死药物或方法对研究结果的影响。科研人员和饲养人员与科研设施中的伴侣动物建立了深厚的情感，因此有必要关注他们的悲伤和同情心疲乏等情况。

3.2　实验动物

条件性可接受的方法在其所有的应用前提条件被满足时等同于可接受的方法。

3.2.1　一般注意事项

在指南的其他章节中有关于伴侣动物、农场动物、变温动物和鸟类安乐死的建议，这些建议通常也适用于实验设施中的动物。其他常用的实验动物种类在后文中有叙述。在生物医学的研究中，小型啮齿类动物是使用最多的实验哺乳动物，并且数量庞大。对注射用的药剂，静脉注射的方法操作起来有一定难度，一般采用腹腔注射的方式。

选择实验动物安乐死的方法除考虑人道主义还要考虑研究目的。安乐死的方法会导致新陈代谢和组织学变化，可能会影响研究结果。例如，异氟烷可能会提高血糖浓度[27]，而腹腔注射巴比妥类药物会导致肠组织的变化[28]，采用二氧化碳吸入进行安乐死会提高血清中钾的浓度[29]。安乐死和组织采样之间的时间间隔也是影响安乐死方法选择的一个重要因素[30-32]。因研究需要，可能也需要使用辅助方法（如双侧开胸术、放血、用固定剂灌注、注射氯化钾）。动物完全麻醉时才能使用这样的辅助方法。为保障人员和动物的安全和健康，在传染病研究中使用的动物可能需要特殊的处理。

3.2.2　小型啮齿类实验动物和野外捕捉的啮齿类动物（小鼠、大鼠、地鼠、豚鼠、沙鼠、八齿鼠、棉鼠等）

所有与啮齿类动物安乐死相关的活动应该被视为和安乐死方法本身同样重要，并且可能在选择方法时予以考虑。引起啮齿类动物痛苦的活动包括运输、对动物进行操作（如果动物还不适应这种操作）、打乱和谐共处的动物群以及去除已有的气味标记[31-45]。要消除所有造成动物痛苦的因素可能不太实际或不太可能，但是选定的啮齿类动物安乐死方法应该尽量减少这些因素。有些安乐死方法可能会导致动物发出痛苦的声音或散发出外激素，同一房间内的其他动物可能会听到或闻到这些声音或激素；因此，如果能尽量减轻运输的痛苦，这些安乐死术最好在其他地点实施。同样，对野外捕捉的动物进行操作和实施安乐死时，也应尽量减少这些动物的应激。可以通过体格检查来确定死亡，可以使用辅助的物理方法确保动物死亡，或通过对安乐死箱和流程进行验证而免去死亡确认这一步骤[46]。

3.2.2.1　可接受的方法

巴比妥类药物和巴比妥酸衍生物：可以注射的巴比妥类药物和巴比妥类药物联合用药能够很快地平稳地使啮齿类动物失去意识。安乐死的剂量一般是麻醉剂量的 3 倍。由于储存期长和作用迅速，戊巴比妥是啮齿类实验动物最为常用的巴比妥类药物。腹腔注射时可能会引起疼痛[10,11,47,48]，但是疼痛的程度以及控制疼痛的方法尚未确定。与局部麻醉剂以及抗惊厥类药物联合使用，可能有助于预防疼痛，但仍需考虑腹腔注射这些药物也可能引起疼痛。

分离麻醉剂的联合用药：在有意识的啮齿类动物上，氯胺酮和类似的分离麻醉剂应

与 α_2 -肾上腺素能受体激动剂（如赛拉嗪）或苯二氮类（如安定）药物联合使用[49]。

3.2.2.2 条件性可接受的方法

3.2.2.2.1 吸入剂

卤化物麻醉剂：不管是否与一氧化二氮一起使用，氟烷、异氟烷、七氟烷或地氟烷都是啮齿类实验动物条件性可接受的安乐死方法[50]。在物理保定比较困难或者不太实际的时候，这些药剂可能会有用。单独使用一种吸入性麻醉剂，通过挥发罐进行诱导和过量给药进行安乐死时，动物可能需要暴露较长的时间以确保死亡[51-57]。当使用开放式点滴技术进行安乐死时可以迅速致死，但必须确保啮齿类动物没有直接接触麻醉剂。

二氧化碳：无论是否预先给予卤化物麻醉剂，二氧化碳都是小型啮齿类动物的一种条件性可接受的安乐死方法[58]。我们推荐使用压缩罐装的二氧化碳作为气体的来源，因为这样可以准确地控制进入麻醉盒内气体的流速。对于安乐死来说，二氧化碳最佳的流速是每分钟替换麻醉盒 30％～70％ 的体积，同时需了解由于低流速引起的呼吸困难或高流速引起相关的黏膜疼痛，都可能会增加动物的痛苦[31,32,54,56,59-64]。然而，由于没有明确的证据表明，有可以减少不同物种、性别和遗传背景的所有动物疼痛和痛苦的最佳流速，因此兽医应该利用他们的专业判断来确定合适的流速[31,32,56]。由于吸入气体后可能会产生明显疼痛，因此不建议在麻醉盒中预先充入气体[60,65]。如果不能在原来的饲养笼中进行安乐死，应该在两次使用之间清空和清洗麻醉盒。向二氧化碳中充入氧气会延长动物死亡的时间，也会增加确认意识清醒的难度。安乐死时将氧气和二氧化碳一起使用似乎没有任何好处[11,60]。

一氧化碳：尽管在实验动物中一氧化碳不经常使用，并且和其他吸入剂一样令动物厌恶[52,66]。但是在确保有效和安全的条件下（参考吸入剂），一氧化碳是啮齿类动物安乐死的一种条件性可接受的方法。

一氧化二氮：与上文中描述的其他吸入气体相比，一氧化二氮可能没有那么令动物厌恶[67]，但它是一种弱麻醉剂，需要很长时间动物才能失去知觉，因此不应单独使用[68]。一氧化二氮可以与其他气体一起使用，以缩短失去意识的时间[50,69]。

3.2.2.2.2 非吸入剂

三溴乙醇：尽管没有商品化或者药物级（美国药典/国家处方集/英国药典）的产品，但是三溴乙醇是啮齿类实验动物的一种常用的麻醉剂。对三溴乙醇的使用是有争议的，因为有其副作用（腹膜炎和死亡）的报道[70]。但是，许多 IACUC 允许其在啮齿类动物中使用。由于没有单独使用三溴乙醇进行安乐死的报道，因此建议仅将其作为前导麻醉剂使用，随后使用经批准的方法进行安乐死[70,71]。三溴乙醇必须妥善配制及储存，并使用合适的剂量。

乙醇：在不想使用物理方法或者没有其他安乐死试剂时，腹腔注射 70％～100％ 的乙醇可能是进行成年小鼠安乐死的一种合适的方法[72-75]。给小鼠注射 0.5mL 的 70％～100％乙醇，小鼠会逐渐表现出肌肉松弛、翻正反射丧失、呼吸和心脏骤停，并在 2～4min 内死亡[72,74]。对 35 日龄以下的小鼠使用乙醇是值得商榷的，因为其死亡延迟期很长[75]。另外，不推荐将乙醇用于如大鼠之类的较大体型动物的安乐死，因为诱导死亡所需的体积较大[74,75]。

3.2.2.2.3 物理方法

颈椎脱臼：在实验环境中可使用颈椎脱臼的方法。颈椎脱臼既不需要特殊的仪器，也不需要运输动物，亦可避免组织被化学试剂污染。通过测定发现视觉诱发的反应的幅度和脑电图变化在脱颈椎后明显降低，皮质功能在 5～10s 内很快丧失[76,77]。颈椎脱臼是小鼠以及体重 200g 以下大鼠的一种条件性可接受安乐死方法。工作人员应使用麻醉的和（或）死亡的动物进行训练，以确保熟练操作。

断头术：在实验环境中使用断头术，可避免组织被化学试剂污染。通过测定发现视觉诱发的反应的幅度和脑电图在断头后明显降低，皮质功能在5~30s内迅速丧失[76-78]。有专业的啮齿类断头台，断头台必须保持干净和良好的状况，有锋利的刀片。如果操作正确，大鼠不会因为被断头或处于其他大鼠被断头的现场而产生任何下丘脑-垂体-肾上腺轴的反应[79,80]。断头术是大鼠和小鼠的一种条件性可接受的安乐死方法。工作人员应使用麻醉的和（或）死亡的动物进行训练，以确保熟练操作。

聚焦束微波辐射：使用专门设计用于动物安乐死的设备（参考物理方法）进行聚焦束微波辐射是大鼠和小鼠的一种条件性可接受的安乐死方法。如果研究需要立即固定脑部的代谢物，这是一种首选的方法。

3.2.2.3 不可接受的方法
3.2.2.3.1 吸入剂
氮气和氩气：氮气或者氩气仅可用于已麻醉的哺乳动物，因为与之共存的氧气浓度小于2%才足以造成动物意识丧失和死亡，而实现这个条件比较困难。另外，已有证据显示，大鼠非常厌恶氩气[81]。尽管氮气和氩气有效，但是应优先选择其他的安乐死方法[82-84]。

3.2.2.3.2 非吸入剂
氯化钾：静脉或者心脏注射氯化钾不可以单独作为安乐死的方法。

神经肌肉阻断剂：有麻痹作用的试剂不可单独用于安乐死。

可注射的巴比妥类药物和神经肌肉阻断剂：不能同时注射可注射的巴比妥类药物和神经肌肉阻断剂，因为在动物麻醉前，神经肌肉阻断剂就可能发挥作用。

阿片类药物：阿片类药物不能用于实验动物的安乐死，因为它们不能立即起效、需

要较高的剂量且不是真正的麻醉剂。

乌拉坦：乌拉坦是一种人体致癌物，在某些条件下用作啮齿类实验动物麻醉剂。它起效缓慢，但麻醉持续时间较长。由于没有关于乌拉坦单独用于安乐死的报道，因此建议仅将其作为前导麻醉剂使用，随后使用经批准的方法进行安乐死[53,70,71]。

氯醛糖：α-氯醛糖不能单独用于安乐死。α-氯醛糖是一种催眠剂，其镇痛作用较差[53,71]，建议仅将其作为前导麻醉剂使用，随后使用经批准的方法进行安乐死。

3.2.2.4 动物胎儿和新生动物
哺乳动物胎儿在子宫内处于无意识状态，这是由多种因素共同作用造成的，如低氧紧张和子宫内激素对胎儿意识的影响。与人类相比，大鼠和小鼠幼崽出生时神经系统发育不成熟，其传入疼痛的通路直到出生后第5~7天才发育完全，皮质发育更晚[85-90]。晚成熟的幼小啮齿类动物（像大鼠和小鼠）必须与早成熟的幼小啮齿类动物（像豚鼠）区别对待。早成熟的幼小啮齿类动物应该与成年动物同等对待。

3.2.2.4.1 可接受的方法
孕鼠和其胎儿的安乐死术：啮齿类动物的胎儿和其他哺乳类动物一样，在子宫内是没有意识的，缺氧也不会引起反应[91]。因此，对孕鼠实施安乐死后，没有必要将胎儿取出再实施安乐死。

非吸入剂：可注射的巴比妥类药物单独使用以及与局麻药和抗痉挛药联合使用；分离型麻醉剂和α₂-肾上腺素能受体激动剂或者苯二氮类药物联合使用可以用于动物胎儿或者新生动物安乐死[92]。参考有关这些试剂在成年啮齿类动物的应用。

3.2.2.4.2 条件性可接受的方法
3.2.2.4.2.1 吸入剂
吸入性麻醉剂：非易燃的挥发性麻醉剂对子宫内的胎儿是有效的。新生的小鼠置于二氧化碳中可能需要50min才会死亡[93]，

而新生大鼠可能需要 35min[94]。应该提供充足的暴露时间，或者在新生胎儿对疼痛刺激没有反应之后，再实施辅助方法（如颈椎脱臼或断头术）。当对新生啮齿类动物使用卤化物麻醉剂时，必须采用辅助方法（如颈椎脱臼、断头术），以避免动物苏醒[55]。

3.2.2.4.2.2 物理方法

低温：对于胎儿和晚成熟的新生动物，逐渐降温是一种条件性可接受的方法。将低温作为单一方法使用，没有数据支持。因此在动物失去运动能力后，应采用第二种方法实施安乐死。由于低温会引起组织损伤，可能会导致疼痛，动物不能直接接触冰或者预先冷却的物体表面。对于 10 日龄左右的动物不推荐使用逐渐降温的方法[53,88-90,95-97]。因此，比这个年龄大的动物也不可以使用这种安乐死方法[98]。

快速冷冻：5 日龄以下的小鼠和大鼠胎儿及新生动物可以在液氮中快速冷冻而死亡[23,96,97]。

断头术：对于早成熟的新生动物使用剪刀或者锋利的刀实施断头术是条件性可接受的[96,97]。有些啮齿类新生动物，不管是早成熟的还是晚成熟的，可能因为组织体积过大而无法用剪刀操作，因此要选择合适的断头工具。

颈椎脱臼：对于大鼠和小鼠的胎儿以及新生动物，通过捏住高位颈部并毁坏脊髓的颈椎脱臼法进行安乐死是条件性可接受的。

3.2.3 实验用农场动物、犬、猫、雪貂和非人灵长类动物

3.2.3.1 一般注意事项

对于实验用农场动物、犬、猫和雪貂来说，研究的目的经常会影响安乐死方法的选择。一般来说，镇静（根据需要）后进行静脉注射巴比妥类药物将是最好的方法。对犬来说，如果没有可注射的巴比妥类药物，由操作熟练的人员静脉注射曲布他胺也是比较

好的替代方法。实验用农场动物和伴侣动物的其他安乐死方法，请查阅指南的相应部分。

使用非人灵长类动物以及其他野外捕捉的动物或未经驯养的动物进行实验时，应遵循一些基本的原则。研究目的也会影响安乐死方法的选择，如果机构的饲养管理和使用人员对某个物种不熟悉的话，有相关物种工作经验的研究人员可能会提供有价值的指导。应对该动物进行合适的保定。由动物所不熟悉的操作造成的应激反应宜降到最低。镇静时应采用静脉途径或者使用肌内注射类试剂（如果有必要的话，可以通过远程注射设备进行操作）。这些动物应优先采用可注射的巴比妥类药物进行安乐死。

3.2.3.2 特殊情况

在动物完全麻醉后进行安乐死时，可以采用如双侧开胸、放血、灌注和静脉注射或者心脏注射氯化钾等辅助方法。

3.2.4 实验兔

3.2.4.1 一般注意事项

实验兔安乐死方法的选择取决于动物饲养的设施和条件。在如生物医学研究机构的受控环境中，研究人员可以使用保定装置和受控药物，通常使用静脉注射巴比妥类药物。在用于生物医学研究或肉类生产的大型商业化生产设施中，或为了安全地对受伤的野兔实施安乐死，选择的方法将取决于可用的资源以及操作者的技能和培训。在所有情况下，都应该以对动物应激最小的方式进行保定和安乐死。必须确定动物是否死亡。没有呼吸、心跳以及瞳孔扩张是一些最容易识别的死亡指标。

3.2.4.2 可接受的方法（非吸入剂）

巴比妥类药物和巴比妥酸衍生物：如果兔子习惯于被操作或有保定装置，可以通过耳朵进行静脉注射。易怒的兔子可能需要提前进行镇静，以便静脉注射巴比妥类药物或

者巴比妥类药物联合用药。也可腹腔注射巴比妥类药物。同时使用局部麻醉剂和止痛药可能有助于预防疼痛[47]，但应考虑到腹腔注射给药可能会导致动物疼痛。这些方法也同样适用于用作伴侣动物的兔子。

3.2.4.3 条件性可接受的方法

3.2.4.3.1 吸入剂

卤化物麻醉剂：吸入麻醉剂通常只能在受控环境下使用，如生物医学研究机构或兽医护理机构。在这些情况下，最好先用镇静剂给动物预麻醉，然后再将其从饲养笼中取出，并将其放置于保定装置和气体麻醉机下。这种方法将减少它们在遇到难闻气味时的憋气现象[99-101]。已经处于麻醉状态下的动物可以通过给予过量的麻醉剂进行安乐死。

二氧化碳：推荐的对兔子的二氧化碳最佳流速是每分钟替换麻醉盒 $50\%\sim60\%$ 的体积。作为打穴动物，兔子似乎对二氧化碳水平升高有较高的耐受性，因此将其作为单一的安乐死药物可能会造成动物的痛苦[102,103]。据报道，在高浓度（70%、80%、90%、98%）二氧化碳的情况下，动物会在意识丧失前 15s 产生厌恶行为[104]。Walsh[①] 报告称，当二氧化碳以约每分钟替换麻醉盒 28% 和 58% 体积的较低流速给兔子注入时，没有观察到任何痛苦行为。建议二氧化碳安乐死采用快速流速是因为与逐渐填充（99s）相比，快速流速会明显导致更早的敏感性丧失（40s）和死亡[①]。预先给予镇静剂可能会减少潜在的厌恶反应。

3.2.4.3.2 物理方法

颈椎脱臼：技术人员操作非常熟练时，对兔子采用颈椎脱臼的方法是条件性可接受的。对体型较大或者成年兔进行操作时，熟练的技术是非常必要的，因为这些动物颈部肌肉较多，使颈椎脱臼操作起来更加困难。有设计的机械装置用于牢牢固定兔子的头部，方便操作者向兔子臀部和后腿施加向下

的力，从而减轻操作者对兔子实施安乐死所需的力量。这些设备已被证明对断奶前幼兔、青年兔和成年兔都非常有效（96%）。建议在实际操作前使用已死亡动物进行训练[105]。

穿透性系簧枪：在实验室或者生产设施中使用适合兔体型大小的系簧枪对兔实施安乐死是条件性可接受的。系簧枪必须保持良好的工作状态、定位正确（通过将系簧枪轻轻地放置在额骨上，尽可能靠近耳朵），且由经过训练的工作人员安全操作[106]。固定头部以防止失误非常重要。应将动物固定在防滑地板上，最好是放在一个开放式容器中，使兔子的背部紧贴容器壁。操作者应使用非惯用手按压肩胛骨保定兔子，拇指和食指轻轻地放在兔子的脖子上。使用这些装置时在视觉上令人不快，通常会导致环境污染，当对种群中患病动物进行安乐死时，这可能是一个重大问题。操作人员在实际操作前必须经过培训，最好在已死亡兔子上进行训练。

非穿透性系簧枪：在实验室或者生产设施中使用适合兔体型大小的非穿透性系簧枪对兔子实施安乐死是条件性可接受的。非穿透性系簧枪已被证明 100% 会导致动物立即失去知觉[105]。应将动物固定在防滑地板上，最好是放在一个开放式容器中，使兔子的背部紧贴容器壁。操作者应使用非惯用手按压肩胛骨保定兔子，拇指和食指轻轻地放在兔子的脖子上。装置必须保持良好的工作状态、定位正确（前额中心，枪管置于耳朵前面、眼睛后面），并且依据兔子年龄和体型大小建议的压力，连续、快速地发射两次（断奶前幼兔 55psi、青年兔 70psi、成年兔 90psi，图 10）[105]。操作人员在实际操作前必

---

① Walsh JL. Evaluation of methods for on‑farm euthanasia of commercial meat rabbits. MS thesis, Department of Pathobiology, University of Guelph, Guelph, ON, Canada, 2016.

须经过培训，最好在已死亡兔子上进行训练。

3.2.4.4　特殊情况

对处于外科麻醉状态的兔子，使用氯化钾、放血或者双侧开胸等辅助方法进行安乐死是可以接受的。

对头部进行手动钝器创伤是困难的，并且在视觉上令人不快，会导致意外的组织损伤，并且不如其他方法有效[105,107,b]。钝器创伤只能在紧急情况下使用，如受伤的兔子体型太大，操作者无法实施颈椎脱臼也没有任何其他措施。

3.2.5　实验用鱼类、两栖动物和爬行动物

由于物种数量庞大、生物学以及生理学特征复杂多样，为用于生物医学研究的实验用有鳍鱼类、水生无脊椎动物、两栖动物和爬行动物推荐安乐死方法具有挑战性。在本节中，只讨论几种常见物种最常用的方法。更多的信息请参考指南中有关于研究中较少使用物种的安乐死方法的详细描述。

目前还没有 FDA 批准的用于水生动物安乐死的药物。三卡因甲磺酸盐是 FDA 批准的用于暂时固定（镇静、麻醉）有鳍鱼类、两栖动物和其他水生冷血动物的药物。之前的建议是成年斑马鱼在失去节律性鳃盖运动后，在 MS 222 中浸泡 10min。然而，出现过达到浸泡时间的鱼类仍会苏醒的意外，因此建议将 30min 作为预防性措施，直到有研究证明可靠地导致斑马鱼不可逆转死亡所需的浸泡时间。斑马鱼浸泡在 MS 222 中会表现出一些应激反应，因此建议采用第二种（物理）安乐死方法以确保死亡[108]。单独使用 MS 222 对斑马鱼卵、胚胎或幼鱼（14日龄以下）的安乐死无效，应在这些生命阶段使用其他方法进行安乐死[109]。

像在水生动物部分描述的一样，斑马鱼（Danio rerio）可以采用快速冷却（2～4℃）的方法进行安乐死，直到斑马鱼丧失定向能

力、停止鳃动。随后保持在冰水中达一定时间以确保死亡，时间依鱼的大小和年龄而定[108,110,111]。成年斑马鱼快速冷却导致生命体征停止的时间（10.6s±3.28s）比 MS 222 过量（216.3s±62s）快 20 倍[112]。鳃动停止后，成年斑马鱼在冰水中应至少保持 10min，受精后 4～7d 的鱼苗在冰水中应至少保持 20min[113]。对于受精后 3d 内的胚胎，快速冷却（像 MS 222 一样）是一种不可靠的安乐死方法[108,112,114]。浸泡在稀释的次氯酸钙或者次氯酸钠溶液进行安乐死可以用于 7 日龄以下的胚胎[115]。如果有必要确定其他生命阶段动物的死亡，快速冷却后应采取一种被认可的辅助安乐死方法或者人道的处死方法。进行深入研究之前，体型较小的热带或亚热带狭温动物采用快速冷却的方法进行安乐死是条件性可接受的。

研究常用的两栖动物有非洲和西方爪蟾（X. laevis, Xenopus tropicalis），豹蛙和牛蛙（Rana spp.），以及蝾螈（Ambystoma mexicanum）。最好在这些动物完全麻醉后通过物理的方法实施安乐死。虽然静脉注射戊巴比妥钠、脑内注射或在淋巴间隙注射是这些物种安乐死可接受的方法，但通常需要很高剂量，并且这些药物使动物失去意识的时间可能不一致（见 3.7.3.4.1）[116]。

□ 3.3　为生产食物和皮毛而养殖的动物

条件性可接受的方法在满足要求的前提下等同于可接受的方法。

3.3.1　一般注意事项

一些屠宰和扑杀的方法可能能够满足安乐死专家组（POE）界定的安乐死标准，而另外一些方法不能满足，本指南中讨论的仅限于安乐死所采用的方法。下文所涉及的

是农业用畜禽，特别是牛、绵羊、山羊、猪和家禽，不论出于何种饲养环境和何种目的而执行安乐死，都需要遵守下述的要求。此外，本指南还包括对骆驼、野牛和水牛等农业动物实施安乐死的建议，这些动物通常是为了满足特定市场对毛皮和食品的需求而饲养的。

在实施安乐死之前保定动物时应尽量减少动物的应激反应。设计良好的设施、合适的设备、经过良好培训的动物操作人员以及操作的全程监控，这些都有利于减少动物的应激[117-121]。

无论使用哪种安乐死的方法，处理动物尸体之前必须确保动物已经死亡。动物死亡最明显的标志是没有心跳。然而，由于在某些情况下难以评估或确认，可以观察动物是否有其他死亡特征，包括一段时间内动物（超过 30min 没有心跳）没有活动或出现尸僵。

3.3.2　牛科动物和小型反刍动物

3.3.2.1　牛

3.3.2.1.1　**可接受的方法**（非吸入剂）

巴比妥类药物和巴比妥酸衍生物：巴比妥类药物作用迅速，通常会平稳地从有意识过渡到无意识再到死亡，这对操作者和观察者来说都是一个可接受的结果。尽管使用巴比妥类药物对大型和大量的动物进行安乐死相对于其他可注射的药物成本稍高，可能会限制其使用。使用巴比妥类药物的缺点是使用药物时要对动物进行适当的保定，工作人员要在 DEA（必要时在其他州权力机关）登记，要有使用药量的台账以严格控制其使用[122]，而且由于药物会有潜在残留，要谨慎处理动物尸体。

3.3.2.1.2　**条件性可接受的方法**（物理方法）

在紧急情况下，如对未受约束的牛进行安乐死，可能很难进行保定并实施静脉注射。虽然服用镇静剂可以有效保定动物，但

在某些情况下，动物可能会在镇静剂生效之前会伤害自身或旁观者。在这种情况下，可以给牛肌内注射或静脉注射神经肌肉阻断剂（如琥珀酰胆碱），一旦牛得到控制，必须通过适当的方法对牛实施安乐死。单独使用琥珀酰胆碱或麻醉剂的使用量不足都不能顺利实施安乐死。

枪击法：对农场的牛而言，枪击法是最常用的安乐死方法[123]。枪击通过破坏脑组织而使动物致死，枪支、所用子弹的类型（或猎枪的散弹枪弹）以及瞄准的精确性都会影响子弹对脑损伤的程度。

手枪：手枪或者使用单手射击的短管枪支。对于安乐死，仅能使用手枪对目标进行近距离射击（1～2ft 或 30～60cm 内），口径在 0.32～0.45 之间可用于牛的安乐死[124]。操作时应选择具有足够穿透力的子弹，老式的中空子弹在与目标碰撞时会膨胀和破碎，从而降低穿透深度。在理想的颅骨穿透条件下，中空子弹能对神经组织造成广泛损伤；然而，由于安乐死的首要标准是穿透颅骨，因此最好使用实心铅弹。自上一版出版以来，市场上又出现了许多新型子弹和枪支，新型的枪支和子弹必须具有足够的初速，以确保穿透颅骨，大多数弹药包装上都有初速规格。对于成年牛的常规安乐死，通常不建议使用 0.22 口径手枪，因为无论使用何种子弹，该手枪都无法提供足够的初始动能[124]。

步枪：步枪是一种长筒火器，通常从肩部发射。猎枪的枪管有一个光滑的枪膛，手枪和步枪的枪管中有一系列螺旋槽（称为膛线），使子弹穿过枪管时旋转。膛线提高了子弹的稳定性和精度。因此，当需要远距离射击时，步枪是安乐死的首选武器。选择步枪的另一个原因是较长的枪管可以提高子弹的性能。

步枪能以较高的初速度和能量发射子弹，因此不宜在室内以及近距离时使用步枪

对动物实施安乐死。一般用于牛安乐死的步枪口径为 0.22、0.223、0.243、0.270、0.308 以及更大口径[124-126]。至少一项研究表明[126]，口径 0.22 的远程步枪不是对成年牛实施安乐死时的首选枪支，因为子弹穿透力弱、有偏差以及子弹易碎。从 0.22 口径步枪发射出高速的标准子弹在 25m 的射程内不能穿透小公牛和小母牛的头骨。另外，在距离 25m 时口径为 0.223 和 0.30 - 06 的步枪表现较好（穿透了头骨，对脑造成足够的破坏以致死亡）[126]。这与资料中的表述一致：0.22 麦林枪（Magnum）或者更大口径的枪支能提供较大的枪口动能以及能更一致地将子弹发射至合适的解剖位置[125]。

当为安乐死而选用最合适的枪支时，有几个因素需要考虑，这包括枪支的口径、子弹或散弹的类型、与目标的距离、动物的年龄（年龄大的动物头骨较硬）、动物的性别及瞄准的准确性。基于已有的信息，如果使用 0.22 口径的枪支则需要满足以下条件：①选用的是步枪；②应该选用实心子弹；③需要在近距离内射击头骨（30～90cm 内）；④子弹需要瞄准以确保射击到头骨适当的解剖位置[127]。

猎枪：装载鸟弹（铅或者钢珠弹）或者子弹（专为猎枪设计的实心铅弹）的猎枪在距离 1～2m 时适用。尽管所有的猎枪在短距离均具有致命性，但对牛进行安乐死的最佳规格是 20、16 或 12。6 号或更大的鸟弹或者猎枪子弹是对牛进行安乐死的最好选择[124]。鸟弹在离开枪管后开始分散；如果操作者在距离目的解剖位置很近射击时，鸟弹将会作为一个紧凑的弹丸或钢珠弹团块打到头骨上，类似于实心铅弹的击入弹道特性。近距离射击时，子弹可保证穿透头骨，鸟弹散射入脑部，可大量破坏脑组织，从而导致快速失去意识以及迅速死亡。

加拿大有研究表明[126]评估了几种枪支，包含 0.410 和 12 规格猎枪。0.410 猎枪不管是装有 4 号或者 6 号鸟弹，在距离 1m 处射击都是非常有效的。与使用的其他枪支相比，这种猎枪还有反冲力较小的优点。装载 7.5 号鸟弹的 12 规格猎枪在距离目标 2m 处射击是有效的，但是被认为冲击力过大。用 12 规格猎枪从 25m 远处射出一枚 1oz 的单个子弹未能穿透大脑，不是因为缺少动力，而是因为射击位置错误。研究人员得出结论，如果需要从远处射击，猎枪的轨道式瞄准系统不足以满足精准定位。他们还认为如果需要对大量的动物进行安乐死，这种枪支的反冲力可能会让操作者感觉不太舒服[126]。

使用猎枪进行安乐死的一个优点是如果定位合适，鸟弹将会有足够的能量穿透头骨，并且不太可能到头骨外。如果是自由子弹或者猎枪散弹总有可能穿透到头骨外，这对操作者和旁观者有造成伤害的风险。为保证操作者和旁观者的安全，猎枪的枪口（或者其他任何枪支）不能直接接触动物的头部，枪支在射击时会在枪管内形成巨大压力，如果枪口堵塞会导致枪管爆炸[126]。

穿透性系簧枪（PCB）或非穿透性系簧枪（NPCB）：PCB 用于野外成年牛的安乐死。NPCB 的使用应仅限于犊牛。对成年牛而言，PCB 比 NPCB 更有效[128,129]。分为嵌入式（圆柱形）和握把式（类似手枪）。气动的（空气动力的）系簧枪限用于屠宰场。有火药的系簧枪一般用在农场。此类枪一端包含钢制的螺栓和活塞，封装在枪管内。一旦开火，后膛和枪管的空气快速膨胀，推动活塞向前而从枪口发射出螺栓，位于枪管内一系列的缓冲垫可缓冲螺栓多余的能量。根据类型的不同，螺栓能自动或手动收回枪管。精确的射击位置、能量（即螺栓速度）以及螺栓穿透的深度决定系簧枪导致动物意识丧失和死亡的效果。螺栓的速度取决于对系簧枪的维护（清洁以及磨损部件的更换）以及弹药筒的正确存放。在屠宰场，为了有效使用系簧枪，螺栓的速度需要达到55～58m/s[130-133]。射击公牛推荐使用的最小速度为70m/s。在特别需要考虑螺栓速度的屠宰场，通常监测螺栓速度以确保这些装置的正常功能[134]。

不管是穿透性还是非穿透性系簧枪，一般情况下都能立即引起动物意识丧失，但是仅仅使用这一种装置不能完全确保动物的死亡。在一项研究中，饲养的1 826只小公牛和小母牛，仅有3只（0.16%）动物有恢复意识和感觉的迹象[129]。另外观察的692只公牛和母牛，仅有8只（1.2%）动物有恢复意识的迹象，这两个结果比较相似[129]。这些动物没有100%意识丧失可能与系簧枪弹药存储在潮湿的地方、撞针未维护好、不熟练的人员操作系簧枪（射击到的解剖部位错误）、扳机脏污而射击失败、被射击的牛头骨厚重等因素有关[129,135]。

目前，建议使用辅助方法，如放血、去髓法或静脉注射饱和氯化钾溶液，以确保使用PCB后动物已经死亡[127]。近年来出现了一种新式的PCB[125]。该设备配备有一个加长螺栓，具有足够的长度和弹药筒功率，以增加对大脑（包括脑干）的损伤。该设备目前正在研究中，可能会提供一种不需要辅助方法的PCB安乐死方法。

使用系簧枪进行安乐死是一种不错的选择，因为这对操作者和旁观者都比较安全，但是，仅可以由操作熟练的人员使用。以防走火，枪口应一直瞄向地面，远离身体和旁观者。强烈推荐使用保护耳朵和眼睛的装置。

与枪击技术不同的是，为使系簧枪射击到合适的位置，动物必须进行保定。并且使用系簧枪时枪口需要紧紧地对着动物头部。一旦动物保定好，为减少动物的应激，应立即扣动系簧枪的扳机。动物一旦失去意识，应立即采取辅助方法以防动物恢复感觉。因此，如果使用系簧枪对动物进行安乐死，提前计划和准备可增加成功概率。

使用系簧枪对动物进行安乐死时，动物失去意识的表现有：立即倒下、短暂的肌肉强直性痉挛及随后的后肢不协调的运动、短暂或长时间停止规律呼吸、站立时身体不平衡、失声、目光呆滞、眼角反射丧失[117]。控制眨眼或者角膜反射的神经系统位于脑干，因此，角膜反射的存在表明动物仍然有意识。

使用穿透性系簧枪和枪击时的解剖位置：在牛上，射击时的射入点应该在两条虚线的交点处，即每个牛角根部到其对侧外眼角连线的中点，或者在无牛角动物的同等位置（图11A）[136]。在长脸牛或幼牛身上，可以使用面部中线上的一点，该点位于头顶部和连接两侧外眼角的虚线之间（图11B）。枪支或者穿透性系簧枪的准确定位对于获得理想的结果是必要的。

野牛的安乐死：正确处理野牛，需要理解和尊重这些动物的野性。驯养员应通过缓慢移动动物，努力将动物的精神压力降至最低。保定需要专门的设备，以适应野牛的身体构造。

对野牛实施安乐死的推荐方法是枪杀。对一岁以上的幼牛、母牛和成年公牛实施安乐死，至少需要1 356J（1 000ft - lb）的能量，这就决定了必须使用更大口径的步枪。大多数手枪产生的枪口能量远低于1 356J（1 000ft - lb），不适合对成年野牛实施安乐死[137]。

子弹进入的首选解剖部位是前额，距离连接牛角底部的虚线约2.5cm（图12），该虚线将子弹放置在与成熟牛相似的位置。理想情况下，进入角度应垂直于头骨。如果需要远距离射击，目标可能是头部（正面或侧面）或胸部（心脏射击）[137]。

水牛的安乐死：在确定水牛安乐死的最佳方法时，需要考虑到水牛和其他牛的解剖差异。与其他牛相比，水牛的颅骨更厚，额窦和副鼻窦更宽。此外，在水牛和其他牛身上，从额叶皮肤表面到丘脑的中位数距离分别为 144.8mm（117.1～172.0mm）和 102.0mm（101.0～121.0mm）[138]。传统固定螺栓装置的螺栓长度为 9～12cm（3.5～4.7in），这意味着与其他牛相比，螺栓与水牛的丘脑和脑干直接接触的可能性较小。由于这个原因，在水牛正面使用 PCB 通常效果较差。

考虑到水牛的皮肤和头骨较厚，在野外条件下使用大口径枪支是安乐死的首选方法。在 Scwhenk 等[138]的研究中，将自锁螺栓枪的正面射入点选为连接对侧牛角下边缘和上边缘的两条虚线的交点（图 13）。该点似乎与指南中家养牛描述的位置相似。

对 30 头使用 PCB 射击后的水牛的脑震荡深度进行了评估[139]。在 53％的水牛中观察到浅层脑震荡症状。在研究的两头水牛中，弹药完全脱离大脑，进入脊髓。在 1 头水牛中，弹药未能穿透大脑。在对大脑进行尸检时，79％的水牛被击中部位为中脑或脑干。其中一头年长公牛的正面位置被击中，但未能倒下。在尸检中，研究人员证实弹药未穿透其颅腔。3 头水牛在头顶位置被射杀后立即倒下，但有 2 头在子弹弹出之前恢复了短暂呼吸，需要再次射击。研究人员得出结论，射击的位置在水牛身上是有效的，PCB 的准确位置对于防止子弹误入脊髓非常重要，并且动物在失去意识后需要尽快放血。

3.3.2.1.3 辅助方法

3.3.2.1.3.1 非吸入剂

氯化钾和硫酸镁：通过饱和盐溶液会破坏心肌的导电性，导致纤颤和心力衰竭。在施用氯化钾或硫酸镁之前，动物必须处于无意识状态。虽然不能作为唯一的安乐死方法，但快速静脉注射氯化钾可能有助于确保牛因 PCB、枪击或全身麻醉剂（α_2-肾上腺素能药物，如单独使用二甲苯嗪是不够的；

参见不可接受方法下的注释）而失去知觉后死亡。通常情况下，注射 120～250mL 的氯化钾饱和溶液足以导致死亡；但是，应使用氯化钾溶液直至动物死亡。对可能需要随后使用氯化钾的牛实施安乐死时，操作员应提前准备至少 3～4 支 60mL 的注射器（配备 14 或 16 规格的针头），这将有助于快速给药，并确保动物不会恢复意识。然而，在动物非随意运动期间，操作者需要远离四肢和蹄子以免导致操作者受伤。在大多数情况下，最安全的做法是蹲在动物后方，靠近动物头部，越过颈部进行颈静脉注射。一旦针头进入静脉，注射应迅速进行。

硫酸镁的注射与氯化钾类似。可能不会快速引起死亡，但类似于氯化钾，对于食肉动物以及食腐动物药物残留的风险低（参考非吸入剂）。

3.3.2.1.3.2 物理方法

二次射击：尽管定位准确的子弹或穿透性系簧枪的射击一般会立即引起动物意识丧失，而且动物不太可能恢复意识，但是，操作者要做好进行第二次或第三次射击的准备。对脑组织的额外损伤，以及出血和水肿，造成颅内压剧增。由此产生的压力增加会中断大脑控制呼吸以及心脏功能的中枢，最终导致动物死亡。

放血：如有必要，对失去意识的动物，可以使用放血的方法来确保动物的死亡。放血一般需要通过切开喉或颈腹侧以横断皮肤、肌肉、气管、食管、颈动脉、颈静脉以及大量的感觉、运动神经和其他血管来完成。放血不推荐作为单独的安乐死方法，而是作为一种确保动物死亡的辅助方法，因为资料上描述的从颈部切开到意识丧失的时间不一致。一些研究[140-141]表明脑部活动（通过脑电图）快速失去，而且动物个体之间差异小。相比之下，直接观察动物倒下的时间和脑电图显示从颈部腹侧切开到意识丧失的时间不一致，通过放血杀死动物的时间可能会相当长[142-146]。

从颈部切开到意识丧失时间的不确定性引出了明显的问题：动物在颈部切开过程中能感到疼痛吗？血压降低会引起不适或者痛苦吗？人们对这些问题的答案也不同。一些人持有这样的观点，如果刀（希伯来语中的sakin）型号合适、特别锋利、完全没有缺损，以合适的方式快速切开一个干净的切口[如由 shochet（能熟练地按照犹太律法屠宰牛和家禽的专业人员）执行]，放血是相对没有痛苦的[147]。另外一些人认为，颈部组织有丰富的痛觉感受神经分布，在颈部切开的时候会造成明显的疼痛和痛苦，足以引起休克[148-150]。

这个问题一直存在争议，人们在实施放血进行安乐死时不可能有像 sakin 那样的利器或者有像 shochet 那样的技能，因此，放血只能作为一种确保死亡的辅助方法，应用于已无意识的动物。进行放血时应该用非常锋利的尖刀，刚性刀片至少 15cm 长，一旦确定动物失去意识就立即放血。

由于大量血液的放出，放血可使观察者感到不适，这同样会引发人们对生物安全的考虑。如果仅切开颈动脉和颈静脉，出血可能以不同的速率持续几分钟。这些血管在靠近胸廓入口处较大，此处切开血管将会增加血流速度。有证据显示，牛被切开动脉的断端形成假性动脉瘤会使血流受到限制[146]。

脑脊髓刺毁法：脑脊髓刺毁法是通过损坏脑组织和脊髓组织引起动物死亡的一项技术。在子弹或者穿透性系簧枪穿过头骨的部位刺入刺毁针来进行操作。由操作者手持刺毁针破坏脑干和脊髓组织来确保死亡（参考物理方法）。在脑脊髓刺毁的过程中动物的肌肉活动非常剧烈，但是后续比较安静，这有助于放血或者其他步骤的进行[151]。

3.3.2.1.4 特殊情况和例外

在紧急情况下，可能很难或不能安全地保定危险动物进行静脉注射，并且可能不希望使用镇静剂，因为动物可能会在镇静剂生效之前伤害自己或旁观者。在这种情况下，可以肌内注射神经肌肉阻断剂（如琥珀酰胆碱），但是一旦可以控制牛，必须通过适当的方法对其进行安乐死。不允许单独使用琥珀酰胆碱或安乐死前不进行麻醉。

在屠宰场内欧盟法规不允许在牛角间隆凸（颅骨顶部的骨样凸起）使用穿透性系簧枪，因为系簧枪在这个区域造成的震荡深度浅于在前额处实施时所观察到的[152]。对于大的公牛和水牛而言，在前额处使用穿透性系簧枪却不是一直有效，因为这个区域的牛皮以及头骨较厚。如果使用合适的系簧枪而且枪口瞄向正确以便射出的螺栓能穿透大脑，那么使用角间隆凸定位可能是有效的[152]；然而在大多数情况下，角间隆凸不是最佳选择。研究表明在角间隆凸处使用穿透性系簧枪容易造成操作者的操作错误，螺栓容易误入脊髓而不是大脑。与额叶部位相比，有更多的动物没有真正地失去意识（即脑震荡深度较浅）。此外，在一些紧急情况下，当无法安全接近面部时，可以直接从前额后面向舌根射击，但这不是常规操作。

正确放置系簧枪的位置是非常重要的，这样能保证螺栓穿入大脑而不是脊髓。从角间隆凸射击应该指向舌根部，除非需要脑干进行诊断。不论是使用穿透性系簧枪还是其他枪支从角间隆凸处射击，子弹或者螺栓都可能误射，并且不能保证对大脑造成的损伤足以引起意识丧失或者死亡。这可能造成意识丧失的延迟，以及动物不同时长的痛苦。

3.3.2.2 小型反刍动物

小型反刍动物的外伤到不治之症都可能需要对其进行安乐死。安乐死的方法包括使用过量的巴比妥类药物、枪击或者使用系簧枪后再实施一种辅助方法（如放血、静脉注射氯化钾或硫酸镁，或者是脑脊髓刺毁法）。电击是另外一种方法，但是这种方法需要用专业的设备对动物进行保定，以便正确放置电极。在田间情况下进行安乐死时，由于不太可能有电和必要的设备，电击不作为日常使用的方法。

3.3.2.2.1 可接受的方法（非吸入剂）

巴比妥酸盐和巴比妥衍生物：巴比妥类药物通过抑制中枢神经系统而起作用，动物由清醒状态到意识丧失、深度麻醉，最终死亡。尽管使用这些药剂需要保定动物并且会给动物带来轻度不适（如注射器针头刺入身体），但是对观察者来说，这是一种比较容易接受的方法，因为由此带来的死亡更平静。对伴侣动物来讲，这些特征让人非常满意。在实际生产中，出于成本和动物尸体处置的考虑，这种方法不是一种首选的安乐死方法。

3.3.2.2.2 条件性可接受的方法

3.3.2.2.2.1 吸入剂

在山羊幼崽（<3周龄）中评估了二氧化碳吸入作为安乐死方法的效果。测试表明，山羊幼崽对低于70%的二氧化碳并不厌恶，因为它们愿意自由进入浓度高达70%的二氧化碳测试箱喝奶。但是所有进入70%二氧化碳测试箱的山羊幼崽在进食时都失去了意识。根据一些数据和临床经验，建议将山羊幼崽放置在安乐死室后，应以足够的速率填充，以在5min内达到高于70%的二氧化碳浓度，并停留10min来确保安乐死。对年龄大一些的山羊或绵羊，尚未对吸入二氧化碳的安乐死进行评估。鉴于对二氧化碳的厌恶程度因物种而异，并且年龄和体重的生理差异可能会影响结果，这种形式的安乐死在其他反刍动物物种中的适用性值得进一步调查，但由于缺乏相关知识，目前无法推荐[153,154]。

3.3.2.2.2.2 物理方法

（1）枪击：推荐应用于成年小型反刍动物的枪支有 0.22LR 步枪；0.38 Special（一种手枪型号）、0.357 麦林枪（Magnum）和 9mm 手枪或者同等口径的手枪和猎枪。有些人喜欢使用中空弹以增加对大脑的损伤以及减少跳弹的机会。然而，操作者应注意子弹碎片会使穿透性降低，这样可能大幅减少对大脑的破坏，特别是用于大型有角的成年公羊时更是如此。在这些情况下，使用装载实心子弹的猎枪或者大口径的枪支更好。使用枪支进行安乐死时，一定要记住枪支不要与动物头骨平齐。相反，枪口应瞄准预定方向，距离目标不少于6~12in。

（2）穿透性和非穿透性系簧枪：有效地应用系簧枪可以通过失血或其他辅助方法使绵羊和山羊立即失去意识，直至死亡。据推测，螺栓的穿透会导致昏迷，但对有效使用固定螺栓的决定因素的研究表明，螺栓对颅骨的影响是导致意识丧失的主要原因[131]。震荡法（非穿透性系簧枪）的使用已被确定为诱导新生山羊和小羊昏迷的有效方法，可持续到放血辅助安乐死[132]。

对于绵羊和山羊，螺栓或枪击子弹进入的位置都是相似的。最佳位置在两条线的交叉处，每条线都是从外眼角到对侧耳朵根部的连线（图14、图15）[155,156]。提供相似位置的替代标志物，使用头部背中线，位于外侧枕骨突起的水平位置，向下对准下颌间隙的颅骨最远部分[157]。针对枕骨大孔的正面射击只应在射程内使用，并为有角的绵羊和山羊提供另一种方法，因为它们的角可能太难接近头骨顶部。由于绵羊和山羊的大而多变的窦腔，使固定螺栓的正面射击的结果更加不一致[136]。

骆驼科：用96头羊驼研究了PCB的有效性。不正确放置固定螺栓导致不完全脑震荡，其中10只动物没有丧失知觉。研究人员评估了两个解剖部位：额叶和牙冠部位。将PCB对准脑干时，将额叶部位定义为从每只眼睛的内眼角到对侧耳朵根部的两条线的交点。事实证明，这个位点效果不太好，因为子弹击中动物之前且PCB进入动物的视野时，动物会移动头部。将PCB放置在头顶位置（即头部的最高点），瞄准下颌底部（图16），更有可能导致动物立即失去意识，并对丘脑和脑干造成损害。虽然两个位置都被认为是可接受的圈养动物的螺栓放置位置，但如果使用正面位置，可能需要加强对动物的保定，以防止错误放置导致的移动。

鹿科：对于圈养鹿的安乐死有几种选择。对于习惯于圈养的动物，可以将动物限制在圈内，并用枪射杀。对于没有鹿角的鹿，穿透性弹簧枪进入头部的正确位置与之前描述的山羊和绵羊的位置相同，位于外眼角到对侧耳朵根部或顶部的两条线的交点处。对于有鹿角的鹿（雄鹿），可能需要一个正面位置，但可能需要更长的螺栓长度。根据每只眼睛的外眼角到耳朵根部或鹿角根部的两条线的交点可确定额叶位置（图17）。当圈养不适用或当动物不习惯被保定时，考虑先对动物进行麻醉，然后在上述的位点进行枪击是可行的。如果保定是有效的，即可以确保准确的注射位置，并将安乐死的风险降至最低。使用PCB对保定的动物（无论是化学保定还是因受伤而保定，如被汽车撞伤）通过上述的位点进行安乐死，应避免在胸部或所谓的中心部位射击。在无法充分固定易怒的动物或保定操作会对人类健康构成重大风险的情况下，由训练有素的枪手使用专用设备进行操作可能非常有效。

3.3.2.2.3 **辅助方法**

3.3.2.2.3.1 非吸入剂

氯化钾和硫酸镁：尽管不能单独作为安乐死的方法，但是对使用过穿透性或非穿透性系簧枪、枪击或者麻醉而失去意识的山羊和绵羊，静脉快速注射氯化钾是确保动物死亡的一种有效方法。当对山羊和绵羊实施安乐死时，如果可能后续需要给予氯化钾，操作者需要提前准备至少1～2管30mL的溶液（配有18号针头）。这将有助于快速给药以及确保动物不再恢复到清醒的状态。注射时可以使用任何静脉，但是，操作人员要确定自己处在一个不会被动物肢蹄碰到的位置，以免被处于不自主运动时期的动物伤害到。一旦针头进入静脉，应快速进行注射。

硫酸镁的注射与氯化钾类似。可能不会快速引起死亡，但类似于氯化钾，对于食肉动物以及食腐动物而言，药物残留的风险低（参考非吸入剂部分）。

3.3.2.2.3.2 物理方法

二次射击：尽管定位准确的子弹或穿透性系簧枪射击一般会立即引起动物意识丧失，而且动物不太可能恢复意识，但是如果有必要，操作者要一直做好进行第二次或第三次射击的准备，对脑组织的附加损伤，加上出血增加以及水肿，造成的颅内压增高，大多数情况下这能引起动物死亡，但是安乐死的目标应是损伤脑干。

放血：如果需要，可对小型反刍动物放血作为确保动物死亡的辅助步骤。放血可通过切开喉或颈腹侧以横断皮肤、肌肉、气管、食管、颈动脉以及颈静脉来完成。放血时应该用非常尖锐、锋利的刀，硬刀片至少15cm长。

由于大量血液的放出，放血可使旁观者感到不适，这同样引发人们对生物安全的考虑。如果仅切开颈动脉和颈静脉，出血可能以不同的速率持续几分钟。这些血管在靠近胸廓入口处较大，此处切开血管将会增加血流速度。

脑脊髓刺毁法：是通过损坏脑组织和脊髓组织引起动物死亡的一项技术。在子弹或穿透性系簧枪穿过头骨的部位刺入刺毁针来进行操作。由操作者手持探针破坏脑干和脊髓组织来确认死亡（参考物理方法）。在脑脊髓刺毁的过程中动物肌肉活动通常会很剧烈，但是后续比较安静，这有助于放血或者其他步骤的进行[151]。

3.3.2.3 **不可接受的方法**

对牛和小型反刍动物进行安乐死时，以

下方法是不能接受的：手动对头部造成钝性创伤；对有意识的动物注射化学试剂（如消毒剂以及氯化钾和硫酸镁等电解质类、非麻醉药剂）；给予赛拉嗪或者任何一种 α_2-肾上腺素能受体激动剂后再静脉注射氯化钾或者硫酸镁（尽管大剂量的 α_2-肾上腺素能受体激动剂能产生类似于全身麻醉的状态，但不是可靠的全身麻醉药[158]），溺死或者空气栓塞（即向血管内注射空气）；对有意识的动物进行 120V 电压的电击、溺死和放血。

骆驼科特别是羊驼和美洲驼，主要用于生产毛皮和作为宠物饲养。在南美洲，家养的骆驼被用作食物和驮畜。用尖刀来宰杀骆驼，主要在颈部后面插入一把刀以切断脊髓，这使其无法活动，导致出血[154]；然而，对美洲驼和牛的研究表明，刺伤通常不会引起动物失去知觉[159,160]。对 20 头被尖刀杀死的美洲驼的观察发现，反复刺穿枕骨大孔是必要的；只用尖刀刺杀后，所有动物都表现出有节奏的呼吸，95％的动物有眼睑反射[159]。由于实施尖刀刺杀法后，动物反应不一致，因此不推荐它作为小型反刍动物或牛的安乐死的可接受方法。

3.3.2.4 新生动物

新生犊牛、羔羊和小山羊：对新生犊牛实施安乐死具有挑战性。可接受的方法包括过量的巴比妥类药物、枪击和系簧枪（非穿透性或穿透性）外加辅助方法来确保动物死亡。不允许对小牛头部手动施加钝性力量，因为它们的头骨比较坚硬，难以达到立即对脑组织造成损伤以引起意识丧失和死亡的效果。因为对小牛、羔羊和小山羊进行操作时所需要的保定程度和定位的复杂性，手动施加钝性力量很难实现，即使可能实现，也较难保证创伤的一致性。因此，也被列为是不可接受的。

对小牛、羔羊和小山羊使用穿透性系簧枪或者专门的非穿透性系簧枪（限制性的钝性创伤），是条件性可接受的。限制性的钝性创伤不同于手动的钝性创伤，因为系簧枪每次射击时，系簧栓上的力量是合适且一致的，对脑组织造成的结构性损伤也更均一。对使用限制性的钝性创伤方法的研究发现[161]，穿透性和非穿透性系簧枪造成的局灶性和弥漫性损伤相似且彻底，这两种方法都可以作为羔羊安乐死的有效方法。基于电生理学的证据[131]，研究人员发现影响有效射击的首要因素是螺栓的冲击力而不是螺栓进入脑组织的穿透性。与此相反，一项研究[162]认定结构性变化是影响呼吸功能和意识丧失的首要因素，包含邻近创道的灶性损伤和大脑、小脑、脑干周边组织的损伤。

使用有一定冲击力的 NPCB 可以给动物造成限制性的钝性创伤，并已确定会导致新生犊牛[154]、羔羊[163]和小山羊[164,165]立即失去知觉。小牛的首选部位与成年牛的部位相似。新生羔羊和新生犊牛的首选射击方法是将 NPCB 的枪口放在头后面的中线上（即耳朵之间）（图 18）[164,165]。在 Sutherland 等[164]的研究中，一个能够提供 27.8J 动力的 NPCB 可被用作安乐死装置。在 Grist 等[163,165]的研究中，研究人员使用了由 1 口径或 1.25 口径子弹驱动的 Shelvoke CASH 手枪（CPK 200）进行了安乐死。

可使用过量的巴比妥类药物进行新生犊牛、羔羊和小山羊的安乐死。在不考虑经济的情况下，这种方法优于物理方法。这种方法的缺点有：保定和进针时动物表现暂时的痛苦，处理动物尸体时的问题（残留问题），巴比妥类药物的使用需要在 DEA 备案，如果超出了说明书以外的应用，需要兽医给药或在其监管下进行。假设能满足所有的这些条件，相比其他方法来说，畜主和旁观者一般能接受该方法。

3.3.2.5 母畜和动物胎儿

有感觉和意识是有疼痛、痛苦或愉悦等感觉的先决条件。两者对动物体验积极的或者消极的状态是必要的。行为学和脑电图的证据表明，哺乳类动物的胎儿在怀孕期的前75％～80％阶段是没有感觉和意识的[23]。当大脑皮层和丘脑之间的神经通路越来越完善时，胎儿逐渐具有感觉的能力。然而，在动物子宫内处于保护的环境中，胎儿依旧保持无意识的状态，这是因为作用于胎儿大脑皮质的8个或者更多的神经抑制因子使胎儿保持像睡觉一样的无意识状态。出生时，神经抑制减少和神经激活出现的联合效应有助于逐渐唤起哺乳类新生动物，使其在出生后几分钟到几个小时内进入有意识的状态[23]。

这些观察表明，动物胎儿不会遭受痛苦，犹如当怀孕动物被安乐死时，溺死在羊水中的胎儿一样；如果在子宫内采用其他侵害性操作，胎儿也可能不会感觉到痛苦。这些研究支持国际动物胎儿操作指南的基本原则，指南建议在脑电图变为零电位差之前不应从子宫中取出胎儿。例如，当动物用物理方法（包括放血）进行安乐死时，出血已经停止后，至少再等5min从子宫内取出胎儿，这样一般可保证缺氧对大脑皮质造成了足够的损害，将会防止动物恢复感觉[166]。如果对胎儿意识状态有任何疑问，应酌情立即用系簧枪或者辅助方法对动物进行安乐死。

胎儿无意识的状态也有助于减轻有些人对福利的担忧，他们担心屠宰母牛后立即从活的胎儿收集组织（尤其是通过心脏穿刺收集胎牛血清）会造成其的过度痛苦。尽管心脏可能继续跳动（这是成功收集胎牛血清的必要条件），但是没有呼吸，它们几乎不可能回到有意识的状态[166]。母体死亡后，阻断胎儿气管或延迟将其从子宫中取出15～20min，可以阻止呼吸[166]。这些问题并非无关紧要，因为实验室研究对胎儿组织的需求很高。2002年的一份报告[167]表明，世界上每年需要胎牛血清的量是500 000L，并且还在不断增长，也就是说这需要每年至少采集1 000 000头胎牛的血液。

这些信息也适用于营救胎儿的情形，如用物理方法安乐死怀孕后期的母牛时，进行这些尝试是为了避免因药物残留而造成复杂的尸体处置问题，如用标准的手术方法进行剖腹产取出胎儿时就可能会发生这种问题。用物理方法致使意识丧失的动物，尽管呼吸已经停止，但是心脏依旧在跳动。因此，如果在胎儿产生不可逆的缺氧效应之前，使用剖腹产可从无意识的母牛腹中营救胎儿。一旦胎儿成功取出，可以采用以前介绍的任何一种辅助方法对母牛进行安乐死。如果尝试营救胎儿，胎儿的福利问题将会有重大风险，明白这一点非常重要。尝试营救胎儿有关的福利问题包括在营救过程中由缺氧造成的大脑功能损伤、由于胎儿发育不成熟导致的呼吸功能和体热产生不完善以及由于被动免疫缺失而导致感染的风险增加[23,168,169]。如果胎儿的价值能证明取出活的胎儿所付出的努力是值得的，那么保证胎儿健康和福利的最佳方法就是用标准的外科手术进行剖腹产。

巴比妥类药物和巴比妥酸衍生物：戊巴比妥容易通过妊娠动物胎盘引起胎儿不适。但是，妊娠动物的死亡一般早于腹中胎儿的死亡。在一项研究[170]中，羔羊的心跳停止发生在母羊死亡长达25min之后。在小鼠中也有类似的观察结果，使用远远高于一般安乐死所需的剂量时胎儿才会死亡。基于这些研究[171]，可以推荐的是与先前使用放血的方法进行安乐死时类似，即胎儿在妊娠动物死亡后在子宫内保留15～20min，以免有存活的胎儿。

3.3.3　猪

对猪常用的安乐死方法有二氧化碳、氩气、氮气、混合气体、枪击、非穿透性或穿透性系簧枪、由兽医给予过量麻醉剂、电击、钝力损伤（仅用于乳猪）。需要根据动物的大小和重量、设施设备的可用性、操作人员对程序的技巧和经验、审美考虑、人员安全和尸体的处理方案等而选择不同情形下的最适方法。某些物理性安乐死方法可能需要辅助方法，如放血、脑脊髓刺毁以确保死亡。此处将对每种方法及其适用对象进行简要介绍。吸入性、非吸入性、物理性安乐死方法的详细信息可参见本书的相应部分。

3.3.3.1 成年母猪、公猪和生长育肥猪

常用于母猪、公猪和生长育肥猪的安乐死方法包括枪击、穿透性系簧枪、电击和过量巴比妥类药物。

物理性安乐死方法需要与动物直接接触，因此需要保定。成年猪最常见的保定方式是使用鼻绳。研究证明，鼻绳保定法伴有不同程度的应激反应[172-179]。为减少鼻绳保定带来的应激，人员对猪进行安乐死时建议提前做好准备（如场地准备、枪支或系簧枪装填），这样可减少动物的保定时间。

3.3.3.1.1 可以接受的方法（非吸入剂）

巴比妥类及巴比妥酸衍生物：成年母猪、公猪和生长育肥猪可以通过静脉注射含巴比妥类药物的安乐死制剂而执行安乐死[180]。推荐剂量为 30kg 以内注射 1mL/5kg，超出 30kg 以上部分注射 1mL/10kg[181]。如果静脉注射达不到推荐致死剂量，此方法可能不会致死。巴比妥类在田间条件下不常用，但也可适用于某些环境。由于这些药物属于管制类药物，必须由在 DEA 备案过的人员使用，标签外的使用需要兽医或在兽医的监督下实施，任何使用和存储此类药物的记录都需严格保存。

许多人认为静脉注射巴比妥类药物的安乐死方法比枪击、系簧枪或电击更容易被人接受。因此，在某些环境下静脉注射巴比妥类比较好。此外，经巴比妥类安乐死的动物的处置方法选择因以下原因而变得复杂：其残留会给食腐动物和其他家畜带来风险，而且动物尸体无害化处理机构可能不接受有巴比妥类残留污染的动物尸体。

3.3.3.1.2 条件性可接受的方法

3.3.3.1.2.1 吸入剂

二氧化碳、氮气、一氧化二氮和氩气：研究过的气体包括：氮气与二氧化碳混合、氩气、氩气与二氧化碳混合、一氧化碳。吸入剂是条件性可接受的安乐死方法，最常用于屠宰场。相较于生长育肥猪、成年母猪和公猪，吸入剂最好应用于 70lb（31.8kg）及以下体重的猪。混合气体（如二氧化碳和氩气、一氧化二氮和二氧化碳）已被证明可以有效地替代单独使用二氧化碳，当二氧化碳浓度高时，长时间暴露可以确保动物在丧失意识之后便死亡。这些方法在保育仔猪安乐死和吸入剂章节中有更详细的描述。

3.3.3.1.2.2 物理方法

枪击：枪击常被用于生长育肥猪和成年猪的安乐死。当正确使用合适的枪支进行安乐死，可导致立即失去意识并迅速死亡。猪的安乐死中，3 个可能的执行部位有：额部、颞部、耳后朝着对侧眼（图 19）。枪击位置是在略高于两眼之间连线的前额中心，应朝着椎管开枪。颞部在耳朵的稍前下方。具体部位可因品种而略有不同[124,182,183]。

因为猪头骨较厚，对成年母猪、公猪和生长育肥猪施行安乐死要求枪口动能达到 400J（300ft-lb）及以上。当选择耳后部位的时候，可使用 0.22 口径装载有实心子弹的枪。冲孔弹和碎裂弹不能用于成年猪的安乐死。室外执行枪击安乐死可减少飞弹的可能，穿过动物的子弹可以在土地表面被找到。可以在近距离使用猎枪，但飞弹的可能性低。对成年猪推荐使用 12、16 或 20 规格的猎枪。枪口不可举得和头骨齐平。如果操作正确，猪会立即倒地，表现出不同程度的强直和阵挛肌肉运动。确认动物已经失去知觉包括观察动物出现以下现象：呼吸停止、翻正反射消失、失声、没有眼睑反射或对有害刺激的反应。应对所有猪进行观察，以确认动物已经死亡。

正确执行的枪击是有效且低成本的安乐死方法。枪支在美国许多地方都是可获取的。使用枪击进行安乐死首要关注的是人员安全。适当的枪支安全和使用训练是必要的，只能由接受过适当训练的人员执行枪击。

穿透性系簧枪：使用维护良好的系簧枪，并根据动物大小选择合适的弹药是生长育肥猪和成年猪的一种条件性可接受的安乐死方法[184,185]。恰当使用穿透性系簧枪需要保定动物，因为此设备必须被稳固地举着抵在额头的固定部位（图19A）。正确施行后，猪立即跌倒在地，呈现无规律的强直和阵挛肌肉运动。通过观察以下现象确认动物已昏迷：节奏性呼吸停止、无翻正反射、无吼叫、无眼睑反射或对有害刺激无反应。所有的猪都需观察是否有这些反应，直至确定死亡。

使用穿透性系簧枪通常会造成死亡，但是并不能够确保死亡，这取决于栓的长度和成年母猪、公猪的额窦深度。因此，如有必要需进行第二步以确保死亡（如再次使用穿透性系簧枪、放血、脑脊髓刺毁）。不同品种猪的头骨形状不同，使确定成年母猪和公猪执行安乐死的最佳部位变得困难[182]。

穿透性系簧枪比枪支要安全。正确使用此方法不仅有效且花费小。然而，重要的是系簧枪必须定期保养（清洗和替换磨损部件）和弹药匣必须恰当存储以保证栓的合适速度。有效的一步安乐死方法要求的栓长度和弹药会因猪的大小和发育程度的不同而不同。使用的栓长度不合适或者装药不足会降低有效性。操作人员必须接受合理使用穿透性系簧枪的培训以保证有效执行安乐死。

电击：电击作为一种单独的安乐死方法可以通过两步法或一步法进行操作[186-195]。电流必须通过大脑以使动物失去意识，然后通过心脏以引起毛皮性颤动和心搏停止。两步法电极先布置在头-头，之后是头-肋，停留合适的时间。对于一步安乐死法，电极可布置在头部和对侧肋部。

仅头部电击会引起癫痫大发作和立即失去知觉，但是并不致死，除非随后进行头-心电击或使用辅助方法确保死亡，如放血[187,196]，否则动物不会死亡。另外，不管是头-心电击还是其他方法，都必须在失去知觉后的15s内进行；否则动物可能恢复知觉。仅头部电击可通过将电极放置在下述3个位置之一而进行：任意一侧的眼睛和耳根之间，任意一侧耳根之下，或一边耳下与对侧眼上的对角线。头-心电击的电极放置在大脑之前的头上（有的用耳根），第二个电极置于对侧心后的身体上，这样可确保电流成对角线地穿过动物的身体。合适的电极位置，110V最小频率60Hz的电流最短施加3s即足以安乐死重达125kg的猪[197]。电击系统必须能够满足最小电流需求，确保头部电击产生无意识和头-心电击产生无意识和心脏肌纤维颤动。

夹钳放置合适的一步法电击是有效的。然而，为确保安乐死安全，需要适当的培训和特殊设备。虽然电击通常用在屠宰场以击昏动物，屠宰场有常规安全防护，但在农场中这种方法不常用，因此在农场中实施电击可能需要采取额外的防护措施以确保人员安全。电流停止后可能出现濒死的呼吸困难，这可能是观察者和执行者不能接受的。

3.3.3.1.3 辅助方法

放血：虽然不适合作为单独的安乐死方法，但如有必要，放血可作为第二个步骤以确保死亡。

脑脊髓刺毁法：虽然不适合作为单独的安乐死方法，但如有必要，脑脊髓刺毁法可作为第二个步骤以确保死亡。

这些方法的更多信息可参考本指南的物理方法部分。

3.3.3.2 保育仔猪（70lb或更小）

保育仔猪可通过使用吸入式气体（CO、

CO_2、N_2O、Ar、N_2）、枪击、穿透性系簧枪、特制非穿透性系簧枪、电击或过量麻醉而实施安乐死。下面有使用二氧化碳和非穿透性系簧枪安乐死仔猪的说明。其他方法的细节请参见本章节稍前的部分或本指南的物理方法部分。

3.3.3.2.1 **可接受的方法**（非吸入剂）

巴比妥类和巴比妥酸衍生物：保育猪可以通过静脉注射含巴比妥类的安乐死制剂而被安乐死。因为这些药物属于管制类药品，必须由在 DEA 备案过的人使用。任何使用和保存这些药物的记录须严格保存。

许多人认为静脉注射麻醉剂的安乐死方法相比于二氧化碳、系簧枪和电击在感官上更容易被人接受。因此，在某些环境下静脉注射巴比妥类比较好。巴比妥类安乐死动物的尸体处置是复杂的，其药物残留会给可能食用部分动物尸体的食腐动物和其他家畜带来风险。

3.3.3.2.2 **条件性可接受的方法**

3.3.3.2.2.1 吸入剂

二氧化碳：二氧化碳、二氧化碳与氮气或氩气的混合气都可成功用于安乐死[198-202]。如使用恰当，吸入二氧化碳是一种有效的安乐死方法。另外，如果没有仔细地控制和监测二氧化碳充气速率，动物可能在失去意识和死亡之前出现窒息。

对小猪实施此程序需要一个与比安乐死小猪的大小和数量相适应的足够大的容器。猪可以通过两种方式暴露于二氧化碳中：一种是将二氧化碳引入容器中逐渐置换其内的气体，二是将动物放入预先充满二氧化碳的环境中。在逐渐填充的方法中，猪被放在封闭的容器中，二氧化碳气流以一定的速度持续充入一定的时间以达到满足安乐死的浓度。在预填充方法中，创建了一个二氧化碳浓度很高的环境，猪被放置在该环境中，继续充入二氧化碳气流以保持有效的安乐死需要的浓度。这两种方法中，正常呼吸的猪都

需在恒定供应 80％～90％ 的二氧化碳中暴露最少 5min 才能达到有效的安乐死[203-212]。

二氧化碳安乐死的优势包括相对便宜的价格、不可燃、无爆炸性和清洁（不流血）。使用二氧化碳的缺点是它需要特殊的设备及其高效安全使用的培训。设备系统必须能够实现一定程度的麻醉而又不导致体温过低。一个适当的减压调节阀和流量计对于产生适合使用的容器大小的置换率是必要的。和其他安乐死方法一样的是施行二氧化碳安乐死后必须证实死亡[182]。

幼龄猪在诱导期出现的应激表现，让人对此方法诱导产生质疑。某些人认为这些动作是动物厌恶的表现。虽然这有可能是在系统不正常的情况下，有证据表明这些反应对无意识状态的猪是正常的[204,209,210]。幼小的或欠缺行为能力的仔猪潮气量低，不会像生育猪一样快速死亡。室内环境的二氧化碳安乐死在成年猪上没有被广泛研究。Meyer 和 Morrow[213] 推荐不管被安乐死猪的大小，至少交换 2.5 倍的室内体积，以满足进气-排气原则。设备和气体必须进行日常监测，以保证总有足够的气体来完成安乐死。二氧化碳气瓶要放在通风的地方，因为过量的气态二氧化碳对人员有危险。

3.3.3.2.2.2 物理方法

非穿透性系簧枪：特制的非穿透性系簧枪可用于小猪的安乐死。击晕栓的冲击会立即导致其失去意识，随后通过辅助方法确保死亡符合安乐死的标准。非穿透性系簧枪在小猪的额骨没有完全发育和硬化之前使用效果良好。

使用正常工作的系簧枪的优点是可以对头骨释放均衡的振荡冲击（相较于钝力击伤），这减少了不能有效击晕和安乐死的可能性，而这在手动施加钝力击伤时常会发生。然而，这种方法需要立即施加辅助方法来确保安乐死[214]。

穿透性系簧枪：在生长育肥猪和成年猪

的安乐死方法中，使用维护良好的穿透性系簧枪并根据动物大小选择适当的弹药是可以接受的[184,185]。正确使用穿透性系簧枪需要对动物进行保定，因为该装置必须牢牢地被顶在前额上（图12）。如果操作正确，猪会立即倒地，表现出不同程度的强直和阵挛肌肉运动，之后需要确认动物已失去知觉，包括观察有节奏的呼吸停止、翻正反射消失、发声消失、眼睑反射或对有害刺激的反应不存在。在确认死亡之前，应对所有猪进行观察，以获取这些反应的证据。有关更多信息，请参考指南成年猪部分。

电击：电击对于3日龄以上的猪是条件性可接受方法[214]。本节的前面和指南物理方法章节提供了细节。

3.3.3.3 乳猪

乳猪安乐死可选的包括：二氧化碳，二氧化碳和氩气或氮气或一氧化二氮的混合气体，一氧化碳，吸入性麻醉剂，特制的非穿透性系簧枪，电击（3日龄以上的猪），过量麻醉，以及钝力击伤。本节讲述巴比妥类、非穿透性系簧枪、手动钝力击伤和二氧化碳的应用。其他安乐死技术的详细使用信息可参见指南相关内容。

3.3.3.3.1 可接受的方法（可注射药剂）

巴比妥类和巴比妥酸衍生物：乳猪可通过静脉注射含巴比妥类的安乐死制剂而被安乐死。由于这些药物属于管制类药品，必须由在DEA备案过的人员管理使用，标签外的使用需要兽医或在兽医的监督下实施。任何使用和存储此类药物的记录都需严格保存。

通过静脉注射麻醉剂的安乐死方法相对于过量二氧化碳吸入、枪击、手动钝力创伤或电击等安乐死方法更让人在视觉上接受。经巴比妥类安乐死的动物尸体处置选择因以下原因而变得复杂：其残留会给可能食用部分动物尸体的食腐动物和其他家畜带来风险。

3.3.3.3.2 条件性可接受的方法

3.3.3.3.2.1 吸入剂

二氧化碳：二氧化碳对小群新生仔猪可能是一种有效的安乐死方法[214]，然而该技术的参数需要优化和公开，以确保一致性和可重复性。

3.3.3.3.2.2 物理方法

非穿透性系簧枪：特制的非穿透性系簧枪可作为仔猪安乐死的有效方法[215-216]。施加在仔猪前额上的剧烈非穿透性震荡冲击可导致意识丧失和死亡。非穿透性系簧枪的作用是通过乳猪和仔猪额骨未完全发育使脑容易受钝力和高速冲击的影响而发挥的。

在合适大小和年龄的猪上应用时，不需要有确保死亡的第二步操作[217,218]。现在进行的研究表明，非穿透性系簧枪（可控钝力击伤）在仔猪上的应用效果是良好的。非穿透性系簧枪可以是气动或使用适当的弹药供能。某些品牌的系簧枪已具有多种功能，提供可适用于不同大小猪的不同枪头（不同长度的栓和穿透性或非穿透性端头）和弹药，使一把枪可以适用于不同的情况。目前的研究表明，如果枪的设计功率足够大，使用的弹药合适，使用非穿透性系簧枪可以有效地进行安乐死[215,216]。

手动钝力击伤：正确实施手动钝力击伤时符合安乐死的定义，即通过迅速失去意识而死亡，而使痛苦最小。与非穿透性系簧枪一致，手动钝力击伤的作用是通过乳猪和仔猪额骨未完全发育使脑容易受钝力和高速冲击的影响而发挥的。这种方法相较于其他方法在视觉上更不容易被接受，但是如果执行恰当，可导致迅速死亡。结果的不确定性往往会造成重复应用或选择其他安乐死方法[216]。美国兽医协会鼓励那些使用手动钝力击伤头部作为安乐死方法的单位积极寻找替代方法，以确保该方法始终符合安乐死标准。

3.3.4　家禽

家禽（驯养用来生产蛋、肉或羽毛的鸟类，如鸡、火鸡、鹌鹑、雉鸡、鸭、鹅）的安乐死方法包括吸入性气体、手动钝力击伤、颈椎脱臼、断头、电击、枪击、系簧枪和注射药剂。适当的情况下，有附加注释以阐述不同鸟类之间的生理差异、环境的变化以及鸟类大小或年龄的不同。

3.3.4.1　可接受的方法（非吸入剂）

过量注射麻醉剂（包括巴比妥类和巴比妥酸衍生物）：家禽可以通过静脉注射过量麻醉剂而被执行安乐死，包括巴比妥类和巴比妥酸盐衍生物。由于这些药物属于管制类药品，必须由已在 DEA 备案过的人员使用，标签外的应用需要由兽医或在兽医监督下执行。使用和储存这些药物的记录需要严格保存。

人们发现执行过量注射麻醉剂比二氧化碳、一氧化碳、系簧枪、手动钝力击伤、颈椎脱位、断头和电击的安乐死方法更容易被接受。因此，某些场所会首选麻醉安乐死。这种方法的一个缺点是巴比妥类注射安乐死的动物的组织可能不适合用作食物和诊断性评估。此外，巴比妥类注射安乐死的动物尸体的处置选择因以下原因而变得复杂，即药物残留给食腐动物、其他可能食用部分动物尸体的家畜和人带来风险。

3.3.4.2　条件性可接受的方法

3.3.4.2.1　吸入剂

吸入气体可有效地用于家禽的安乐死，各类吸入气体的详细信息参见指南的吸入剂部分。使用吸入气体安乐死鸟类的时候，需要检查核实死亡，因为它们可能看起来已经死亡，但是如果暴露时间或气体浓度不足，它们可能会恢复意识。必须使用纯化的气体，无污染物和掺杂物，通常来自于商业化的气缸或气罐。气体分配系统应该能够合理调控以保持所用容器内气体的必要浓度，而容器本身需要足够的气密性以保持合适的气体浓度。

二氧化碳：最常用于家禽安乐死的气体是二氧化碳，它在鸡、火鸡、鸭的应用已被广泛研究，包括行为反应、瘫倒时间、无意识、死亡、失去体感诱发电位、丧失视觉诱发反应，以及脑电图和心电图的变化等信息（见指南的吸入剂部分）。二氧化碳已成功应用于多种家禽的安乐死，包括未孵化的蛋（待破壳的家禽）、孵化场中刚孵出的家禽及成鸟（包括大型商业化蛋鸡群的例行安乐死[219-221]）和农场中用于研究而精选出的育种的鸟类。因为新生雏鸟对于高浓度的二氧化碳更耐受（孵化环境常含有较多的二氧化碳），刚破壳的和新孵化的雏鸡快速安乐死需要的二氧化碳浓度比同品种的成年鸡要高得多（高达 80%～90%）。一项研究表明[222]，孵化雏鸡应暴露在二氧化碳浓度为 75% 或更高的水平下 5min，才能确保安乐死。

二氧化碳可引起鸟类的不自主（无意识）活动，如拍打翅膀或其他终末动作，这些动作可损坏组织并引起观察者的不安[223,224]。缓慢诱导的高碳酸血症所致的安乐死可减少丧失意识后剧烈抽搐[225,226]。死亡时间因动物品种和密闭容器中的二氧化碳浓度不同而不同，一般几分钟内即可死亡。

一氧化碳：一氧化碳也可用于家禽安乐死。一氧化碳安乐死比使用二氧化碳会引起更多抽搐[227]。将鸟类放到容器中后，一氧化碳流速应足够，以迅速达到至少 6% 的均匀浓度（见吸入剂部分）。只能使用纯的、商业化的一氧化碳。不允许直接使用燃烧或升华的产物，因为其不可靠或有不合要求的成分和（或）充气速度。一氧化碳结合血红蛋白具有累积效应，因此必须采取适当的防范措施保障人员安全。考虑到对操作人员带来的风险，不推荐一氧化碳用于大多数的商业场景。

氮气或氩气：如果残余氧气水平能被降

低并保持在足够低的水平（如 2%～3%），氮气或氩气单独使用，或混合大约 30%二氧化碳的混合气体可作为家禽安乐死的条件性可接受方法[228-230]。与二氧化碳相比，这些药剂常常引起更多的抽搐（如拍打翅膀）（见吸入剂部分）[225,231]。也注意到抽搐可能在动物还有意识时就开始，至少在一定程度上有这种可能性[232,233]。

降低大气压力：已经证明，通过在室内抽真空来降低大气压力，可以对雏鸡和成熟家禽实施安乐死，其原理与使用惰性气体（如 N_2 或 Ar）的缺氧原理类似[222,234]。失去正常姿势（即失去意识后）后的痉挛强度与缺氧方法类似。这种方法通常被称为 LAPS（低气压）。

3.3.4.2.2 物理方法

下面的方法对家禽来说是条件性可接受的安乐死方法。选择安乐死方法时应考虑鸟类福利、人员安全、人员的技巧和培训、设备的可用性、充分保定鸟类的能力。

颈椎脱臼法：对清醒家禽使用颈椎脱臼法时，必须使颈椎脱臼而又不使椎骨和脊髓破碎。手动或机械式颈椎脱臼可用于适当大小和品种的家禽，要由有能力正确应用这种技术的人员操作。有证据表明在某些家禽种类中颈椎脱臼法并不能立即导致意识丧失[235-238]。应抓住鸟腿（或抓住翅根），通过拉头来拉伸颈部，并同时对头骨施加一个腹背的旋转力。破碎颈椎和脊髓是不可接受的，除非鸟已经失去意识了[239]。

断头：当由有能力的人员操作时，断头可作为家禽的条件性可接受的安乐死方法。断头应使用锐利的工具执行，以保证快速地切断头颈。

手动钝力击伤：手动钝力击伤头部可作为火鸡或肉鸡种禽的条件性可接受的安乐死方法，它们太大而不能使用颈椎脱臼法[240,241]。手动钝力击伤必须由有能力的人员正确实施。在体重高达 16kg（35.2lb）的肉鸡和火鸡上操作时，需要由一个足够强大的撞击作用于头部额顶区导致听觉诱发电位的丧失[241]。操作人员的疲劳会造成实施的不一致，致使人们担心这种方法不能用于大量鸟类的人道处死。因此，美国兽医协会鼓励采用手动钝力击伤作为安乐死方法的单位寻求替代方法。

电击：电击对单只鸟来说是条件性可接受的安乐死方法。遭受电击的鸟类需要观察以确认是否死亡，或电击后立即使用辅助方法，如放血和颈椎脱臼，以确保死亡。很小比例的鸟类即使暴露于高电流下也不会产生心室肌纤维性颤动。

枪击：当捕获或保定可能给动物带来高度应激或危及到人员安全时，枪击可作为自由放养的家禽和平胸类鸟的条件性可接受的安乐死方法。对可以保定的圈养家禽不推荐使用枪击。

穿透性和非穿透性系簧枪：系簧枪（穿透性或非穿透性）可作为大型家禽（火鸡、肉种鸡、平胸类鸟、水禽等）的条件性可接受安乐死方法，但需由有能力的人员执行（图 20 至图 22）。系簧枪必须根据物种和鸟类大小进行适当设计和配置，提供足够的冲击能量，并被正确使用。按照制造商的推荐使用，并且需要适当保定鸟类以避免人员受伤。系簧枪施用后需要观察鸟类以确认死亡。任何表现出复苏迹象的鸟都必须接受第二次射击或使用其他可用于清醒鸟类的方法杀死。应适当限制鸟类，以避免人员受伤[135,239,241-243]。

3.3.4.3 辅助方法

氯化钾或硫酸镁：虽然给清醒的鸟类静脉或心内注射氯化钾或硫酸镁作为安乐死的方法是不被接受的，但是这些方法用以确保已全麻或无意识的鸟类死亡是可以接受的。

放血法：虽然给清醒的鸟放血作为安乐

死方法是不被接受的，但是放血用于确保已全麻或无意识的鸟类死亡是可以接受的。出于疾病控制的目的，在放血过程中和过程后应该遵守生物安全注意事项。

3.3.4.4 胚胎和新生动物

除了先前提到的吸入性方法外，以下的方法也可作为胚胎和新生家禽的条件性可接受的安乐死方法。

鸡胚或80%孵化前的胚胎可以通过持续暴露在二氧化碳（20min）、冷却（40 ℉，4h）或冷冻的方式处理[95]。某些情况下可以通过位于蛋较大的一端的气室给予吸入麻醉药，可使禽胚终止发育[244]。已经破壳的胚胎可以实施断头安乐死。

粉碎解离，通过使用特殊设计的带有旋转刀片或突起的机械设备，可立即破碎并致死新孵化的家禽和鸡胚[221]。美国禽病理学协会[245]的一份关于使用市售粉碎机对雏鸡、幼禽和刚破壳的雏鸟进行安乐死的评论表明，粉碎机可使3日龄的家禽立即死亡，其疼痛和痛苦最小。对3日龄以下的家禽，粉碎解离是二氧化碳安乐死的一种替代方法。粉碎解离和颈椎脱臼、挤压颅骨的致死时间相同，动物科学学会联合会[246]、加拿大农业部[247]、世界动物卫生组织[136]和欧盟理事会[248]都认定其为新孵化家禽的一种可接受的安乐死方法。

粉碎解离需要良好运转状态的特殊设备。刚孵化的家禽必须以一定的速率和方式传送到粉碎机内，防止积压在粉碎机入口处，避免在被粉碎之前受伤、窒息或遭受本可避免的痛苦。

3.4 马科动物

当一种条件性可接收安乐死方法的所有条件都满足要求时，则其等同于可接受的方法。

3.4.1 一般注意事项

3.4.1.1 人员安全

大多数安乐死的方法不会让马科动物遭受疼痛或痛苦，但在其倒下之后会导致不同程度的肌肉过度活动。因此，对马科动物实施安乐死时，应考虑到其倒下或强烈扭动时所带来的不可预测性。无论采用何种安乐死方法，都不应将工作人员置于不确定的风险中。

3.4.1.2 尸体处理

用戊巴比妥安乐死的马科动物，必须采用以下方法及时处理尸体：农场掩埋、焚烧或火化、直接运送至固体垃圾填埋场或生物消化等方法。这有助于防止其他野生动物和家畜暴露于有潜在毒性的巴比妥类残留药物环境中。残留物的处理必须符合美国联邦、州和地方法规。

3.4.2 方法

3.4.2.1 可接受的方法（非吸入剂）

巴比妥类或巴比妥酸衍生物-戊巴比妥或戊巴比妥与其他药物联合用药，是对马科动物采取化学方法实施安乐死的首选。由于需注射大剂量的药物，故放置颈静脉导管有利于此操作。为了对易兴奋或易怒的马科动物实施导管插入术，可使用如乙酰丙嗪或 α_2-肾上腺素受体拮抗剂类的镇定剂。但因为这些药物对循环系统会有影响，故可能会延长意识丧失时间，并导致不同程度的肌肉活动和痛苦喘息。阿片样受体激动剂或激动剂-拮抗剂与 α_2-肾上腺素受体激动剂联合使用，可进一步辅助动物保定。

3.4.2.2 条件性可接受的方法（物理方法）

穿透性系簧枪和枪击法被认为是条件性可接受的马科动物安乐死方法。这两种方法都应由受过良好训练的人员来完成。这些人员应定期参加考核，确保其工作的熟练程度。所使用的枪支必须得到良好的维护。在使用穿透性系簧枪时，动物需要适当的保定，并要特别注意保护操作人员不被子弹反弹伤害。

图 23 描述了穿透性系簧枪和枪击法射入的正确解剖部位[249]。子弹射入的位置是从外眼角到对侧耳朵根部两条对角线的交叉点。

3.4.2.3　辅助方法

近来，油脂提炼工厂和垃圾填埋场拒绝处理使用戊巴比妥安乐死的马尸体。因此，应考虑使用辅助的其他方法。通过甲苯噻嗪-氯胺酮对马进行麻醉后，可以采取以下任何一种操作来实施安乐死：①静脉或心内注射氯化钾饱和溶液；②静脉注射硫酸镁饱和溶液；③鞘内注射 60mL 2% 利多卡因[250]。在手术麻醉深度期引发的心脏骤停和死亡是可接受的安乐死方法。

对麻醉后的马进行鞘内注射 2% 盐酸利多卡因可导致呼吸丧失、大脑皮质活动丧失、脑干功能丧失和心血管活动丧失，鞘内注射利多卡因后 3.38min 内大脑皮质活动丧失[214]。在所有大脑活动都已停止之后，心音可持续长达 10min，ECG 活动持续长达 21min。通过鞘内利多卡因给药实施安乐死，在马组织中含有的药物残留，被认为远远低于对食腐动物造成危害的预期浓度[213]。

3.4.2.4　不可接受的方法

水合氯醛：水合氯醛具有即时的镇静作用，除非和其他麻醉剂联合使用，否则麻醉会发生延迟。水合氯醛的不良影响非常严重并且会引起操作者感官不适，同时水合氯醛是限制供应的。由于这些原因，用水合氯醛对马科动物安乐死是不可接受的。

3.4.3　特殊情况和例外

紧急情况下，如对在赛马或马术比赛中受到严重外伤的马科动物实施安乐死时，可能很难给危险的马科动物进行静脉

注射。有时，在镇静剂起作用前马科动物会伤害到自己或旁观者，因此需根据情况使用镇静剂。在这种情况下，可给予动物肌内注射或静脉注射神经肌肉阻断剂（如琥珀酰胺碱），动物被控制后，尽快通过适当的方法实施安乐死。但是单独使用琥珀酰胺碱或未实施充分的麻醉是不可接受的安乐死方法。

3.5　禽类

当一种方法的应用满足所有标准要求时，则该条件性可接受方法等同于可接受的方法。

3.5.1　一般注意事项

以下意见和建议涵盖内容涉及宠物、鸟类饲养场、猎鹰、比赛、科研和动物园等鸟类。适用于野生鸟类的安乐死方法的信息参见指南捕获和自由散养的动物部分，而家禽和其他用于肉食鸟类的安乐死方法可以在食用动物部分找到。

关于鸟个体或小群鸟类的安乐死可在科技文献中找到部分同行评审的报告。这些信息包括书中的描述、协会的指南、圆桌讨论和社论等[224,251-256]①。有科学研究[233,235,238,257-259]比较了不同市售家禽的扑杀方法，但这些方法可能不满足安乐死的标准；也可能不适用于鸟个体或小群鸟类。

该物种包括 8 000 多个种群，选择特定鸟类的安乐死方法在很大程度上取决于其种类、体型大小、解剖和生理特点、环境、驯化程度、临床状态和预期及实际对保定的反应。执行安乐死的人员应熟悉被安乐死物种

---

① Channon HA，Walker PJ，Kerr MG，et al. Using a gas mixture of nitrous oxide and carbon dioxide during stunning provides only small improvements to pig welfare（abstr），in Proceedings. 10th Bienn Conf Australas Pig Sci Assoc 2005；13.

的特点；能够辨识禽类应激反应的行为学指标；并能运用其知识和经验来选择保定和安乐死方法，以最大限度减少动物的痛苦并迅速使动物死亡。濒危物种或迁徙物种还须遵守适用法律的规定。

3.5.1.1　解剖学和生理学

鸟类在解剖学和生理学上不同于哺乳动物，这些差异会影响到特定安乐死方法是否可被接受及如何实施。因为鸟类没有隔膜，没有单独的胸腔和腹腔，即只有一个体腔。当进行体腔内注射时，须注意不要注入气囊中，这可能导致鸟类溺水或刺激性物质吸入呼吸系统。气囊作为鸟类的风箱对小的、未扩张的肺部起到通气作用[260]。因没有隔膜，故鸟类只能通过胸骨腹侧和颅侧的运动来呼吸[261]。鸟类还有中空的、有气腔的骨骼，如肱骨和股骨，直接与呼吸系统相通。故安乐死前用药和安乐死用药不应通过骨内途径进入肱骨或股骨，这会刺激呼吸系统并造成鸟类溺死。不过，鸟类可安全放置骨内导管，最好插入尺骨远端或胫骨近端。

和哺乳动物相比，鸟类的呼吸系统因其独特的单向气流通过肺部（防止吸入空气和呼出空气相混合），有更大的容积处理空气；这使气体交换更有效及有更大的氧气交换的表面积［和最小的哺乳动物肺泡（$35\mu m$）相比，有更多、更小的毛细血管（$3\mu m$）][261]。因为这些用于气体交换的大体腔，对于吸入的有毒物质，鸟类比哺乳动物更敏感，例如，众所周知，在煤矿倒塌时，金丝雀能比人类更早对空气中的甲烷产生反应[262]。

3.5.1.2　保定

对许多鸟类来说，在给予安乐死前用药或安乐死药物时实施人工保定是可行的。对于未适应与人类接触的鸟类（如动物园的鸟类、野生鸟类），使用网或其他设备进行保定，可改善鸟和人的体验。对于体型较大的物种，如平胸类鸟，则需要多人配合以保证安全；另外，在紧急情况下至少有一名额外

人员以提供帮助。在某些情况下，特别是操作可能造成危险的鸟类时，仅采取人工保定可能会威胁人员安全，此时化学保定方法可能更适用。给予高剂量的化学保定药物可以作为两步安乐死的第一步。

3.5.2　方法

在临床或研究中，对于单只鸟，建议在静脉注射可接受的安乐死药物（如戊巴比妥钠）之前，先吸入呼吸麻醉剂（如异氟烷、七氟烷和氟烷）使动物处于无意识状态。后续采取可接受方法或条件性可接受方法需根据禽类具体情况确定。各种关于安乐死药物和方法的更详细的、非物种特异性的信息，可参考吸入剂、非吸入剂和物理方法部分。

3.5.2.1　可接受的方法（非吸入剂）

在不引起动物恐惧和痛苦的情况下，最快和最可靠的鸟类安乐死方法是静脉注射安乐死试剂。野生、胆小或易兴奋的鸟类需在静脉注射前实施镇静或麻醉。当不能进行静脉注射时，只有当鸟类处于无意识或被麻醉状态下，才可通过体腔内、心脏内或骨内途径给予可注射的安乐死药物。如通过体腔途径注射，必须避免药物注射到气囊内，因为这会造成呼吸系统受刺激、药物通过气囊延缓吸收及动物呼吸困难等潜在风险。安乐死药物不能通过骨内途径注射到肱骨或股骨中，因为这可能会刺激呼吸系统或造成鸟类溺死。无论何种给药途径，注射试剂都会在组织中形成残留，引起尸检中组织病理学检查的假象[224,254,263]。对已麻醉或未麻醉但已被适当保定的鸟类进行安乐死时，可静脉注射巴比妥类和巴比妥酸衍生物。巴比妥类药物是常用的钠盐类注射液，呈碱性，直接注射到组织中会引起刺激反应并造成动物痛苦，静脉注射则不会出现这样的现象。不能静脉注射时，只有当鸟类处于无意识或被麻醉状态下，才可通过体腔内、心脏内或骨内

途径给予可注射的安乐死试剂。巴比妥类药物用于哺乳动物的内容，一般也适用于鸟类。更多信息可参考非吸入剂部分。

3.5.2.2 条件性可接受的方法

3.5.2.2.1 吸入剂

吸入性麻醉剂：可单独使用高浓度的吸入性麻醉剂作为安乐死方法，或在应用其他安乐死方法之前使用吸入性麻醉剂使鸟类处于昏迷状态[244,252]。吸入高浓度的麻醉药（如含有或不含有一氧化二氮的氟烷、异氟烷、七氟烷）是鸟类条件性可接受的安乐死方法。鸟类吸入高浓度的麻醉气体会迅速失去知觉。如果大量的鸟类（如一群或鸟类饲养场中）需要安乐死时，吸入气体的安乐死方法比注射试剂方法更实用。实施气体麻醉剂安乐死时，对动物组织的损伤最小，且极少在尸检中出现组织病理学假象[224,254]。

二氧化碳：高浓度的二氧化碳（>40%）最初通过意识丧失诱导麻醉。个别鸟类或小群鸟类通过吸入二氧化碳进行安乐死[252]。对鸡、火鸡和鸭使用二氧化碳安乐死时，关于衰竭、无意识、死亡时间、躯体诱发电位丧失、视觉诱发反应丧失、心脑电图信息改变等情况已得到广泛的研究[257-259,264]。二氧化碳所占比例需根据具体情况进行平衡。迅速增加二氧化碳浓度能减少丧失正常体位和失去意识的时间；而缓慢增加二氧化碳浓度可能会减少应激反应，但会增加二氧化碳吸入的时间。在肉鸡中使用二氧化碳安乐死的方法，其应激和痛苦水平近似于常规的处理方法[265]，而且与其他安乐死处理或保定时产生的应激和痛苦类似[259]。最近一项研究表明，大多数火鸡会自愿进入到充满氩气（90%）或混有氩气（60%）和二氧化碳（30%）的饲养室中，而只有50%的火鸡会自愿进入只混有高浓度的二氧化碳（72%）的饲养室中，可以认为当二氧化碳浓度达到72%时，火鸡会产生厌恶反应[266]。需要更多的研究来更好地了解火鸡对不同浓度气体

的厌恶原因（如是否是剂量或品种特异性及试剂的可用性）。

前面吸入剂章节里所描述的哺乳动物的二氧化碳麻醉内容，一般也适用于鸟类。二氧化碳可引起鸟类无意识的活动，如振动翅膀，这会损害动物组织并引起不安，对观察者也具有潜在危险[223,224]。

使用二氧化碳安乐死鸟类时有一些特殊的注意事项。新生鸟类可能更适应高浓度二氧化碳，因为鸟类在未孵化时环境中通常具有较高浓度的二氧化碳（如鸡胚胎中高达14%）。因此，对新孵化的雏鸟进行安乐死时，二氧化碳浓度需要高于同种类的成年鸡（高达80%～90%）[244,259]。潜水鸟类对于高碳酸血症有生理适应性，故可能需要更高的二氧化碳浓度进行安乐死。

一氧化碳：用于哺乳动物安乐死的方法，也适用于鸟类。详细信息见吸入剂部分。

氮气和氩气：惰性气体（如氮气和氩气），以及这些气体的混合气体（包括二氧化碳混合物），已被用于家禽的安乐死[267]，但是伴侣鸟类的安乐死不推荐使用。

对肉鸡短时间（10s）吸入100%氩气、100%氩气或混合气体（80%氩气与20%氮气、80%氮气与20%氩气）的行为反应进行观察。观察到动物表现出正常的行为未见厌恶反应[268]。鸟类似乎缺乏氮气和氩气的肺内化学感受器，因此当最初吸入这些气体和缺氧时无厌恶反应[267]。作为安乐死试剂，氩气和<2%氧气的混合气体能诱导鸟类快速丧失正常体位（平均11s）、惊厥（平均22s）、无意识和死亡（1min内出现等电位脑电图）[269]。吸入这些惰性气体时可引起惊厥，但因为这些现象发生在丧失正常体位和失去意识之后，因此对于鸟类来说是人道的。[267]

3.5.2.2.2 物理方法

在某些情况中，如其他的安乐死方法不

切实际或不可能实现，就有必要使用物理的安乐死方法。但关于不同物理方法对鸟类脑电活动影响的科学资料太少，增加了评价其人道与否的难度。

颈部脱臼法：在无其他方法可应用时，颈部脱臼法一般被用于小型鸟类（<200g）。但该方法也曾用于重达2.3kg的鸟类。这个过程须由受过良好训练的人员操作，人员要定期考核以确保技术熟练。技术熟练人员要人道地实施家禽的颈部脱臼。针对鸟类实施颈部脱臼后脑电活动的研究是有限的。与使用震动系簧枪相比，鸡（平均重2.3kg）的颈部脱臼法在90%的情况下都不会引起视觉诱发反应丧失，说明10%以下的颈部脱臼法可引起脑震荡[238]。与非穿透性系簧枪和钝力外伤相比，颈部脱臼对3周龄的火鸡（平均重1.6kg）进行颈部脱臼，可使其知觉丧失的时间延长（根据瞬膜运动），但死亡时间（根据停止运动）变短[235]。动物是否感觉到疼痛尚不可知。意识和疼痛的感知不一定同时发生。

断头法：根据目前掌握的信息来看，断头法是小型鸟类条件性可接受的安乐死方法（<200g）。在美国动物园兽医协会（American Association of Zoo Veterinarians，AAZV）指南中，非驯养动物[244]的安乐死方法中也将断头法列为条件性可接受的安乐死方法。有明确证据表明，在特定的情况下，断头法要优于颈部脱臼法。一项究表明[270]，与使用震动系簧枪相比，针对鸡（2.1~3.5kg）的几种部分或机械断头法，90%的情况下未引起视觉诱发反应丧失，因此得出结论是10%以下的颈部脱臼法可引起脑震荡。另有研究表明，鸡在麻醉后实施断头法可引起其30s以上的视觉诱发反应，但因为此时鸡处于麻醉状态，故不能得出任何与认知相关的结论[95,270,271]。如前所述（见指南中意识和无意识部分），无应答行为和无波动的脑电信号，在某种程度上说明意识已丧失；然而脑电波数据不能为无意识状态的开始提供一个准确的答案。

枪击法：在可实施保定的情况下，不推荐枪击法作为捕获鸟类的安乐死方法。适合野生鸟类的安乐死方法的信息可参考指南中被捕获和自由放养的非驯养动物部分。

3.5.2.3 辅助方法

氯化钾：对有意识的未麻醉的鸟类给予氯化钾被认为是不可接受的安乐死方法。但如鸟类在注射之前已失去意识或已完全麻醉，可通过静脉注射或心脏内注射氯化钾实施安乐死。

放血法：对有意识未麻醉的鸟类实施放血法是不可接受的安乐死方法，但如果血样用于诊断或研究，该方法可用于已丧失意识或麻醉鸟类的安乐死。

胸部压迫法：对有意识未麻醉的鸟类实施胸廓压迫是不可接受的安乐死方法，但它可能被用作无意识动物安乐死时的辅助方法。

3.5.2.4 不可接受的方法

胸部（心肺或心脏）压迫法是生物学家在野外使用的一种终止野生小型哺乳动物和鸟类生命的方法[272]。虽然胸部压迫法在户外被广泛应用，但没有对动物痛苦程度的评价和丧失意识或死亡所需时间相关的数据来支持该方法[273]。鉴于目前对小型哺乳动物和鸟类生理学的了解，胸部压迫在动物丧失意识之前不会导致疼痛或痛苦，这一点不能确定。因此，对于未麻醉或未丧失意识的动物，胸廓压迫是一种不可接受的安乐死方法。但可作为丧失意识的动物安乐死的辅助方法。

3.5.3 卵、胚胎和新生动物

80%以上孵化期的鸟类胚胎表现出持续的EEG活动，振幅增加表明有意识的胚胎可能存在疼痛感知；因此，应采用与新生鸟类类似的方法对其进行安乐死，如使用过量的麻醉剂、断头或长时间（>20min）暴露于二氧化碳中。80%以下孵化期的鸡胚可通过长时间（>20min）暴露在二氧化碳[274]环境中、冷却（<4℃持续4h）或冰冻来实施安乐死。随着研究的持续发展，且发育过程中存在种间差异性，因此对鸡胚的安乐死应基于现有的可靠数据，应尽可能确保不会发生有意识的痛苦。

3.6 鱼类和水生无脊椎动物

3.6.1 一般注意事项

鱼类和水生无脊椎动物不仅可用于食品、作为宠物和科学研究对象以及观赏性动物等，而且是健康生态系统的重要组成部分。无论用于以上哪种用途，动物的死亡是无法避免的。越来越多的证据显示，这些物种对疼痛可能是非常敏感的[275-287]。其主要目的是应尽可能减少疼痛和痛苦并快速使其死亡。对于有鳍鱼类和水生无脊椎动物来说，环境所扮演的功能性角色不同，而且我们对于变温动物（低等脊椎动物和无脊椎动物）的进化过程和社会形态了解得不多，因此很难确定安乐死的适当标准。

3.6.1.1 结束动物生命的用词

对于鱼类，描述生命终结的3个主要术语是安乐死、屠宰和人道宰杀。对于这些术语及相关方法的区别，人们常常感到困惑。需注意的是，指南中描述的方法仅供兽医和相关专业人员在需要将动物安乐死时参考，而不是用于指导屠宰、扑杀或其他宰杀的方法。屠宰和扑杀等内容应该参考《美国兽医协会动物人道屠宰指南》[156]和《美国兽医协会动物群体扑杀指南》[288]。"收获"一词具体指收割作物的行为或过程，以及水产养殖和商业捕捞；然而，"收获"也可用来描述钓鱼者从水中获取鱼。至于被捕获的鱼类是被"屠宰"还是"人道宰杀"，则需根据实际目的和情况而定[289-292]。但请注意，强

调无脊椎动物的安乐死，并不意味着忽视宰杀或害虫防治技术的必要性和适用性，这些技术不符合安乐死的定义。

3.6.1.2 关于人和动物因素的考量

由于鱼类和水生无脊椎动物的生理学和解剖特征的多样性，安乐死的最佳方法也会有所不同。具体选择哪种安乐死方式，要综合考虑动物本身的应激反应、实施者的人身安全，以及该种动物的代谢、呼吸和脑组织对缺氧的耐受程度。几乎所有的方法都要求对人员进行认真的培训和考核（尽管有个别安乐死操作人员的实施效果较逊色），有些方法要求在DEA注册和备案，受EPA监管的化学药品只能根据标签合法使用。将鱼类或水生无脊椎动物浸泡在适当的安乐死溶液中通常比使用注射方式安乐死更容易。脑内注射具有损伤器官的风险，反应时间可能会有所不同。静脉注射需要小心抓取动物并须由经过培训和经验丰富的人员操作。肌内注射氯胺酮、α_2-肾上腺素受体激动剂或舒泰（Telazol）① 可通过吹管针或飞镖枪注射较大的鱼类，该方法便于操作并能有效减少动物应激，但对硬骨有鳍鱼类难以达到外科手术水平的麻醉。无论何种情况，实施者都应咨询兽医和有经验人士的意见以确定该种情况下安乐死的最佳方案。此外，与鸟类和哺乳动物相比，鱼类或水生无脊椎动物是否已经真正死亡更加难以判断。有参考资料描述了鱼类安乐死的独特方面[293,294]。

3.6.1.3 准备工作和环境

原则上说，鱼类安乐死的准备工作和麻醉准备非常相似[295-297]。如有可能，动物应在安乐死前12～24h内禁食，以减少反胃、排便及含氮废物。其饲养环境应尽量保持安静、尽可能减少环境改变带来的刺激。在保证实施者视野清晰的情况下，尽可能减少光

① Telazol，Fort Dodge Animal Health，Overland Park，Kan.

照。可通过用深色或半透明的饲养容器、顶盖或采用弱光源照明来实现（如采用在水中穿透性较差的红光来照明）。

安乐死过程最好采用鱼类原生长环境中的水或根据具体情况优化过的水。如果水质符合鱼类健康的要求，则可以使用在室内群养或当初被捕捉时所处水域的水，必要时额外给氧并调节温度。为最大程度减少应激反应，既可提前准备安乐死环境，再将鱼转入，亦可向鱼所处的饲养环境直接注入高浓度的安乐死药物（必要时可加缓冲液）。如安乐死大批鱼群，则需要格外注意水质参数（温度、溶氧、有机物浓度等）。如有必要，每隔一段时间可能需要补充或更换安乐死试剂。若对较大数量的未知物种进行安乐死，则需预先用个体或小样本进行试验[298]。如需要抓取动物，可根据实际情况采用某些设备如渔网和手套，以尽可能减少动物应激。

3.6.1.4 鱼类和水生无脊椎动物死亡的指征

因为成千上万的鱼类和水生无脊椎动物品种的生理学和解剖学特点各异，有些物种并没有确定的死亡指征。但对于常见品种却有一些通用指征，如停止游动、对外界刺激失去反应、肌肉松弛等（在尸体僵硬之前）。还有一些更有用的指征包括呼吸停止（鳃规律性活动停止）、10min 以上不见眼球运动等（前庭眼反射）。但后者不适用于被深度麻醉或已安乐死的鱼类[299]。需要注意鱼类脑死亡或心脏从身体取出后，其心脏仍然可能跳动[300]。因此，心跳并非是可靠的判定其死亡的指征，但心脏已长时间停止跳动则是死亡的有力指征。对于本身就不太活跃或本身的解剖学或生理学特性使上述指征并不适用的品种，评估和判断起来就更困难。需向精通这些品种的专业人士咨询。在适当的情况下，在对鱼类或水生无脊椎动物进行麻醉后，建议使用第二种安乐死方法以确保动物死亡。

3.6.1.5 安乐死后动物尸体的处理

依据美国联邦、州或者地方法规，安乐死的鱼类和水生无脊椎动物的尸体需尽快从水体中移除，以减少传染性疾病在水体中传播的风险，避免害虫和其他物种食用动物尸体，以保证人和环境的安全。避免污染任何一个适合鱼类繁衍和生存的封闭水体是执行过程中需绝对遵循的原则。

3.6.1.6 供人类食用的有鳍鱼类和水生无脊椎动物

如前文所述，处死作为人类食物的动物（如农业屠宰、商业捕鱼）一般用"屠宰"进行描述，该指南并不适用于这种情况。然而，当对食品动物进行安乐死时，使用的药物和其他化合物会在组织中残留，因此，很多方法是不可接受的。除非这些药物/方法经过 FDA 审批。使用任何未经审批的化合物进行安乐死的动物，不允许以任何形式进入食品生产供应链，不管是以处理过的鱼粉形式还是直接消费产品[290]。也就是说，目前 FDA 还没有批准任何作为鱼类或水生无脊椎动物安乐死的药物。二氧化碳是一种可以避免不可接受的残留物的低监管级别的药物[301]，但它也并未被 FDA 批准可以用于安乐死水生动物。在一定前提下可用的物理方法包括头部钝力外伤法、断头法和脑脊髓刺毁法。关于屠宰方法的更多信息，请参考《美国兽医协会动物人道屠宰指南》[156]。

3.6.2 有鳍鱼类

常规的有鳍鱼类安乐死方法包括非吸入式方法（浸泡和注射）和物理方法。因为有鳍鱼类和陆生动物在解剖学上的差异（主要呼吸器官的不同决定了呼吸方式的不同），本文中提及的向有鳍鱼类环境（如水）中加入药物的方法被归为非吸入式方法。

有鳍鱼类安乐死的方法包括"一步法"和"两步法"。考虑到该方法的特点及实施安乐死的环境，每种方法都分为可接受、条件性可接受和不可接受 3 个类别。实施安乐死的环境包括私人兽医诊所（如动物被定义为宠物或观赏性动物时）、观赏性（水族馆）鱼类批发或零售点、研究性机构、户外渔场。可接受的安乐死方法须满足对安乐死的具体要求；条件性可接受的安乐死方法需满足既定的条件；不可接受的安乐死方法根本不适合实施安乐死的条件要求。因为鱼类的生理学和解剖学特点与鸟类和哺乳动物有明显差别，故其安乐死技术的分类也有较大不同。

3.6.2.1 非吸入剂

（1）浸泡法（一步法）是将鱼类放在过量麻醉剂溶液里，是常用的方法之一[298,302-304]。一些物种对特定的麻醉剂表现出厌恶反应，而其他物种则没有[305,306]。通过偏好和回避测试，目前用于安乐死的许多麻醉药品都已被确定使动物有不同的厌恶反应。尽管某些证据显示鱼类会对麻醉浸泡感到痛苦和厌恶，但此方法仍在继续使用，是因为使用该方法的好处超过了它可能引起的痛苦和厌恶，这与动物使用吸入性安乐死试剂类似。鳃停止运动后，应保证鱼在麻醉剂溶液中至少再停留 30min[251,298,302]。最近一项研究[307]表明，在一步法浸泡技术中使用 MS 222 溶液不足以对耐缺氧的金鱼（Carassius auratus）实施安乐死。这项研究表明，耐缺氧物种的安乐死可能需要两步方法：第一步，通过浸泡使鱼失去知觉；第二步，采用辅助方法完成安乐死（如断头、钉头或冷冻）。可选择的浸泡剂包括：

①含缓冲剂的苯佐卡因或者盐酸苯佐卡因。溶液浓度须达到 250mg/L 并在缓冲液中配制[304]。

②二氧化碳：二氧化碳的饱和水溶液会在数分钟之内使鱼失去知觉[251,298]。某些品种的鱼可能在失去知觉以前变得异常活跃[302]。这与二氧化碳的纯度和浓度关系很大，必须使用如二氧化碳气瓶这样能稳定控制流量的设备。实施过程中需注意避免操作人员直接接触二氧化碳（如在通风良好的环境中实施）。

③乙醇：乙醇是有鳍鱼类安乐死可接受的替代方法[308]。已经有研究表明，乙醇对鱼类中枢神经系统有抑制作用[309]。在研究斑马鱼行为及分子反应的模型中，通常在每升水中加入 10～30mL 95％的乙醇并将斑马鱼浸泡于该溶液中[310-312]。在该剂量下乙醇导致动物被麻醉，延长麻醉时间使动物因缺氧而窒息死亡。注意此方法不等同于将鱼直接浸入 70％的乙醇溶液，后者是不可接受的安乐死方法。

④丁香酚、异丁香酚和丁香油：该方法需使用标准化的、已知浓度的精油以保证剂量准确。需根据有鳍鱼类品种及其他参考因素决定用何种浓度的试剂使之麻醉，一些品种仅需 17mg/L 即可达到效果，达到安乐死则需要更高浓度（麻醉剂量上限的 10 倍）[298,313-315]，原因是这些油剂不易溶于水。通过注射器和细针将溶液注入用于安乐死的容器内液面以下，有助于确保溶液在水中扩散。当鳃停止运动后，应确保鱼在麻醉溶液中至少再停留 10min。根据国家毒理学研究计划，这些化合物是可疑的或已知的致癌物[316]。已有研究证明，该类麻醉剂除了使啮齿类动物麻醉外，还能够使其麻痹，但其止痛效果却未知[70,317-319]。因为一些丁香油的产品可能含有甲基丁香酚或异丁香酚或同时含有这两种物质，除非在研究动物新药豁免范围，FDA 严格禁止在可能进入食物链的鱼类中使用丁香油和丁香酚作为麻醉剂[320]。异丁香酚是一种潜在的致癌物[316]，对人类健康也有潜在的危害。

⑤异氟烷、七氟烷：尽管水溶性很差，这类浓缩液体麻醉剂也可以加入水中[302]。用配有细针头的注射器将溶液注入容器内液面以下，以保证其在水中更好的扩散。剂量保持在 5～20mL/L（麻醉上限浓度 10 倍以

上剂量）。但因为这两种化合物都非常易于挥发，因此要在通风良好的环境下操作以保证操作者的人身安全。

⑥硫酸喹哪啶：准备的溶液浓度要大于等于 100mg/L[321]。硫酸喹哪啶会使水酸化，因此，需添加缓冲液防止溶液 pH 快速降低造成动物痛苦。

⑦三卡因甲基磺酸盐缓冲溶液（MS 222，TMS）：斑马鱼和青鳉鱼对 MS 222 表现出厌恶反应，而鲤、黑头软口鲦和虹鳟则未表现出厌恶反应[305,306]。尽管某些证据显示鱼类对麻醉浸泡感到痛苦和厌恶，但此方法仍在继续使用，是因为使用该方法的好处超过了它可能引起的痛苦和厌恶，溶液必须是缓冲液，并且用于安乐死的溶液浓度要根据动物的品种、年龄、水的化学参数不同而不同。250～500mg/L 的浓度或者 5～10 倍麻醉剂量对于大多数品种是有效的[298,304]。400mg/L 的 MS 222 对某些品种（如墨西哥湾鲟鱼）是无效的[298]。最近的一项研究[307]表明，在一步法浸泡技术中使用 MS 222 缓冲液不足以对耐缺氧的金鱼（C auratus）实施安乐死。这项研究的结果提倡对金鱼和其他耐缺氧物种（包括慈鲷）使用两步安乐死方法，第一步通过浸泡使鱼失去知觉，第二步是采取辅助的方法（如断头、脑脊髓刺毁或冷冻）使其安乐死。对于体型巨大的有鳍鱼类，不适用于浸入致死剂量 MS 222 缓冲溶液中，可使用浓缩的缓冲溶液直接浸注其鳃中进行安乐死[298,302]。

⑧2-苯氧乙醇：配制时溶液的浓度需大于 0.5～0.6mL/L 或者 0.3～0.4mg/L[321]。

⑨利多卡因：400mg/L 的缓冲溶液对成年斑马鱼的安乐死有效[109]，但不同物种对浸泡利多卡因的反应差异很大。

（2）注射：通过静脉、体腔、肌内、心脏注射试剂实施安乐死[298,308]。

①戊巴比妥（一步法）：戊巴比妥钠（60～100mg/kg，27.3～45.5mg/lb）可对

鱼通过静脉、心内、体腔内注射实施安乐死[251]。还可先通过心内注射使动物麻醉，戊巴比妥作为两步法中的第二步实施安乐死。通常动物在注射后 30min 内死亡。

②氯胺酮（两步法）：肌内注射 66～88mg/kg（30～40mg/lb）[315]氯胺酮后，再给予致死量的戊巴比妥。观察者应注意诱导期氯胺酮引起的肌肉痉挛[298]。

③氯胺酮-美托咪定（两步法）：肌内注射 1～2mg/kg 的氯胺酮和 0.05～0.1mg/kg（0.02～0.05mg/lb）的美托咪定后，再给予致死剂量的戊巴比妥[315]。静脉注射 1.5～2.5mg/kg（0.7～1.1mg/lb），然后注射致死剂量的戊巴比妥[315]。

3.6.2.2 物理方法

下面的安乐死方法应由经过培训和定期考核、技术熟练的人员使用适当的设备进行操作。

（1）实施断头法后使用脑脊髓刺毁法（两步法）：头部和大脑与脊髓的快速分离，然后从脑后刺毁脑脊髓导致动物快速死亡和无意识。只单独断头被认为是不人道的安乐死方法，尤其是一些物种能耐受低氧浓度。针对这些品种刺毁脑脊髓有助于确保大脑功能迅速丧失并死亡[322]。

（2）使用刀或其他锐器插在寰椎进行颈横切后再刺毁脑脊髓（两步法）：这种方法的基本原理类似于断头（破坏大脑和脊髓的连接）和刺毁脑脊髓（破坏脑组织），与断头发的区别在于，头部仍然是物理性地通过肌肉组织与身体连接。

（3）使用钝力造成外伤（脑震荡）后刺毁脑脊髓（两步法）：使用钝力造成损伤（用大小适合的棍棒快速准确地打击头颅）能立即引起意识丧失和潜在死亡，随后刺毁脑脊髓以确保动物死亡。有鳍鱼类的大小、种类和解剖特性以及击打特征（包括准确度、速度和棍棒质量）决定了击打的效果（图 24）。操作人须经过培训和考核并且操

作熟练。解剖特性（如眼睛的位置）可以帮助判断其大脑所在的位置[322,323]。

（4）穿透性系簧枪或非穿透性系簧枪（图25）。这种方法通常应用于大型鱼类[322]。

（5）粉碎（一步法）：正确使用保养良好、专门用于鱼类并且大小适当的绞碎机实施安乐死，可以达到瞬间死亡的效果[324]。但该过程对操作员和观察者来说，会引起视觉上的不适。

（6）快速冷却法（低温休克，一步法或两步法）：快速冷却（2～4℃）使斑马鱼（Danio rerio）失去方向感和鳃运动[108,110,111]，随后置于冰水中，后者所需的时间取决于鱼类的大小和年龄。成年斑马鱼（长度接近3.8cm）在浸入2～4℃水中会快速死亡（10～20s）。成年斑马鱼鳃停止运动后应确保其继续在2～4℃水中待10min以上，受精后4～7d的鱼苗实验需要延长至少到20min。对于受精小于3d的斑马鱼胚胎来说，使用快速冷却和单独使用MS 222缓冲液是不可靠的安乐死方式。为确保胚胎死亡，这些方法还需配合其他辅助方法，如使用稀释浓度为500mg/L的次氯酸钠或次氯酸钙溶液[111,115]。如有必要确保处于其他生命阶段动物的死亡，快速冷却后可配合辅助安乐死方法进行人道宰杀。除非有更深入的研究报道，快速冷却其他小型或类似体型大小的生长于热带或亚热带物种是条件性可接受的方法。特定品种的热耐受性和身体大小决定了快速冷却法作为有鳍鱼类安乐死方法的适用性和有效性。鱼的大小是重要的因素，因为身体的热传导、热损耗率与其表面积成正比。基于这两个因素，通过在水中加入碎冰进行快速冷却是可行的安乐死方法。该法适用于小型的、长度在3.8cm左右或更小的、致死温度高于4℃的热带或亚热带鱼类。

为确保最佳的低温休克（即快速致死），

须尽快将鱼转移到冰水中。这意味着快速从适宜温度到2～4℃水中须尽快完成。这可以通过使用最少体积的水转移鱼类来实现（使用网捞出有鳍鱼类至冷水中）。此外，鱼不应直接接触水中的冰，而是用碎冰在洼池内形成冷水，让鱼全部暴露在冷水中。充分与冷水接触才能确保鱼类快速冷却。水温不能超过2～4℃。良好的隔热容器（如冷却器）有助于维持冰水混合物的状态，并可使用温度探针确定水温。

对于能在4℃或更低的水中存活的、有温度耐受能力的鱼类，如鲤、锦鲤、金鱼或其他种类的有鳍鱼类，这种安乐死方法是不合适的。对于最低致死水温高于4℃的斑马鱼或其他小型热带或亚热带有鳍鱼类（体长不超过3.8cm或更小）是可行的[108,110,111]。对于小型或中等体型（2.8～13.5cm）的澳大利亚黄鱼，只要动物没有反应了，能够实施第二步安乐死方法的话，该方法就是可接受的[110]。鉴于体表面积和体积的考量，这种方法不适用于其他中型到大型鱼类，除非获得关于这些鱼类安乐死适用性的数据。

3.6.2.3　辅助方法

当应用可接受的或条件性可接受的方法对有鳍鱼类实施第一步安乐死，使之呈现出无意识状态后，断头法、刺毁脑脊髓法、冷冻法和其他物理方法诱导死亡可作为两步法安乐死的第二步。如有必要确认死亡，某些特定种群快速降温后，可实施经批准过的辅助安乐死方法。对于包括胚胎和幼体在内的有鳍鱼类早期生命阶段，可使用稀释的次氯酸钠或次氯酸钙溶液作为确定死亡的辅助措施[108,115]。

3.6.2.4　不可接受的方法

下述安乐死方法在任何情况下都是不能接受的。把鱼冲入排水管道、化粪池或其他形式的排水系统是不被接受的。水的理化性质和水质可能延迟死亡时间并导致动物暴露在有毒有害的化合物中。患病或携带病原的动物可能将病原体扩散或转移到临近或与自然水域相连的系统。缓慢冷却或冷冻未麻醉的动物，包括把没有预先麻醉过的有鳍鱼类放入冰箱中，也是不被接受的。同样，从水中取出使其干燥死亡和在低氧的水中因缺氧死亡、任何暴露在腐蚀性化学品导致的死亡、在无意识之前长时间的创伤导致的死亡都是不能被接受的。

美托咪酯已经被用于一些种类的有鳍鱼类的安乐死，但仍在 FDA 未经批准的动物新药列表上，仅适于少数物种合法销售（用于镇静和麻醉），也就是说，目前将其用于安乐死是非法的。

3.6.2.5 针对不同生命阶段的鱼类要点

指南中所描述的安乐死方法的有效性在生命的不同阶段和品种之间是不同的。鱼类的早期生命阶段，包括胚胎和幼体时期，需要更高浓度和更长时间浸泡安乐死药物[303]。如将一些幼年阶段的鱼类浸泡在浓度大于 1g/L MS 222 溶液不是一个可靠的方法[108,111,303]。在某种情况下，对于一些品种的鱼类，在实施 MS 222 溶液麻醉后，需用一些辅助的方法确保其死亡。在二步法中，先实施快速冷却法随后加以辅助的方法是可接受的。如将斑马鱼胚胎和幼体快速冷却后，浸泡在稀释的次氯酸钠、次氯酸钙溶液中，该方法作为破坏其他品种（非斑马鱼）胚胎和幼体二步法中的一步，也是条件性可接受的方法。[111,115]

3.6.2.6 在特定环境中的有鳍鱼类

3.6.2.6.1 私人兽医诊所：宠物和观赏性（展示）鱼

作为宠物或任何观赏的有鳍鱼类，常常和其他宠物（如猫和犬）一样作为人类的伴侣，与主人有着深厚的感情。因此，当选择安乐死方法时，考虑主人的感觉是非常重要的。如可能的话，在进行安乐死操作时，应给动物主人提供在场的机会；当然，事先也应告知其会用到哪种安乐死方法及他们在安乐死过程中可能看到的情况。例如，动物主人认为在麻醉的兴奋阶段动物运动活动增加或出现躁动[302]会导致有鳍鱼类过度的疼痛和应激，即使实际情况不是这样。

（1）下述情况中的安乐死方法是可接受的：

①浸泡在 MS 222 缓冲溶液、对氨基苯酸乙酯缓冲溶液、异氟烷和七氟烷溶液、硫酸喹哪啶溶液以及 2-苯氧基乙醇溶液。

②注射戊巴比妥、氯胺酮，随后注射戊巴比妥，氯胺酮和美托咪定联合用药后再注射戊巴比妥、异丙酚，最后注射戊巴比妥。动物主人应被告知在使用这些药物诱导时可能会出现氯胺酮诱导的肌肉痉挛。

（2）下述情况中的安乐死方法是条件性可接受的：

浸泡在丁香酚、异丁香酚或丁香油里。鱼类应在鳃停止运动后，继续在溶液中最少浸泡 10min[298,302]。

（3）下述情况中的安乐死方法是不推荐的：

①不推荐浸泡在 CO_2 饱和溶液中，因为一些鱼类使用这种方法会变得极度活跃，这将使操作人员和动物主人感到不适。

②不建议使用钝器创伤头部，断头法和脑脊髓刺毁法也不被推荐，该方法会使操作人员和动物主人感到痛苦。

在鱼类生命的早期阶段，包括胚胎和幼体时期，对其安乐死需要更高浓度和更长时间浸泡麻醉剂[303]。例如，仅用浓度大于 1g/L 的 MS 222 溶液浸泡幼年阶段的鱼类并不是一个可靠的安乐死方法[108,111,303]。在某些情况下，对于一些品种的鱼类，用 MS 222 缓冲溶液麻醉后，需通过辅助方法以确保其死亡。

在两步法中，先实施快速冷却法随后实施辅助方法是可接受的。如将斑马鱼胚胎和幼体快速冷却后，浸泡在稀释的次氯酸钠、次氯酸钙溶液中。该方法作为破坏其他品种

（非斑马鱼）胚胎和幼体的二步法中的一步，也是条件性可接受的方法[111,115]。

3.6.2.6.2 观赏性有鳍鱼类批发零售

淡水和海洋水族馆里的观赏鱼都是为了商业目的从野外捕获的，也有人工饲养的。热带水族箱里的鱼类在零售宠物商店被出售。零售宠物商店里每个水族箱中可能容纳着一个或多个品种的鱼类。如个别鱼或一群鱼受伤或患病，需要安乐死处理。这种环境下的安乐死方法应适用于：某种鱼类、水族箱中所有的鱼类、放在带有中央过滤系统的多个水族箱里的鱼或放在池塘里的鱼。在某些情况下，安乐死可能无法实施，需要进行扑杀。

（1）下述情况中的安乐死方法是可接受的：

浸泡在 MS 222 缓冲溶液、对氨基苯酸乙酯缓冲液和硫酸喹哪啶溶液中。鱼应该在鳃停止运动后，继续在溶液中最少浸泡 30min[251,298,302]。

（2）下述情况中的安乐死方法是条件性可接受的：

①浸泡在饱和 CO_2 溶液中（某些鱼类通过该方法安乐死时可能会表现躁动，观察者会认为其可能遭受痛苦，因此观察者需提前得到建议并确保能够接受），浸泡在丁香酚、异丁香酚、丁香油和乙醇中。

②断头法、颈部横断损伤或人为的钝力外伤法作为两步法的第一步，随后实施脑脊髓刺毁法。

③冷冻法可作为麻醉后安乐死的辅助方法。

④快速冷却法（低温休克）适用于最低致死温度在 4℃以上的小型（长度 3.8cm 或更小）热带和亚热带狭温性鱼类[108,110,111]。

（3）下述的情况中的安乐死方法是不推荐的：

包括巴比妥盐类药物在内的注射用麻醉药物的使用，特别是针对较大体型的鱼类，

需要兽医监督下操作和获得 DEA 管控药物使用许可。因此，除非有兽医是在现场监督使用这些药物，否则不推荐使用该方法。

在鱼类生命的早期阶段，包括胚胎和幼体时期，对其安乐死需要更高浓度和更长时间浸泡麻醉剂[303]。例如，仅用浓度大于 1g/L 的 MS 222 溶液浸泡幼年阶段的鱼类并不是一个可靠的安乐死方法[108,111,303]。在某些情况下，对于一些品种的鱼类，用 MS 222 缓冲溶液麻醉后，需通过辅助方法以确保其死亡。

在两步法中，先实施快速冷却法随后实施辅助方法是可接受的。如将斑马鱼胚胎和幼体快速冷却后，浸泡在稀释的次氯酸钠、次氯酸钙溶液中。该方法作为破坏其他品种（非斑马鱼）胚胎和幼体的二步法中的一步，也是条件性可接受的方法[111,115]。

3.6.2.6.3 科研设施

实验室科研人员应准备好实施安乐死的材料，可以随时操作安乐死。同时科研人员应接受适当的培训并通过考核以确保能够熟练掌握安乐死技术。许多设施中以鱼类为研究对象从事生物医学研究。斑马鱼是最常见的品种，通常养在小型的水箱系统中。有的研究机构也有大规模的饲养和生产系统，或饲养其他大型的鱼类用于研究，因此，需要考虑其他的安乐死方法[272]。必要时应寻求具备这些系统设置或物种相关专业知识的专家意见。

（1）下述情况中的安乐死方法是可接受的：

①浸泡在 MS 222 溶液、对氨基苯酸乙酯缓冲溶液、硫酸喹哪啶溶液以及 2-苯氧基乙醇溶液。用这些方法安乐死的鱼不能被食用。

②对于斑马鱼（D 型有鳍鱼类）和澳大利亚黄鱼，使用快速冷却法（低温休克）是可接受的方法。但从适宜温度转移到 2～4℃冰水里的操作，要尽可能迅速且减少温

水的带入。

（2）下述情况中的安乐死方法是条件性可接受的：

①浸泡在饱和 CO_2 溶液中（某些鱼类通过该方法安乐死时可能会表现躁动，观察者会认为其可能遭受痛苦，因此观察者需提前得到建议并确保能够接受），浸泡在丁香酚、异丁香酚、丁香油和乙醇中。

②2～4℃快速冷却法（低温休克）适用于最低致死温度在 4℃ 以上的小型（体长 3.8cm 或更小）热带和亚热带狭温性鱼类。鉴于体表面积和体积的考量，除非有相关数据支持，这种方法不适用中大型鱼类。

③绞碎（一步法）。正确使用维护良好的、专门用于鱼类并且大小适当的绞肉机实施安乐死，可以瞬间使动物死亡。但该过程对操作人员和观察者来说，会引起视觉上的不适。

④断头法之后使用脑脊髓刺毁法。头部和大脑与脊髓快速分离，然后从脑后刺毁脑脊髓会导致动物快速死亡和无意识[272]。

⑤人为钝力外伤（脑震荡）之后，采用脑脊髓刺毁法。

在鱼类生命的早期阶段，包括胚胎和幼体时期，对其安乐死需要更高浓度和更长时间浸泡麻醉剂[303]。例如，仅用浓度大于 1g/L 的 MS 222 溶液浸泡幼年阶段的鱼类并不是一个可靠的安乐死方法[108,111,303]。在某些情况下，对于一些品种的鱼类，用 MS 222 缓冲溶液麻醉后，需通过辅助方法以确保其死亡。

在两步法中，先实施快速冷却法随后实施辅助方法是可接受的。如将斑马鱼胚胎和幼体快速冷却后，浸泡在稀释的次氯酸钠、次氯酸钙溶液中。该方法作为破坏其他品种（非斑马鱼）胚胎和幼体的二步法中的一步，也是条件性可接受的方法。

3.6.2.6.4 户外和渔场

研究人员和 IACUC 人员须了解鱼类的户外研究工作是在复杂的环境中进行的[272]。户外研究规模经常与商业捕捞相当，通常使用同样的设备、船只和人员。大量的鱼、有限的船只空间、不良的环境条件和人员安全考虑等使屠宰鱼技术可能并不符合安乐死标准。但在任何情况下，都应最大限度减少动物的疼痛和痛苦。同样，渔业生物学家可能会面对大量的鱼需要进行扑杀（如入侵物种）的问题，而不是安乐死问题。

在野外工作中，可能会实施小规模的鱼类安乐死。在这种情况下，应采用以下方法，而科研人员是否方便不应是首要考虑因素。

（1）下述情况中的安乐死方法是可以接受的：

①浸泡在 MS 222 缓冲溶液、对氨基苯酸乙酯缓冲溶液、硫酸喹哪啶溶液、异氟烷和七氟烷溶液和 2 - 苯氧基乙醇缓冲溶液。从对环境和条件的考虑来说，当用到任何以上药物时，都应考虑药物残留的潜在影响和动物残留物的合适处理方法。

②可静脉或体腔内注射戊巴比妥（60～100mg/kg）[321]。戊巴比妥也可用于已麻醉的动物。可应用两步法注射程序：肌内注射氯胺酮，随后注射致死量的戊巴比妥；氯胺酮和美托咪定联合肌内注射，随后注射致死量的戊巴比妥，再静脉注射异丙酚，随后注射致死量的戊巴比妥。从对环境和条件的考虑来说，当用到任何以上药物时，都应考虑药物残留物的潜在影响和动物残留物的合适处理方法。

（2）下述情况中的安乐死方法是条件性可接受的：

①浸泡在饱和 CO_2 溶液中（某些鱼类通过该方法安乐死时可能会表现躁动，观察者会认为其可能遭受痛苦，因此观察者需提前得到建议并确保能够接受），浸泡在丁香酚、异丁香酚、丁香油和乙醇中。

②头部受到人为的钝力外伤后实施脑脊

髓刺毁法或放血法。

③使用断头法后实施脑脊髓刺毁法。单独使用断头法认为是不人道的安乐死方式，特别是能耐受低浓度 O_2 的品种。实施脑脊髓刺毁法可确保那些品种的快速死亡。

④实施颈部横断法之后再实施脑脊髓刺毁法。除了头部还通过肌肉组织连接在身体上以外，这个方法的基本原理同断头法和脑脊髓刺毁法相似。

⑤系簧枪。该方法通常应用于大型鱼类。

⑥在 $2\sim4℃$ 水中，快速冷却（低温休克）小型（体长 3.8cm 或更小）热带和亚热带狭温性鱼类（如前所述的斑马鱼）。除非有相关数据支持，这种方法不适用中大型鱼类。

在鱼类生命的早期阶段，包括胚胎和幼体时期，对其安乐死需要更高浓度和更长时间浸泡麻醉剂[303]。例如，仅用浓度大于 1g/L 的 MS 222 溶液浸泡幼年阶段的鱼类并不是一个可靠的安乐死方法[108,111,303]。在某些情况下，对于一些品种的鱼类，用 MS 222 缓冲溶液麻醉后，需通过辅助方法以确保其死亡。在两步法中，先实施快速冷却法随后实施辅助方法是可接受的。例如，将斑马鱼胚胎和幼体快速冷却后，浸泡在稀释的次氯酸钠、次氯酸钙溶液中。该方法作为破坏其他品种（非斑马鱼）胚胎和幼体的二步法中的一步，也是条件性可接受的方法[111,115]。

3.6.3 水生无脊椎动物

对于水生无脊椎动物，同有鳍鱼类一样，使用过量的全麻药物是恰当的安乐死方法。浸泡法是实施麻醉和安乐死的一种有效途径[325,326]。

对许多无脊椎动物来说，确认其死亡是很困难的。因此，通常推荐使用两步法进行安乐死，即在化学诱导麻醉、无反应性或假定死亡之后，使用辅助的物理方法（如脑脊髓刺毁法、冷冻法、煮沸法）或化学方法（如乙醇法、福尔马林法）破坏大脑或主要神经节。单独辅助的物理或化学方法通常被认为不符合已建立的安乐死标准[325,326]。

3.6.3.1 可接受两步法的第一步（非吸入试剂浸泡法）

镁盐：是水生无脊椎动物中最常用的麻醉剂、放松剂和安乐死试剂，虽然其对甲壳类动物是无效的。在不同的类群中已有推荐使用的浓度范围。研究表明，镁离子在头足类动物的神经活动中起到阻断传入和传出神经递质的作用[327,328]。对于不同的鱼类，推荐的浓度范围是不同的。浓度为 7.5%（75g/L、去离子水中约为 370mmol/L）的 $MgCl_2 \cdot 6H_2O$ 储备溶液与海水几乎是等渗的，可以按 1:1 的储备溶液体积与水（3.75%、37.5g/L、约 185mmol/L）混合或以更高的比例添加到水中，以实现安乐死[329,330]。向海水中直接添加镁盐会产生高渗溶液[331]。镁盐可与乙醇结合用于头足类动物的安乐死[331]。头足类动物建议浸泡至少 15min，作为辅助方法如在呼吸停止或动物失去知觉后至少 5min 要实施去脑[328,330]。如不能破坏大脑，建议至少浸泡 30min[330]。不同物种对镁盐的敏感性不同[329,330]。

丁香油或丁香酚：丁香油或丁香酚作为安乐死甲壳类动物的浸泡药物是有效的（浓度为 0.125mL/L）[325,332]。值得关注的是对于人类的安全来说，异丁香酚[316]是潜在的致癌物。

乙醇已被用于某些类群（动物分类的"门"）的安乐死，其作用是抑制软体动物神经元钠离子和钙离子通道[309]。它抑制头足类动物神经递质传入和传出[328]。据报道，最早期的厌恶反应和兴奋发生在一些头足类动物身上，但不是所有的头足类动物都会发生[327,333,334]。在浓度为 1%～5%（10～50mL/L），甚至 10%[329]的浓度的情况下使用[328,335]，与用于保存的浓度（70%以上）

相比，在较低的温度下可能不太有效[334]。建议在搅拌过程中缓慢添加乙醇[329]。乙醇可与镁盐溶液联合用于头足类动物的安乐死[331]。建议浸泡至少 10min，然后实施辅助方法如实施去脑[330]。不同物种对乙醇的敏感性不同[330]。

其他的安乐死试剂，虽然不常见但在特殊情况下中也有应用[325,329]。

3.6.3.2 可接受两步法的第二步

3.6.3.2.1 用于浸泡的非吸入剂

作为两步安乐死方法的第二步，可通过浸泡在非吸入剂麻醉药，如 70% 酒精和中性缓冲 10% 福尔马林而安乐死。然而，这些试剂作为单独一步法或两步法的第一步都是不可接受的。

3.6.3.2.2 物理方法

脑脊髓刺毁法、冷冻法和煮沸法作为两步安乐死方法的第二步（辅助方法）是可以接受的。实施脑脊髓刺毁法要求了解品种的详细解剖学知识。然而，这些方法作为单独一步法或两步法的第一步都是不可接受的。

3.6.3.3 生命阶段的注意事项

指南中所描述安乐死方法的有效性，在生命的不同阶段和品种之间是不同的。就像对鱼类一样，当安乐死水生无脊椎动物时，也应考虑相同的问题。针对同一品种的不同生命阶段也要改变安乐死方法，以最大限度提高其有效性。建议使用必要的辅助方法（如前所述）确保动物死亡。

3.6.3.4 不可接受的方法

不能达成快速死亡或在失去意识之前引起动物损伤的致死方法，都认为是不人道的处死或安乐死方法。

这些方法包括：把鱼或水生无脊椎动物从水中拿出来，使它们缺氧而导致鳃组织干燥；把鱼或水生无脊椎动物放在没有足够通气的水体容器中，导致缺氧死亡；或未预先诱导动物进入无意识状态的情况下，让鱼类或水生无脊椎动物接触腐蚀性的化学物质或

受到创伤性损伤而死亡。

3.7 圈养和自由放养的非家畜动物

当所有应用条件都满足时，文中涉及的条件性可接受的方法，等同于可接受的方法。

3.7.1 一般注意事项

本章节讨论的圈养和自由放养的非家畜动物，在解剖和生理特性、自然生长环境、行为、社会结构、对人类的反应及其他特征方面存在很大差异。这些差异对安乐死方法在许多不同物种上的应用性和有效性提出了挑战。这些安乐死方法的效果会被周围的环境条件进一步限制。这种情况下，终止动物生命的最佳方式也许不能严格符合安乐死的定义。对于圈养和放养的非家畜动物，选择安乐死的方法通常有条件特殊性，即选择一种对动物福利和人员安全的潜在风险最小的方法。此外，在尸体处理的章节，已经提及如何处理含有药物残留的动物尸体（如继发毒性、环境污染及其他主题），这都与如何处置非家畜动物尸体相关，尤其是在野外情况下的动物尸体。基于非家畜动物安乐死问题的复杂性，鼓励工作人员查阅参考解剖学、生理学、自然历史、畜牧业和其他学科相关知识，将有助于他们理解各种方法可能对动物安乐死体验的影响[95,271,336-338]。遇到新情况和（或）新物种时，建议与有经验的同事咨询。

身体不适、非典型社会环境和物理环境带来的焦虑、附近或之前安乐死动物的信息素或气味，甚至人的出现，都可能导致动物痛苦不安。另外，还必须考虑人员安全、观察者的感受、人员培训情况、潜在传染性疾病传播的风险、保护组织和其他人的观点、种属特异性的监管、现有的设备设施、废弃

物的处理方案、潜在的继发毒性、研究目的及其他因素。人员安全是所有安乐死程序中最重要的，而适当的操作程序及设备（包括提供解决因操作动物或暴露于保定药物而造成的人身伤害的用品）必须在处理动物前准备齐全[339]。实施安乐死的方法及尸体处理，必须遵守适用于进行安乐死物种的法律法规。

圈养的野生动物的安乐死需要考虑基本的管理工作、生理和行为上的变化，以及疼痛和焦虑的缓解。管理工作可以参照该动物所处的物理和社会环境（如小型围场、半自然环境），该动物的性情、季节性因素（如生殖阶段、身体状况、年龄和体型大小），以及与相似家畜的不同点进行。推荐适当处理和改善动物的物理和社会环境使痛苦最小化的同时，给予镇静剂。通过提供最适宜的垫料、温度、湿度和安全感，使动物在安乐死前尽可能感到舒服。大多数的小型动物会在光线昏暗、舒适的垫料及通风良好的箱、盒、管或类似的容器中感到更加安全，因为这些模拟了它们感知到威胁时本能去躲避的环境。一些物种在实施安乐死之前，尽可能留在原有的社会群体或熟悉的环境中有助于减少它们的焦虑。

许多圈养的野生动物物种最佳的安乐死操作是从给予镇静剂或麻醉剂减轻焦虑和疼痛开始的多步方案。对于圈养的野生动物，在进行安乐死前，一般需要进行物理和（或）化学保定。只有当员工技能熟练，有合适的设施设备以及动物的习性允许被快速制动保定而且痛苦较小时，方可使用物理保定[339]。需要查询文献了解麻醉药和镇静剂的合适剂量，以及首选的给药途径[8,340-342]。动物可在安乐死前通过肌内注射和（或）口服进行前驱性给药。在没有物理或化学保定的前提下进行静脉给药一般是很困难的。通过麻醉盒给予气味较小的吸入性试剂，如七氟烷（Sevoflurane），可以对小型物种进行

麻醉，同时应激较小。注射类麻醉剂会因给药剂量、药物成分及给药途径等综合因素，在给药过程中或给药后引起短暂的疼痛或不适，同时物理保定也会导致动物痛苦不安。应将给予镇静剂、麻醉剂或其他药物，以及给予物理保定的优缺点与提供快速死亡以终结痛苦进行衡量。对于某些生物类别和环境还需进一步研究，以获得更多的安乐死方法。

3.7.2　圈养的无脊椎动物

在动物王国中 95％ 以上的物种是无脊椎动物，而且其中包括不相关的种群分类：蜘蛛（蛛形目，Araneae）[343]，多足动物（多足纲，Myriapoda），昆虫（六足总纲，Hexapoda）[344]，以及许多其他物种。陆生无脊椎动物在实验研究、动物展示展览，以及家庭伴侣动物中扮演着重要的角色。尽管它们的角色各异，但是仅有有限的指南内容提供了适用于无脊椎动物安乐死的方法[251,336,345-347]。这归因于或至少部分归因于美国及其他国家都缺乏适用于这些以研究和其他用途为主的动物的福利法规[333,348]。解剖学、生理学及其他特点的多样性限制了跨类群的方法概括[349]。尤其重要的是在神经支配和循环系统中的差异，其中一些无法从熟悉的脊椎动物系统进行类推。这为终止无脊椎动物生命的人道方法的开发工作提出了挑战。

虽然关于无脊椎动物感知疼痛的能力或其他影响福利的体验仍在持续讨论中，但是指南认为对所有动物的保护和人性化做法是必要的，也是社会期望的。因此，需应用安乐死方法，以使潜在的疼痛或痛苦最小化。最常用的方法包括终点麻醉，随后使用物理方法破坏神经系统，以确保动物无知觉并死亡。由于无脊椎动物种群的多样性，可能需要同样多样的办法实施安乐死。

3.7.2.1　可接受的方法（非吸入剂）

注射剂：同行评审文献中很少有给药剂量或结果的数据，给予过量的戊巴比妥或类似药剂时，其剂量通过以体重为基础进行相应换算获得。一般相当于其他冷血动物（鱼、两栖类、或爬行类）的相应剂量即可。理想的情况下，这些药剂将被直接注射入血淋巴循环中。然而，由于许多无脊椎动物的循环系统是开放的，即使可能，也很难进行血管内注射。在这种情况下，除非另有禁忌，一般体腔内注射是比较可靠的。进行注射或吸入剂的前驱性给药可以促使过量巴比妥类药物的给予更加容易。

3.7.2.2　条件性可接受的方法

3.7.2.2.1　吸入剂

吸入性麻醉剂：当没有可注射药剂时，条件性可接受对陆生无脊椎动物使用过量吸入性麻醉剂。由于许多无脊椎动物物种的死亡确认很困难，建议后续再使用一种辅助方法进行安乐死。

二氧化碳：二氧化碳可能对某些陆生无脊椎动物的安乐死是有用的，但需要更多的信息来证实其有效性。

3.7.2.2.2　可接受的两步法的第一步

适用于水生无脊椎动物的两步法安乐死，对某些或许多种类的无脊椎动物都是可以接受的。最近的研究证明，作为第一步，浸泡在 5% 实验室级乙醇或未稀释的、不含碳酸的啤酒（含 5% 乙醇）中，用于麻醉蜗牛（琥珀螺属）而无任何痛苦迹象[335]。然后浸泡在 70%～95% 的乙醇或 10% 的中性福尔马林溶液中，用于对蜗牛实施安乐死并保存组织。该方法和其他方法应用于陆地无脊椎动物的总体有效性有待进一步研究。

3.7.2.2.3　物理和化学方法

物理（如过热、冷冻、脑脊髓刺毁）和化学（如酒精、福尔马林）方法通过破坏大脑或主要神经中枢产生效应。物理和化学方

法应该作为辅助方法使用，一般用于药物或其他化学试剂诱导麻醉、无行为应答，或假定死亡之后。这些方法单独应用时不符合人道安乐死准则[345,346,350,351]。

脑脊髓刺毁法：使用这种方法时，需要有相应物种详尽的解剖学知识作支撑。

3.7.2.3　不可接受的方法

鉴于目前缺乏无脊椎动物对许多安乐死方法的生理反应的信息，因此，对于不可接受的安乐死方法仅注释为不应作为单一使用的安乐死方法（参见对条件性可接受的方法）。

3.7.2.4　无脊椎动物的发育阶段

目前尚没有对发育阶段的无脊椎动物实施安乐死的建议。

3.7.3　圈养的两栖动物和爬行动物

3.7.3.1　解剖学和生理学

两栖动物和爬行动物包括蚓螈（蚓螈目）、青蛙（无尾目）、蝾螈（有尾目）、蛇（蛇亚目）、蜥蜴（蜥蜴亚目）、鳄鱼（鳄目）、龟和鳖（龟鳖总目）。再次强调，从解剖学和生理学角度看，这些物种有本质区别，也与哺乳动物有本质上的不同。与哺乳动物相比，两栖动物、爬行动物尤其值得关注的是新陈代谢的差异和对缺氧的高耐受性，这限制了基于缺氧的方法的有效性。此外，通过血管内持续操作的方式具有一定难度，因此许多常规的安乐死方法对于这些物种不太适用。因为往往很难确认两栖动物或爬行动物已经死亡，通常建议采用两个或更多个安乐死程序[293,352-354]。

我们对两栖动物和爬行动物受到伤害时的感受和对刺激的反应的理解是不完整的。因此，许多尽量减少疼痛和痛苦的建议都由哺乳动物已知的信息推断而来。对两栖动物和爬行动物实施安乐死时，凡存在不确定性时，恰当的操作方法是应主动缓解潜在的疼痛和折磨。建议参考关于两栖动物和爬行动物安乐死的多种文献，从而确定最适用于特

定物种、特定情况的方法[116,293,294,352-356]。

3.7.3.2 保定

物理保定：手动保定适用于许多物种。对于某些情况下的某些物种，可能需要借助于设备进行保定（如有毒的物种）。对于大型物种可能需要多人，并且至少有一名辅助人员在场以防紧急情况发生。操作大型动物时，人员的风险也相应高一些。

化学保定：手动保定有毒或大动物时可能会影响人的安全，因而化学保定对于这些情况更为合适。在某些情况下，高剂量的化学保定可作为安乐死的第一步或准备步骤实施。

3.7.3.3 死亡的确认

验证哺乳动物物种死亡的方法，如听诊、心电图、彩超，或脉搏血氧测量，都可用于两栖动物和爬行动物，但必须记住两栖动物和爬行动物的心脏在脑死亡后仍可跳动。应该始终通过物理干预的方法确认死亡。

3.7.3.4 可接受的方法（非吸入剂）

注射剂：对于某些物种来说，通过静脉给予安乐死药物是有难度的。可接受的给药途径有体腔内、皮下淋巴区域和淋巴囊注射。有文献描述，对于某些蜥蜴品种，可采用麻醉状态下通过颅顶眼直接注射至大脑的方法实施安乐死[357]。

尽管剂量因物种不同而有所区别，但是戊巴比妥钠（60～100mg/kg）可以通过静脉、体腔内、皮下淋巴区域或淋巴囊内注射给予[358]。剂量高至 1 100mg/kg（500 mg/lb）的戊巴比妥钠与苯妥英钠通过体腔内联合给药适用于非洲爪蟾（Xenopus laevis）等某些物种的安乐死[116]。药物起效的时间可能不同，或许即刻死亡，也可能长达 30min 之后[293,352-354,359,360]。巴比妥类药物最好通过血管给药，以最大程度减少注射引起的不适[361]。然而，当血管内给药无法实现，或因进行额外的保定使动物产生痛苦不

安、其他方法使动物产生疼痛、对人员的风险加剧或其他原因，而抵消了血管内给药的好处时，体腔内给药也是巴比妥类药物给药的可接受途径。

分离型药剂，如盐酸氯胺酮，或复合药剂，如替来他明、唑拉西泮；吸入剂；静脉给药的麻醉剂，如异丙酚或其他超短效的巴比妥类药物，可对冷血动物进行快速的全身麻醉及后续的安乐死。但建议采用辅助方法确保动物死亡。

外用或局部用药剂：MS 222 缓冲液可通过水浴（两栖动物）或直接注射入淋巴囊内（两栖动物）或体腔内（小型两栖动物和爬行动物）给药[362-365]。浓度为 5～10g/L 的水浴可能需要长时间浸泡（长达 1h）[116,358]。MS 222 不会引起组织病理学上的人为假象[362]。更多信息参见指南中非吸入剂部分。

盐酸苯佐卡因，与 MS 222 组分相似，可以≥250mg/L 的浓度用于水浴或循环系统中，或以 7.5％或 20％的凝胶形式胸腹局部给药，用于两栖动物的安乐死[366]。已证实 182mg/kg 浓度的苯佐卡因凝胶（浓度 20％，给药面积 20mm×1.0mm）对于成年非洲爪蟾的安乐死有效[116]。纯苯佐卡因不溶于水，需使用丙酮或酒精来溶解，但丙酮或酒精可能会刺激组织，因此应避免用于麻醉或安乐死[367]。

一般来说，这些非吸入剂非常有效，它们起效迅速，而且适用于各种物种和体型的动物。然而对于那些很难通过静脉给药的动物，在给药前可能需要进行全身麻醉，这可能会产生不良的组织伪影；使用巴比妥类药物及其他药物需要持有管制药物执照；而且因废物处理方法的不同可能会产生环境污染和毒性问题。

3.7.3.5 条件性可接受的方法
3.7.3.5.1 吸入剂

吸入性麻醉剂：当吸入性麻醉剂比前面

提到的可接受的方法更实用，并且局限性已被理解和阐明时，它是一种条件性可接受的方法。许多爬行动物和两栖动物有屏气和血液分流的能力，当缺氧期延长时，这种能力可以让动物为了生存转入无氧代谢状态（某些物种可长达 27h）[368-373]。正因如此，使用吸入性麻醉剂时，麻醉诱导和失去知觉的时间可能被大大延长。即使延长通气时间可能也无法导致死亡[293,352-354]。蜥蜴和大多数蛇不能像某些海龟那样屏气，因此更易对吸入性麻醉剂产生临床反应。不管何种物种或分类群，在吸入性麻醉剂使用结束时都必须进行死亡确认，或采用第二种、有保证的致死性措施（如断头术）确保动物死亡。

吸入性麻醉剂有效且起效较快，可诱导无痛死亡，使被安乐死的动物最大限度地应用于分析研究，而且可最大程度减少对动物保定的需求。需要注意的是：吸入性麻醉剂最适用于小型物种；动物在麻醉状态前可能会经历一个兴奋期；会引起人们对环境污染和职业健康危害的关注；某些麻醉剂有刺激性或有毒性；而且两栖动物和爬行动物可能通过屏气对其产生抵抗。

二氧化碳：如果上述其他方法不实用，而且这些方法的局限性已被理解和阐明，可考虑用二氧化碳作为两栖动物和爬行动物的安乐死方法[293,294,352-354,356]。因为许多物种缺乏对这种方法的反应，而且需要延长暴露时间，因此更倾向于使用其他方法。二氧化碳导致的死亡必须经过验证，而且最好采用第二种致死性操作进行确认。

3.7.3.5.2　物理方法

穿透性系簧枪或枪械：鳄鱼和其他大型爬行动物可以用穿透性系簧枪或枪击（普通弹）脑部进行安乐死[355,374]。非穿透性系簧枪对 5~15kg（11~33lb）的美洲短吻鳄的安乐死有效[374]，但需要进一步研究以确定该方法对大型爬行动物和两栖动物物种的普遍适用性。已有各种两栖动物和爬行动物头部展示图，标有系簧枪穿透或枪击的推荐位置（图 26）[356]。有关选择和使用枪支的更多信息，请参阅物理方法章节中的射击部分或咨询专家。

这些方法的速度都比较快（在允许保定的情况下），适用于多数物种和各种体型大小，而且除铅以外（在使用普通弹时）不会留下其他环境残留物，铅也可以被慢慢降解。然而，该应用方法时必须采用大小适当的设备；人员一定要经过相应培训；实施后动物会发生剧烈的肌肉收缩；可能会引起观察者不适。

手动实施头部钝性损伤法：当没有其他选择时，这种方法是条件性可接受的。该方法应由经过良好培训、技术熟练的人员实施，且之后立即采用诸如断头术或脑脊髓刺毁法等辅助方法确认死亡[95,336,352,366]。这种方法是否有效和人道还需要进一步从实施方法、适用动物种群及动物体型大小等方面研究探讨。

快速冷冻法：当可以导致即刻死亡时，爬行动物和两栖动物可以用快速冷冻法进行安乐死。基于啮齿类动物的经验，体重＜4g（0.1oz）的动物可以通过放入液氮中完成安乐死[95]。然而，由于缺乏支持这种方法的经验证据，操作者应考虑使用第二种方法来确保动物不会再苏醒。这种方法不能用于冷冻耐受能力强的物种，因为那不能导致动物立刻死亡[375]。将体重≥4g（0.1oz）的动物放置于液氮中或应用其他低温方式是不可接受的。

脊髓切断后破坏脑组织：当操作人员受过培训并熟练掌握该程序时，可通过切断脊髓后立即刺毁脑组织，人道且有效地诱导 5~15kg 的美洲短吻鳄死亡[374]。这种方法是否可用于其他尺寸的爬行动物和两栖动物物种，需要进一步研究来证实。脊髓切断后脑组织的破坏也可以通过穿透性系簧枪或非穿透性系簧枪来实现，只要设备处于良好工作状态，这种操作方法不太容易出现操作失误。

3.7.3.6 辅助方法

断头术：对某些物种，动物麻醉后使用大剪刀或断头台实施断头术都是可行的。一般认为断头后停止了向脑部的血液供应，而导致意识迅速丧失。然而，因为爬行动物和两栖动物的中枢神经系统对缺氧和低血压耐受[356]，断头后必须用脑脊髓刺毁法或其他方法破坏脑组织[352,354,361,374]。断头术只能作为三步法安乐死的一部分（注射麻醉剂、断头术、脑脊髓刺毁法）。

脑脊髓刺毁法：作为第二步安乐死方法，通过相应培训的人员对失去知觉的动物可进行脑脊髓刺毁法操作[352,354]。青蛙的穿髓位置是枕骨大孔，此位置是由颅骨后方皮肤中线凹陷、眼睛之间的中线，及颈部弯曲确定[293,353]。

3.7.3.7 不可接受的方法

低温：低温不适用于两栖动物和爬行动物的保定或安乐死，除非动物足够小（<4g）[95]且置于液氮中（快速冷冻）可致其即刻和不可逆的死亡[352,354,361]。低温降低了两栖动物对有害刺激的耐受度[376,377]，但并没有证据表明临床上它可有效用于安乐死[378]。此外，研究表明冷冻可导致组织中形成冰晶，从而可能引起疼痛[95,356]。由于低温时两栖动物和爬行动物缺乏疼痛或痛苦的行为学或生理学表现，因此一般都会适当限制低温应用于两栖动物和爬行动物的保定或安乐死[379]。对青蛙进行局部冷却可以减少其对伤害的感受，但这种局部作用不能作为安乐死步骤的一部分应用在全身。如果在人员安全可能受到威胁的情况下，可考虑对深度麻醉动物进行冷冻[380]。

3.7.3.8 特殊情况和例外

因为疾病或已实施其他安乐死方法，致使圈养的两栖动物和爬行动物对刺激无反应，或其他给药途径无法实施时，可采用心

内注射安乐死药剂的方法。

神经肌肉阻断剂可用于鳄鱼和其他类群的常规麻醉程序，因此，给予致死性药剂前，及时给予此类药物用以保定爬行动物是条件性可接受的。这些药剂不能作为安乐死的唯一手段单独使用。

诸如盐酸利多卡因、钾盐或镁盐的注射剂，可以作为辅助方法以防动物复活[354]。

在有科学依据的情况下，对深度麻醉动物进行固定剂灌注可以作为两栖动物和爬行动物的安乐死方法。

3.7.3.9 活卵的破坏

关于两栖动物和爬行动物在卵发育阶段感知能力的资料很少[95]。冷冻可能适用于新产的卵，因为这和通过浸泡的方法使其瞬间死亡一样。后期发育阶段，可采用类似成年动物可接受的方法进行破坏。需要进行更多的研究工作确定处理活卵最合适的方法。

3.7.4　圈养的非海洋哺乳动物

3.7.4.1 一般注意事项

非家畜哺乳动物的解剖、生理、行为和体型变化，远远超过了其驯养的同类。这对使用传统的安乐死方法和对动物焦虑及疼痛的识别提出了挑战。在准备和实施安乐死时，必须识别其与驯养的类似品种的不同点，并尽可能解决可操作性问题。

在动物园或其他圈养设施中，野生动物的安乐死一般在负责照看它们的工作人员在场的情况下施行。在这种环境中，动物看护者对动物的敏锐察觉力具有非常重要的意义和价值。安乐死方法实施前，通过注意管理可以在一定程度上减轻动物的痛苦和焦虑。大多数安乐死步骤为：使用吸入性麻醉剂或可注射的麻醉剂使动物达到无意识状态，然后再施以被认定的方法来结束生命。

在某些情况下，动物可能会遭受无法忍受的痛苦，或不允许进行理想的照料工作作为执行安乐死前的前奏。这些情况通常需要

一个更直接的方法来减少动物承受的痛苦。这种情况下还需要向工作人员进行简要解释，如果有可能，还要为完成后续步骤选择的方法做更详尽的解释。提前让员工了解这些情况的可能性，以便做出更好准备应对理想步骤不可行时的情形。

如果动物在安乐死前进行麻醉，则其他被认定的安乐死方法也可适用。在随后的内容中没有特别提及的任何候选方法，使用前原则上都应进行评价，以确认是否符合良好照料的准则。

安乐死之后，进行死亡的验证是非常重要的。可用于但不限于验证心脏停止的方法包括：根据物种选择合适的位置进行脉搏触诊、用听诊器听诊及多普勒超声等。

3.7.4.2　保定

物理保定：手动保定可用于很多物种。网或其他设备可能适用于对人员不构成太大风险的小型物种。对于特大型物种（牲畜和大型脊椎动物），可利用斜槽或其他设备为进行肌内注射或静脉注射麻醉剂和（或）镇静剂，提供足够的保定。在某些情况下，简单保定后，静脉给予安乐死药剂，可作为安乐死的一种方法使用。在大多数情况下，给予安乐死药剂前，给予前驱麻醉剂或镇静剂是默许的。

化学保定：在某些情况下，特别是针对手动保定危险性高的动物时，或使用化学保定可以减少动物不必要的应激和不适时，应使用化学保定。在某些情况下，使用高剂量的化学保定剂可作为安乐死的第一步[8,340-342]。

3.7.4.3　可接受的方法（非吸入剂）

巴比妥类药物：可以通过静脉或腹腔注射给予。心内给药仅限用于因疾病或因麻醉剂的作用导致无意识的动物。腹腔注射起效慢，而且术前给予麻醉剂可减轻因组织刺激性导致的不适。巴比妥类药物最好从血管内给药以将注射引起的不适感降到最低[361]。

如下情形时，腹腔注射巴比妥类药物是一个可接受的给药途径：血管内给药不能实现；或因权衡利益时发现，保定会导致动物额外的痛苦、其他方法会导致动物疼痛、人员的风险增加，或其他类似原因等。

巴比妥类药物作为安乐死药剂非常有效，起效迅速，并适用于大多数物种和各种体型大小的动物。但是，它们也有缺点，包括：必须培训人员如何正确实施注射，在实施前需通过注射或吸入药剂进行全身麻醉或镇静（依据动物和情况选择），它们可能会导致出现不良的组织伪影，需要有管制药物执照才能采购该药物，因动物尸体处理方法的不同可能会产生环境污染和毒性问题。

过量使用非巴比妥类麻醉药：当动物大小、保定需求，或其他情况表明，阿片类药物和其他麻醉剂是安乐死的最佳选择时，这些药物可以通过静脉或肌内注射用于安乐死。

当其他给药途径不适用时，可以通过肌内注射给予阿片类药物。阿片类药物起效快，并且给药量比其他药物小。过量使用阿片类药物也有一些不足，包括：需要 DEA 的许可，药物使用时对人员安全造成的风险，以及若组织被食用时继发毒性的可能性等。

3.7.4.4　条件性可接受的方法

3.7.4.4.1　吸入剂

吸入性麻醉剂：当吸入性麻醉剂比可接受的方法更实用，且了解并妥善解决了这种方法的局限性，则可以选用此方法。吸入性麻醉剂一般通过面罩和麻醉箱给药。将装有动物的包装盒整体放入麻醉箱，麻醉时可降低动物的不适感。如本指南吸入剂部分提及的，吸入性麻醉时应当优先选择刺激味道较小的气体。

吸入性麻醉剂对动物麻醉起效速度适中，无给药产生的疼痛，为分析研究最大程度保存了动物尸体的完整性，可以在对动物最少操作的情况下使用。但是，吸入性麻醉剂的缺点是：仅对小型物种非常适用，部分气体具有刺激性和毒性，动物在麻醉前会经历兴奋期，还存在环境污染和职业健康的担忧。

一氧化碳、二氧化碳和惰性气体：在充分考虑了动物福利和解决了操作风险，以及人员安全的情况下，可以选用此方法。更多信息请参阅本指南吸入剂部分。

3.7.4.4.2　物理方法

穿透性系簧枪或枪械：在了解该物种具体穿透部位，并达到安全要求时，穿透性系簧枪或枪械（普通弹）可作为特定物种的安乐死过程中第一步或辅助方法。

穿透性系簧枪或枪械的优点是：速度适中（考虑到需要实施任何必要的保定），各种条件下均较容易实施，适用于较多物种和体型的动物，无环境残留（铅也可以被慢慢降解）。该方法的缺点是：需要合适的、维护良好的装备和经过培训的人员，安乐死过程可能使观察者不适，可能对枪械的持有和使用者产生安全风险。有关选择和使用枪支的更多信息，请参阅本指南物理方法章节中的射击部分或咨询专家。

3.7.4.5　辅助方法

氯化钾：可对处于深度麻醉或无意识状态的动物，通过静脉或心内注射氯化钾使其心脏停止跳动。使用氯化钾对动物进行安乐死不会影响组织病理学检查，因此该方法适用于精确的尸检诊断或重要研究。对于已经应用巴比妥类药物麻醉的大型动物，为节省巴比妥类药物的使用量，可选用氯化钾作为辅助药物。对于一些动物，在注射氯化钾前使用巴比妥类药物，可以避免动物严重的痛苦反应。

放血法：可作为第二或第三种确保动物死亡的方法。该方法实施过程中，应充分考虑操作过程是否引起观察者不适以及工作人员的接受程度。

颈椎脱臼或断头法：对于小型哺乳动物和鸟类，这种方法可作为辅助或安乐死的第一步。由于缺少野生动物相关资料，以及各物种存在的差异，很难形成推荐特定体型动物使用的方法。但基于驯养动物经验，对以下动物可采用手动颈椎脱臼方法：体重<3kg（6.6lb）鸟或禽、体重<200g（0.44lb）的啮齿类动物和体重<1kg（2.2lb）的兔子[365]。如果可行，在实施颈椎脱臼操作后，应实施断头或放血等第二种方法确认死亡。

胸廓压迫：该方法极少使用。只有在动物处于深度麻醉或无意识状态下，或当动物的状态不确定时，作为最后一步，以确保动物死亡的辅助手段。

3.7.4.6　不可接受的方法

针对驯养的同类物种不可接受的方法，也不可用于非深度麻醉的野生动物。

3.7.4.7　胚胎、胎儿和新生动物

胚胎、胎儿和新生动物的安乐死应按照相似分类群的驯养哺乳动物的指南执行。

3.7.5　圈养的海洋哺乳动物

考虑到水生哺乳动物为适应水生环境而形成的独特解剖结构和生理状态、某些物种巨大的体型以及在特定环境下实施安乐死存在的难度，故将水生哺乳动物与其他哺乳动物分开论述。为了便于推荐恰当的安乐死方法，我们按照生理和解剖学差异将水生哺乳动物分为几个不同的类群。这些动物类群大体上遵循分类学规律：①鳍脚亚目；②齿鲸亚目；③须鲸亚目；④海牛目。在这里考虑将海獭（一种大型鼬科动物）归到小型鳍脚亚目可能更合适。3.7.4 中介绍的方法可用于北极熊，在这部分就不再赘述。各分类群内动物体型差别大，因此又按照体型（大和小）划分了亚群。因为环境设施不同、保定能力以及操作者和观察者的差异，饲养在管理照料良好的设施内的水生哺乳动物与自由放养的水生哺乳动物实施安乐死的方式存在

不同。

3.7.5.1 可接受的方法（非吸入剂）

静脉注射巴比妥类药物及其衍生物可快速有效地对小型鳍足亚目、齿鲸亚目和海牛目动物实施安乐死。尽管需要考虑对组织的刺激性和吸收效率，在特定情况下腹腔注射也是可以接受的。这些情况包括：无法实施静脉注射、保定方法对动物产生的应激太大、其他方法对动物产生的疼痛较大、对人员安全构成较大威胁或者其他类似的原因等。对于已经麻醉、濒死或失去知觉的大型鳍足亚目和齿鲸亚目动物，可进行安全有效的静脉注射药物。对于大型鳍足亚目动物，静脉注射后的药物会被稀释，因而影响了安乐死的效率。心内注射仅适用于已经麻醉、濒死或失去知觉的动物。

使用巴比妥类药物的优点是致死较快。但鲸类动物外周血管自发性收缩或低血容量性休克会影响药物进入外周静脉。如果动物保定不当，静脉穿刺时可导致操作人员受到伤害。动物尸体处理时会遇到组织残留的问题，工作人员需要确保不会发生继发毒性。

对大型、焦躁或易怒的动物实施静脉注射安乐死前，应对动物肌内注射镇定剂或麻醉剂，对其进行保定，以保证动物和人员的安全。通过单独或联合用药能够成功实施安乐死的药物包括：替来他明、氯胺酮、甲苯噻嗪、哌替啶、芬太尼、咪达唑仑、安定、乙酰丙嗪和埃托啡[381]。兽医人员应意识到，将麻醉剂或镇定剂注射入脂肪层可导致药效的延迟，以及镇静和麻醉深度的降低。另外，在处理动物尸体时应当考虑到组织残留问题，特别是注射了超强阿片类药物的动物[382]。

3.7.5.2 条件性可接受的方法

3.7.5.2.1 吸入剂

吸入性麻醉剂（如氟烷、异氟醚、七氟醚、甲氧氟烷、安氟醚）一般不常用于水生哺乳动物的安乐死，因为这些动物有屏气的能力。这意味着在对它们进行给药时必须延长物理保定时间。只有在动物非常虚弱、被镇静或麻醉时才适用，否则延长保定时间会对动物和人员产生无法接受的伤害和应激。当可接受的方法无法实施或因其他原因不适用时，可在注射给予镇静剂或麻醉剂后，对小型鳍足类动物应用吸入剂进行安乐死。

吸入剂有其优势，如它们不需要穿刺技术，而且组织残留的影响很小[383]。不足是它们比较昂贵，需要延长效应时间，可能会导致动物痛苦不安和增加人员受伤的风险，而且可能对动物有毒性。

3.7.5.2.2 物理方法

物理方法可用于自由放养的水生哺乳动物的安乐死，但是由于其对圈养的哺乳动物种类的效果有限且对工作人员存在操作风险，会引起观察者不适，一般不会使用。

3.7.6 自由放养的野生动物

3.7.6.1 一般注意事项

自由放养的野生动物分布于北美洲所有栖息地，包括淡水和海水水域。这些野生动物包括所有已知动物类群的代表物种，但在本指南中，特指两栖动物、爬行动物、鸟类和哺乳动物，以及某些外来野生物种。人类通过多种途径享用自由放养的野生动物，包括非消耗性的使用（野生动物观赏、鸟类观察和鸟类饲喂）和依法狩猎（打猎、捕鱼和商业捕猎）。不同的利益和观点可以影响终结自由放养的野生动物生命的方法[384]。本节指南基于旧版进行了更新和扩展。这些更新和扩展承认了对自由放养的野生动物缺乏控制，同意实施枪决可能是对它们最合适安乐死方法的观点，并且认可了特定情况下最快并最人道地终结自由放养的野生动物生命的方法不一定总是符合已建立的安乐死所有标准（即区别安乐死和人道屠宰方法）。

由于可能遇到各种不同情形，因此难以严格界定终结自由放养的野生动物生命的方法是可接受的、还是条件性可接受的或是不可接受的。甚至，界定某个方法是安乐死方法还是人道屠宰，也要视具体情况而异。这些共识并非意在降低人道终止野生动物生命的标准，而是提示必须根据实际情况采用可应用的最佳方法，同时要包含那些已被证明优于原方法的新技术和新方法。

许多联邦、州及地方法规适用于野生动物的安乐死。在美国，野生动物的管理权限主要归属州政府。然而，某些物种（如候鸟、濒危物种、海洋哺乳动物）的保护与管理是由联邦政府或联邦与州政府合作进行的。在野生动物管理的前提下，国家、联邦机构和美洲土著部落的相关人员，可以基于包括研究在内的各种用途，处置或捕捉个别或一群动物。在这些管理行为过程中，可能会遇到动物个体受伤或体况虚弱而需要实施安乐死的情况；另外，研究或捕捉方案要求处死其中部分动物。有时，种群管理要求对野生动物物种采取杀灭控制。此外，公众也可能将那些他们认为无依无靠、虚弱、受伤、疾病缠身（如狂犬病）或受到滋扰的动物，送到州或国家政府工作人员处。无依无靠或受伤动物的康复是野生动物管理的另一方面。在大多数情况下，野生动物的康复是由普通民众实施的，处理这些动物的要求因州和物种不同而异。

3.7.6.2　特殊注意事项

选择给自由放养的野生动物采取的安乐死方法时的主要影响因素是这些动物缺乏控制。此外，一些物种可能体型太大，以至常规方法无法有效实施安乐死。海洋哺乳动物由于其庞大的体型以及缺乏标准化的设备和技术（更多信息见自由放养的海洋哺乳动物）而受到特别关注。其他物种，如爬行动物，可能对常规安乐死试剂耐受。还要关注的是化学方法安乐死的动物尸体可能存在的继发毒性和对环境的危害，以及大量动物尸体的处理问题。因此，虽然在非家畜动物章

节中描述的某些方法可能对安乐死自由放养的野生动物是有用的，但其适应性会有所不同。

由于人类难以实现近距离接触自由放养的动物而不会给它们带来应激，因此需要对这些动物远距离执行安乐死或制动。因为枪械会严重威胁居民安全或其他不宜使用的原因，在某些情况下（如在城市周边），使用枪械是非法的。因此，可能需要对自由放养动物采用快速和高效的安乐死方法，而这些方法可能不符合 POE 建立的安乐死标准。

当野生动物不能被捕获时，可能需要采取远程化学制动。如果某一自由放养的动物在一个可触及的射程内，经过培训的人员可视具体情形选择使用适合相应物种的麻醉剂，利用远程注射装备，预先麻醉动物，为后续操作处理做好准备。一旦麻醉，可以采取类似物种、体型的驯养动物或圈养的野生动物的安乐死方法，对野生物种执行安乐死。其他用来诱捕或俘获动物以开展野生动物管理的技术，在某种程度上也被允许用于控制这些动物。

在处理自由放养的野生动物尸体过程中，必须注意防止其体内残留的安乐死药物对动物或人造成继发毒害，在法律上往往要求对尸体深埋、焚烧或化制。当然，有时自然分解也是可取的。除铅弹因素外，枪击可使继发毒害的风险最小化。建议在条件许可的情况下不要使用铅弹。

尽管通常不是野生动物管理计划的一部分，但疾病暴发或群体过大等，可能需要扑杀或大规模处死动物。除了选择最合适的方法以最大限度地减少传染性病原体的传播外，还要保护动物福利和保护环境。这种情况下也必须考虑公众的关注和看法，及其对直接参与扑杀、处死或安乐死工作的人员的影响。详细的减群扑杀方法不属于本文讨论的范畴，但在《美国兽医协会动物群体扑杀指南》一书中可以找到[288]。

研究目的可能会限制某些安乐死药物或方法在野生动物物种中的使用。尽管如此，还是要采用最人道而不是最便捷的方法终结动物生命以达到研究目的。

在野生动物康复的过程中，出现如下情形，应考虑对动物执行安乐死：有些动物的身体机能不能完全恢复以至无法放归自然时，或者该动物的放归将对整个自由放养的野生动物种群的健康构成威胁，或者没有其他护理或饲养的选择时。虽然有少数不放归的动物可用于教学或展示，但对于大多数确定不宜放归的动物应尽快实施安乐死。因为绝大多数动物在康复设施里是受到约束的。通过物理或化学保定的方法，通常可以对其实施充分的控制。因而可使用分类学基础章节中，关于非家畜动物的安乐死试剂，对其实施安乐死。

3.7.6.3 方法

公开发表的信息中，很难找到适用于自由放养的某些特殊野生物种的安乐死方法。Schwartz 等[385]对白尾鹿的制动和安乐死方法进行了评估，Hyman[386]和 Needham[387]描述了被捕获和搁浅的海洋哺乳动物的安乐死方法，Gullett[388]和 Franson[252]介绍过水禽的安乐死方法。康复设施中野生动物的安乐死方法也有介绍[283]。

多个出版物介绍了驯养和非家畜动物[95,251,271,336,337]以及自由放养条件下野生动物的安乐死方法[389-392]，但其中有许多是自相矛盾的。如果操作人员能够充分控制自由放养的野生动物，那么许多常规的安乐死技术和方法都是适用的。然而，由于自由放养的野生动物在可能需要执行安乐死时面临的情况各不相同，应该根据动物品种、不同情况和动物个体来选择最人道的安乐死方法。之前章节介绍的各种方法通常也适用于自由放养的野生动物，但需要根据情况进行改良，以最大限度减少动物的痛苦和疼痛，以及实施过程对工作人员的情绪影响和身体

危害。

3.7.6.3.1 可接受的方法（非吸入剂）

对自由放养的野生动物实施安乐死的化学方法包括：注射过量的麻醉剂（包括巴比妥类药物）、T-61 或其他被列为可用于驯养动物或圈养野生动物的药物。在某些情况下，预注射或吸入剂可减少动物的痛苦，也能减少实施人员的安全风险。

3.7.6.3.2 条件性可接受的方法

3.7.6.3.2.1 吸入剂

吸入性麻醉药：当吸入麻醉方法比可接受的方法更实用，且人们对这些方法的局限性已经充分了解并完全解决的情况下，吸入性麻醉药物用于野生鸟类和哺乳动物的安乐死是条件性可接受的。体型较小的物种可以将其限制在封闭的容器中，采用开放式点滴技术执行安乐死[393]。如果将保定带来的应激反应最小化，大型动物可以在保定后经面罩吸入给药。可以找到便携式设备实施此类方法。对那些会屏气的物种应该优先使用其他方法。

二氧化碳、一氧化碳及其他惰性气体：这些可以用于驯养动物安乐死的药物，对于自由放养的野生动物安乐死来说也是条件性可接受的方法。在使用这些药物时，必须满足这些药物用于驯养动物的类似条件。

3.7.6.3.2.2 物理方法

如果子弹射击位置为头部（有针对性地破坏大脑），则采用枪击方式对自由放养、圈养或管制的野生动物执行安乐死是条件性可接受的[337]。枪弹射击心脏（胸部）或颈部（颈椎，以切断脊髓）可能是自由放养或无法靠近或因实验需求必须保护头部（狂犬病、慢性消耗病或其他可疑神经系统疾病）的野生动物安乐死的最佳方法。但瞄准位置在实际操作上是一项挑战。根据驯养动物模型（见 3.3）研究结果，枪击胸部或颈部可能不会导致快速死亡，因此更可能被界定为人道屠宰，而非安乐死。在一些环境中（如

城市和郊区），枪械的使用可能会对人类安全造成严重威胁而被认为是不适当的。枪械的选择和使用应参考本指南物理方法部分的弹道学细节，并咨询专家获得更多信息。

3.7.6.3.3 辅助方法

氯化钾：可对处于深度麻醉或无意识状态的动物，通过静脉或心内注射氯化钾使其心脏停止跳动。当使用巴比妥类药物对大型动物执行安乐死时，由于使用的药物体积受到限制，注射氯化钾可作为优先的辅助方法。

放血：可作为确保处于麻醉或无意识状态的动物死亡的一种辅助方法。应考虑这一过程的视觉效果及其执行人员和观察者的接受程度。

颈椎脱臼或断头术：作为一种安乐死辅助方法或安乐死的首个步骤，用于小型哺乳动物和鸟类，比较实用。因为缺乏野生动物及潜在的种间差异的数据，该方法在不同物种中可适用的体型大小还存在争议。参考驯养动物数据，人工颈椎脱臼可适用于体重＜3kg 的鸟类、体重＜200g 的啮齿动物，以及体重＜1kg 的兔[365]。如果有可能使用该方法时，应采取如断头或放血术作为第二安乐死方法来确保动物死亡。

胸廓压迫：该方法极少使用。只有在动物处于深度麻醉或无意识状态下，或当动物的状态不确定时，作为确保动物死亡的辅助手段。

3.7.6.3.4 不可接受的方法

那些忽视最新技术进展，在特定环境下，不能将动物福利和人员安全以及对环境的危害程度降低到最小的安乐死方法，是不可接受的。

3.7.6.4 胚胎、胎儿和新生动物

用于驯养动物或圈养的野生动物发育中的胚胎或新生动物的安乐死方法，一般也适用于自由放养野生动物的相同阶段。

3.7.7 自由放养的海洋哺乳动物

基于体型巨大、环境条件限制，以及人员安全考虑，给自由放养的海洋哺乳动物选择安乐死方法可能是个巨大挑战；而且也难以确定搁浅的海洋动物是无意识状态还是死亡状态[394]。目前可用的安乐死方法一般都有明显的局限性，即在自然条件下不能满足海洋哺乳动物尤其是大型动物的安乐死在视觉上的可接受度或其他常规的标准。然而，必须对可选项进行评估，以确定在给定条件下的最佳选项。进一步的研究以鉴定改进安乐死方法是有必要的。

3.7.7.1 可接受的方法（非吸入剂）

注射类药剂：在自然条件下，可采用过量注射麻醉药物安乐死海洋哺乳动物。可单独使用或联合使用的麻醉药有：替来他明-唑拉西泮、氯胺酮、甲苯噻嗪、噻环乙胺、哌替啶、芬太尼、咪达唑定、安定、布托啡诺、乙酰丙嗪、巴比妥酸盐类和埃托啡[381,382,395,396]。通过静脉注射执行安乐死前可能需要先进行肌内注射麻醉剂让动物丧失意识以达到保定动物的目的。为确保注射部位是肌肉而不是脂肪，清楚了解物种解剖结构并使用足够长的针是必须的。

注射类麻醉药可通过多种途径给予。通过气孔进行皮肤黏膜给药是一种可最大程度保护人员安全的有效方法[396]。静脉注射对小型鳍足亚目和齿鲸亚目以及海牛目动物是快速和可靠的方法。就大型动物而言，通常仅限对已麻醉或无意识的动物才能进行经静脉途径给药。此外，大型齿鲸亚目和须鲸亚目动物血流量大会稀释药物可能限制了静脉注射药物的有效性。如果有足够长的针头可进入腹腔，腹腔注射给药对于小型海洋哺乳动物是有效的。然而，延迟吸收可能会限制这种途径的药效。心脏注射给药仅可用于已麻醉、奄奄一息或无意识的动物。这种方法需要特制的结实长针，以确保可以到达心脏

注射麻醉剂的优点是起效快，容易找到能够熟练操作这些方法的人员。它们实施起来逻辑上很简单，视觉上也可接受，且公众安全相对容易保证。然而，鲸类动物外周血管自主收缩或低血容量性休克可能限制麻醉剂进入外周静脉，同时还必须避开脂肪层以保证有效注射。为有效安乐死大型动物，必须使用大量的麻醉药物，给予单一类型的药剂，如 α_2 -肾上腺素受体激动剂，可导致动物经历感官上不适的过程，以及潜在不安全的麻醉兴奋期。试图给没有获得恰当保定的动物静脉注射药物存在人员伤害风险，而且，员工还需要面对扎伤自己的风险（特别是超强阿片类药物）。动物尸体体内残留的药物可能导致环境污染和食腐动物采食后引起继发毒性的风险。

3.7.7.2 条件性可接受的方法（物理方法）

枪击：在注射方法不可行的情况下，枪击可作为小型海洋哺乳动物安乐死的条件性可接受方法，常规弹道子弹不推荐用于大型齿鲸亚目和须鲸亚目动物。可通过查找相关文献确定合适的解剖学目标位点及弹头口径[397-403]。

枪击的优点包括快速致死，且装备易得。对于那些其他的食腐动物而言，枪击安乐死也将其面临的风险降低到最小。然而，其有效性高度依赖于操作人员的知识背景、专业技术及经验。枪击带来的噪声会困扰其他动物（特别是在集体搁浅的情况下），枪击造成的子弹反弹给观察者带来风险。枪击安乐死方法也可能给工作人员及观察者造成不适及痛苦情绪，而且还需要遵守枪支法规。在选择和使用枪支方面可以参考物理方法部分的弹道学细节，也可咨询专家以获得更多信息。

手动钝力打击：在其他选项不可用的情况下，头部震荡打击可能是小型幼年海洋哺乳动物安乐死的一种有效方法[404]。正确使用手动钝力打击法的优点有：可造成快速死亡，无需特殊设备，且减少了对其他食腐动物的潜在继发毒性。然而，手动钝力打击的有效性高度依赖于执行人员的背景知识和经验，并对执行人员和观察者造成不适。

内爆去脑法：大型须鲸亚目和齿鲸亚目动物可以通过放置形状和尺寸合适的炸药来去除大脑[405,406]。这种技术的优点是可以造成动物快速死亡，减少了对食腐动物继发毒性的潜在风险，保护人员免受动物尾鳍伤害。然而，该方法的有效性高度依赖实施人员的背景知识、技能和经验，而且令人感到不适，实施人员及观察者应远离爆炸物以避免受到伤害。如果这些条件得到满足，内爆去脑法是一种可接受的安乐死方法。

3.7.7.3 辅助方法

氯化钾或氯化琥珀胆碱：虽然作为单一试剂用于清醒动物的安乐死是不可接受的，但氯化钾或氯化琥珀胆碱可用于已麻醉或无意识动物的安乐死，以确保其死亡。饱和氯化钾溶液花费不贵，可以大量配制，可经静脉注射或心脏注射实施，在无法实施首选的尸体处理方法（如深埋、化制）时，对食腐动物具有低的继发毒性风险[381,382,407]。

3.7.7.4 不可接受的方法

吸入剂：虽然从动物福利的角度来看是条件性可接受的，但其可操作性及对人类和环境安全性上的限制，使其不能作为自然条件下安乐死海洋哺乳动物的方法。

放血：放血单独作为一种安乐死方法是不适当的，因为它需要很长的时间才能造成动物死亡，会产生与极端低血容量有关的焦虑，使观察者感到不适。但它可以作为一种辅助方法来保证无意识动物死亡[402]。

3.8 参考文献

[1] Hart LA, Hart BL, Mader B. Humane euthanasia and companion animal death: caring for the animal, the client, and the veterinarian. *J Am Vet Med Assoc* 1990; 197: 1292-1299.

[2] Nogueira Borden LJ, Adams CL, Bonnett BN, et al. Use of the measure of patient-centered communication to analyze euthanasia discussions in companion animal practice. *J Am Vet Med Assoc* 2010; 237: 1275-1287.

[3] Lagoni L, Butler C. Facilitating companion animal death. *Compend Contin Educ Pract Vet* 1994; 16: 70-76.

[4] Martin F, Ruby KL, Deking TM, et al. Factors associated with client, staff, and student satisfaction regarding small animal euthanasia procedures at a veterinary teaching hospital. *J Am Vet Med Assoc* 2004; 224: 1774-1779.

[5] Reeve CL, Rogelberg SG, Spitzmuller C, et al. The caring-killing paradox: euthanasia-related strain among animal shelter workers. *J Appl Soc Psychol* 2005; 35: 119-143.

[6] Rogelberg SG, Reeve CL, Spitzmüller C, et al. Impact of euthanasia rates, euthanasia practices, and human resource practices on employee turnover in animal shelters. *J Am Vet Med Assoc* 2007; 230: 713-719.

[7] Rhoades RH. The euthanasia area. In: *The Humane Society of the United States euthanasia training manual*. Washington, DC: The Humane Society of the United States, 2002; 21-30.

[8] Carpenter JW. *Exotic animal formulary*. 3rd ed. St Louis: WB Saunders Co, 2005.

[9] Wadham JJB, Townsend P, Morton DB. Intraperitoneal injection of sodium pentobarbitone as a method of euthanasia for rodents. *ANZCCART News* 1997; 10: 8.

[10] Svendsen O, Kok L, Lauritzen B. Nociception after intraperitoneal injection of a sodium pentobarbitone formulation with and without lidocaine in rats quantified by expression of neuronal c-fos in the spinal cord—a preliminary study. *Lab Anim* 2007; 41: 197-203.

[11] Ambrose N, Wadham J, Morton D. Refinement of euthanasia. In: Balls M, Zeller A-M, Halder ME, eds. *Progress in the reduction, refinement and replacement of animal experimentation*. Amsterdam: Elsevier, 2000; 1159-1170.

[12] Grier RL, Schaffer CB. Evaluation of intraperitoneal and intrahepatic administration of a euthanasia agent in animal shelter cats. *J Am Vet Med Assoc* 1990; 197: 1611-1615.

[13] Hellebrekers LJ, Baumans V, Bertens APMG, et al. On the use of T61 for euthanasia of domestic and laboratory animals: an ethical evaluation. *Lab Anim* 1990; 24: 200-204.

[14] Fakkema D. *Operational guide for animal care and control agencies: euthanasia by injection*. Denver: American Humane Association, 2010.

[15] Rhoades RH. Selecting the injection site. In: *The Humane Society of the United States euthanasia training manual*. Washington, DC: The Humane Society of the United States, 2002; 41-50.

[16] Cooney KA. *In-home pet euthanasia techniques: the veterinarian's guide to helping pets and their families say goodbye in the comfort of home*. Loveland, Colo: Home to Heaven PC, 2011.

[17] Longair JA, Finley GG, Laniel MA, et al. Guidelines for the euthanasia of domestic animals by firearms. *Can Vet J* 1991; 32: 724-726.

[18] Hanyok PM. Guidelines for police officers when responding to emergency animal incidents. *Anim Welf Inf Center Bull* winter 2001-spring 2002; 11 (3-4). Available at: www. nal. usda. gov/awic/newsletters/v11n3/11n3hany. htm. Accessed Sep 12, 2011.

[19] Dennis MB, Jr., Dong WK, Weisbrod KA, et al. Use of captive bolt as a method of euthanasia in larger laboratory animal species. *Lab Anim Sci* 1988; 38: 459-462.

[20] Ramsay EC, Wetzel RW. Comparison of five regimens for oral administration of medication to induce sedation in dogs prior to euthanasia. *J Am Vet Med Assoc* 1998; 213: 240-242.

[21] Wetzel RW, Ramsay EC. Comparison of four

regimens for intraoral administration of medication to induce sedation in cats prior to euthanasia. *J Am Vet Med Assoc* 1998; 213: 243-245.

[22] Rhoades RH. Pre-euthanasia anesthetic. In: *The Humane Society of the United States euthanasia training manual*. Washington, DC: The Humane Society of the United States, 2002: 67-80.

[23] Mellor DJ. Galloping colts, fetal feelings, and reassuring regulations: putting animal welfare science into practice. *J Vet Med Educ* 2010; 37: 94-100.

[24] Leist KH, Grauwiler J. Fetal pathology in rats following uterine-vessel clamping on day 14 of gestation. *Teratology* 1974; 10: 55-67.

[25] Rhoades RH. Understanding euthanasia. In: *The Humane Society of the United States euthanasia training manual*. Washington, DC: The Humane Society of the United States, 2002: 1-10.

[26] Rhoades RH. Physical restraint. In: *The Humane Society of the United States euthanasia training manual*. Washington, DC: The Humane Society of the United States, 2002: 51-66.

[27] Arnold M, Langhans W. Effects of anesthesia and blood sampling techniques on plasma metabolites and corticosterone in the rat. *Physiol Behav* 2010; 99: 592-598.

[28] Grieves JL, Dick EJ, Schlabritz-Loutsevich NE, et al. Barbiturate euthanasia solution-induced tissue artifact in nonhuman primates. *J Med Primatol* 2008; 37: 154-161.

[29] Traslavina RP, King EJ, Loar AS, et al. Euthanasia by CO_2 inhalation affects potassium levels in mice. *J Am Assoc Lab Anim Sci* 2010; 49: 316-322.

[30] Faupel RP, Seitz HJ, Tarnowski W, et al. The problem of tissue sampling from experimental animals with respect to freezing technique, anoxia, stress and narcosis. A new method for sampling rat liver tissue and the physiological values of glycolytic intermediates and related compounds. *Arch Biochem Biophys* 1972; 148: 509-522.

[31] Boivin GP, Bottomley MA, Schiml PA, et al. Physiologic, behavioral, and histologic responses to various euthanasia methods in C57BL/6NTac male mice. *J Am Assoc Lab Anim Sci* 2017; 56: 69-78.

[32] Boivin GP, Hickman DL, Creamer-Hente MA, et al. Review of CO_2 as a euthanasia agent for laboratory rats and mice. *J Am Assoc Lab Anim Sci* 2017; 56: 491-499.

[33] Castelhano-Carlos MJ, Baumans V. The impact of light, noise, cage cleaning and in-house transport on welfare and stress of laboratory rats. *Lab Anim* 2009; 43: 311-327.

[34] Crawley J. Aggression. In: *What's wrong with my mouse*? 2nd ed. New York: Wiley & Sons, 2007: 213-217.

[35] Balcombe JP, Barnard ND, Sandusky C, et al. Laboratory routines cause animal stress. *Contemp Top Lab Anim Sci* 2004; 43: 42-51.

[36] Sharp J, Zammit T, Azar T, et al. Are "bystander" female Sprague-Dawley rats affected by experimental procedures? *Contemp Top Lab Anim Sci* 2003; 42: 19-27.

[37] Sharp J, Zammit T, Azar T, et al. Stress-like responses to common procedures in individually and group-housed female rats. *Contemp Top Lab Anim Sci* 2003; 42: 9-18.

[38] Sharp J, Zammit T, Azar T, et al. Does witnessing experimental procedures produce stress in male rats? *Contemp Top Lab Anim Sci* 2002; 41(5): 8-12.

[39] Sharp JL, Zammit TG, Azar T, et al. Stress-like responses to common procedures in male rats housed alone or with other rats. *Contemp Top Lab Anim Sci* 2002; 41(4): 8-14.

[40] Daev EV, Vorob'ev KV, Zimina SA. Olfactory stress and modification of phagocytosis in peripheral blood cells of adult male mice[in Russian]. *Tsitologiia* 2001; 43: 954-960.

[41] Moynihan JA, Karp JD, Cohen N, et al. Im-

mune deviation following stress odor exposure: role of endogenous opioids. *J Neuroimmunol* 2000; 102: 145-153.

[42] Baines MG, Haddad EK, Pomerantz DK, et al. Effects of sensory stimuli on the incidence of fetal resorption in a murine model of spontaneous abortion: the presence of an alien male and postimplantation embryo survival. *J Reprod Fertil* 1994; 102: 221-228.

[43] Moynihan JA, Karp JD, Cohen N, et al. Alterations in interleukin-4 and antibody production following pheromone exposure: role of glucocorticoids. *J Neuroimmunol* 1994; 54: 51-58.

[44] Stevens DA, Gerzog-Thomas DA. Fright reactions in rats to conspecific tissue. *Physiol Behav* 1977; 18: 47-51.

[45] Stevens DA, Saplikoski NJ. Rats' reactions to conspecific muscle and blood—evidence for an alarm substance. *Behav Biol* 1973; 8: 75-82.

[46] Garnett N. PHS policy on humane care and use of laboratory animals clarification regarding use of carbon dioxide for euthanasia of small laboratory animals. Release date: July 17, 2002. Available at: grants. nih. gov/grants/guide/notice-files/NOT-OD-02-062. html. Accessed Dec 14, 2010.

[47] Khoo SY, Lay BPP, Joya J, et al. Local anaesthetic refinement of pentobarbital euthanasia reduces abdominal writhing without affecting immunohistochemical endpoints in rats. *Lab Anim* 2018; 52: 152-162.

[48] Dutton JW, Artwohl JE, Huang X, et al. Assessment of pain associated with the injection of sodium pentobarbital in laboratory mice (*Mus musculus*). *J Am Assoc Lab Anim Sci* 2019; 58: 373-379.

[49] Vaupel DB, McCoun D, Cone EJ. Phencyclidine analogs and precursors: rotarod and lethal dose studies in the mouse. *J Pharmacol Exp Ther* 1984; 230: 20-27.

[50] Constantinides C, Mean R, Janssen BJ. Effects of isoflurane anesthesia on the cardiovascular function of the C57BL/6 mouse. *ILAR J* 2011; 52: e21-e31.

[51] Brunson DB. Pharmacology of inhalation anesthetics. In: Kohn DF, Wixson SK, White WJ, et al, eds. *Anesthesia and analgesia in laboratory animals*. San Diego: Academic Press, 1997; 32-33.

[52] Makowska LJ, Weary DM. Rat aversion to induction with inhaled anaesthetics. *Appl Anim Behav Sci* 2009; 119: 229-235.

[53] Gaertner DJ, Hallman TM, Hankenson FC, et al. Anesthesia and analgesia for laboratory rodents. In: Fish RE, Brown MJ, Danneman PJ, et al, eds. *Anesthesia and analgesia in laboratory animals*. New York: Elsevier, 2008; 278.

[54] Marquardt N, Feja M, Hunigen H, et al. Euthanasia of laboratory mice: are isoflurane and sevoflurane real alternatives to carbon dioxide? *PLoS One* 2018; 13: e0203793.

[55] Seymour TL, Nagamine CM. Evaluation of isoflurane overdose for euthanasia of neonatal mice. *J Am Assoc Lab Anim Sci* 2016; 55: 321-323.

[56] Valentim AM, Guedes SR, Pereira AM, et al. Euthanasia using gaseous agents in laboratory rodents. *Lab Anim* 2016; 50: 241-253.

[57] Hickman DL, Johnson SW. Evaluation of the aesthetics of physical methods of euthanasia of anesthetized rats. *J Am Assoc Lab Anim Sci* 2011; 50: 695-701.

[58] Valentine H, Williams WO, Maurer KJ. Sedation or inhalant anesthesia before euthanasia with CO_2 does not reduce behavioral or physiologic signs of pain and stress in mice. *J Am Assoc Lab Anim Sci* 2012; 51: 50-57.

[59] Hornett TD, Haynes AP. Comparison of carbon dioxide/air mixture and nitrogen/air mixture for the euthanasia of rodents: design of a system for inhalation euthanasia. *Anim Technol* 1984; 35: 93-99.

[60] Hewett TA, Kovacs MS, Artwohl JE, et al. A comparison of euthanasia methods in rats, u-

sing carbon dioxide in prefilled and fixed flow-rate filled chambers. *Lab Anim Sci* 1993; 43: 579-582.

[61] Powell K, Ethun K, Taylor DK. The effect of light level, CO_2 flow rate, and anesthesia on the stress response of mice during CO_2 euthanasia. *Lab Anim* (*NY*) 2016; 45: 386-395.

[62] Boivin GP, Bottomley MA, Dudley ES, et al. Physiological, behavioral, and histological responses of male C57BL/6N mice to different CO_2 chamber replacement rates. *J Am Assoc Lab Anim Sci* 2016; 55: 451-461.

[63] Hickman DL, Fitz SD, Bernabe CS, et al. Evaluation of low versus high volume per minute displacement CO_2 methods of euthanasia in the induction and duration of panic-associated behavior and physiology. *Animals* (*Basel*) 2016; 6: 45.

[64] Chisholm JM, Pang DS. Assessment of carbon dioxide, carbon dioxide/oxygen, isoflurane and pentobarbital killing methods in adult female Sprague-Dawley rats. *PLoS One* 2016; 11: e0162639.

[65] Danneman PJ, Stein S, Walshaw SO. Humane and practical implications of using carbon dioxide mixed with oxygen for anesthesia or euthanasia of rats. *Lab Anim Sci* 1997; 47: 376-385.

[66] Weary DM, Makowska IJ. Rat aversion to carbon monoxide. *Appl Anim Behav Sci* 2009; 121: 148-151.

[67] Ramsay DS, Watson CH, Leroux BG, et al. Conditioned place aversion and self-administration of nitrous oxide in rats. *Pharmacol Biochem Behav* 2003; 74: 623-633.

[68] Duke T, Caulkett NA, Tataryn JM. The effect of nitrous oxide on halothane, isoflurane and sevoflurane requirements in ventilated dogs undergoing ovariohysterectomy. *Vet Anaesth Analg* 2006; 33: 343-350.

[69] Thomas AA, Flecknell PA, Golledge HD. Combining nitrous oxide with carbon dioxide decreases the time to loss of consciousness during euthanasia in mice—refinement of animal welfare? *PLoS One* 2012; 7: e32290.

[70] Meyer RE, Fish R. Pharmacology of injectable anesthetics, sedatives, and tranquilizers. In: Fish RE, Danneman PJ, Brown M, et al, eds. *Anesthesia and analgesia of laboratory animals*. 2nd ed. San Diego: Academic Press, 2008; 27-82.

[71] Wixson SK, Smiler KL. Anesthesia and analgesia in rodents. In: Kohn SJ, Wixson SK, White WJ, et al, eds. *Anesthesia and analgesia in laboratory animals*. San Diego: Academic Press Inc, 1997; 165-200.

[72] Lord R. Use of ethanol for euthanasia of mice. *Aust Vet J* 1989; 66: 268.

[73] Lord R. Humane killing. *Nature* 1991; 350: 456.

[74] Allen-Worthington KH, Brice AK, Marx JO, et al. Intraperitoneal injection of ethanol for the euthanasia of laboratory mice (*Mus musculus*) and rats (*Rattus norvegicus*). *J Am Assoc Lab Anim Sci* 2015; 54: 769-778.

[75] de Souza Dyer C, Brice AK, Marx JO. Intraperitoneal administration of ethanol as a means of euthanasia for neonatal mice (*Mus musculus*). *J Am Assoc Lab Anim Sci* 2017; 56: 299-306.

[76] Cartner SC, Barlow SC, Ness TJ. Loss of cortical function in mice after decapitation, cervical dislocation, potassium chloride injection, and CO_2 inhalation. *Comp Med* 2007; 57: 570-573.

[77] Vanderwolf CH, Buzak DP, Cain RK, et al. Neocortical and hippocampal electrical activity following decapitation in the rat. *Brain Res* 1988; 451: 340-344.

[78] Mikeska JA, Klemm WR. EEG evaluation of humaneness of asphyxia and decapitation euthanasia of the laboratory rat. *Lab Anim Sci* 1975; 25: 175-179.

[79] Fagin KD, Shinsako J, Dallman MF. Effects of housing and chronic cannulation on plasma ACTH and corticosterone in the rat. *Am J Physiol* 1983; 245: E515-E520.

[80] Boivin GP, Bottomley MA, Grobe N. Responses of male C57BL/6N mice to observing the euthanasia of other mice. *J Am Assoc Lab Anim Sci* 2016; 55: 406-411.

[81] Burkholder TH, Niel L, Weed JL, et al. Comparison of carbon dioxide and argon euthanasia: effects on behavior, heart rate, and respiratory lesions in rats. *J Am Assoc Lab Anim Sci* 2010; 49: 448-453.

[82] Sharp J, Azar T, Lawson D. Comparison of carbon dioxide, argon, and nitrogen for inducing unconsciousness or euthanasia of rats. *J Am Assoc Lab Anim Sci* 2006; 45: 21-25.

[83] Gent TC, Detotto C, Vyssotski AL, et al. Epileptiform activity during inert gas euthanasia of mice. *PLoS One* 2018; 13: e0195872.

[84] Detotto C, Isler S, Wehrle M, et al. Nitrogen gas produces less behavioural and neurophysiological excitation than carbon dioxide in mice undergoing euthanasia. *PLoS One* 2019; 14: e0210818.

[85] Fitzgerald M. The development of nociceptive circuits. *Nat Rev Neurosci* 2005; 6: 507.

[86] Biran V, Verney C, Ferriero DM. Perinatal cerebellar injury in human and animal models. *Neurol Res Int* 2012; 2012: 858929.

[87] Silverman J, Hendricks G. Sensory neuron development in mouse coccygeal vertebrae and its relationship to tail biopsies for genotyping. *PLoS One* 2014; 9: e88158.

[88] Cunningham MG, McKay RD. A hypothermic miniaturized stereotaxic instrument for surgery in newborn rats. *J Neurosci Methods* 1993; 47: 105-114.

[89] Danneman PJ, Mandrell TD. Evaluation of five agents/methods for anesthesia of neonatal rats. *Lab Anim Sci* 1997; 47: 386-395.

[90] Phifer CB, Terry LM. Use of hypothermia for general anesthesia in preweanling rodents. *Physiol Behav* 1986; 38: 887-890.

[91] Mellor DJ, Diesch TJ, Gunn AJ, et al. The importance of 'awareness' for understanding fetal pain. *Brain Res Brain Res Rev* 2005; 49: 455-471.

[92] Muñoz-Mediavilla C, Cámara JA, Salazar S, et al. Evaluation of the foetal time to death in mice after application of direct and indirect euthanasia methods. *Lab Anim* 2016; 50: 100-107.

[93] Pritchett K, Corrow D, Stockwell J, et al. Euthanasia of neonatal mice with carbon dioxide. *Comp Med* 2005; 55: 275-281.

[94] Pritchett-Corning KR. Euthanasia of neonatal rats with carbon dioxide. *J Am Assoc Lab Anim Sci* 2009; 48: 23-27.

[95] Close B, Banister K, Baumans V, et al. Recommendations for euthanasia of experimental animals: part 2. DGXT of the European Commission. *Lab Anim* 1997; 31: 1-32.

[96] Diesch TJ, Mellor DJ, Johnson CB, et al. Electroencephalographic responses to tail clamping in anaesthetised rat pups. *Lab Anim* 2009; 43: 224-231.

[97] Mellor DJ, Diesch TJ, Johnson CB. When do mammalian young become sentient? *ALTEX* 2010; 27(suppl 1): 281-286.

[98] Vogler G. Anesthesia and analgesia. In: Suckow MA, Weisbroth SH, Franklin CL, eds. *The laboratory rat.* 2nd ed. San Diego: Academic Press, 2006; 658.

[99] Flecknell PA, Roughan JV, Hedenqvist P. Induction of anaesthesia with sevoflurane and isoflurane in the rabbit. *Lab Anim* 1999; 33: 41-46.

[100] Flecknell PA. *Laboratory animal anaesthesia.* 2nd ed. San Diego: Elsevier Academic Press, 1996; 168-171.

[101] Hedenqvist P, Roughan JV, Antunes L, et al. Induction of anaesthesia with desflurane and isoflurane in the rabbit. *Lab Anim* 2001; 35: 172-179.

[102] Hayward JS, Lisson PA. Carbon dioxide tolerance of rabbits and its relation to burrow fumigation. *Aust Wildl Res* 1978; 5: 253-261.

[103] Hayward JS. Abnormal concentrations of respiratory gases in rabbit burrows. *J Mammal*

1966；47：723-724.

[104] Dalmau A，Pallisera J，Pedernera C，et al. Use of high concentrations of carbon dioxide for stunning rabbits reared for meat production. *World Rabbit Sci* 2016；24：25-37.

[105] Walsh JL，Percival A，Turner PV. Efficacy of blunt force trauma, a novel mechanical cervical dislocation device, and a non-penetrating captive bolt device for on-farm euthanasia of pre-weaned kits, growers, and adult commercial meat rabbits. *Animals（Basel）* 2017；7：100.

[106] Schütt-Abraham I，Knauer-Kraetzl B，Wormuth HJ. Observations during captive bolt stunning of rabbits. *Berl Munch Tierarztl Wochenschr* 1992；105：10-15.

[107] Walsh J，Percival A，Tapscott B，et al. On-farm euthanasia practices and attitudes of commercial meat rabbit producers. *Vet Rec* 2017；181：292.

[108] Wilson JM，Bunte RM，Carty AJ. Evaluation of rapid cooling and tricaine methanesulfonate （MS222） as methods of euthanasia in zebrafish（*Danio rerio*）. *J Am Assoc Lab Anim Sci* 2009；48：785-789.

[109] Collymore C，Banks KE，Turner PV. Lidocaine hydrochloride compared with MS222 for the euthanasia of zebrafish（*Danio rerio*）. *J Am Assoc Lab Anim Sci* 2016；55：816-820.

[110] Blessing JJ，Marshal JC，Balcombe SR. Humane killing of fishes for scientific research：a comparison of two methods. *J Fish Biol* 2010；76：2571-2577.

[111] Varga ZM，Matthews M，Trevarrow B，et al. *Hypothermic shock is a reliable and rapid euthanasia method for zebrafish*. Final report to OLAW on euthanasia of zebrafish. Bethesda，Md：Office of Laboratory Animal Welfare，National Institutes of Health，2008.

[112] Köhler A，Collymore C，Finger-Baier K，et al. Report of Workshop on Euthanasia for Zebrafish—a matter of welfare and science. *Zebrafish* 2017；14：547-551.

[113] Strykowski JL，Schech JM. Effectiveness of recommended euthanasia methods in larval zebrafish（*Danio rerio*）. *J Am Assoc Lab Anim Sci* 2015；54：81-84.

[114] Wallace CK，Bright LA，Marx JO，et al. Effectiveness of rapid cooling as a method of euthanasia for young zebrafish（*Danio rerio*）. *J Am Assoc Lab Anim Sci* 2018；57：58-63.

[115] National Institutes of Health. *Guidelines for use of zebrafish in the NIH intramural research program*. Bethesda，Md：National Institutes of Health，2009. Available at：oacu. od. nih. gov/arac/documents/Zebrafish. pdf. Accessed Nov 25，2010.

[116] Torreilles SL，McClure DE，Green SL. Evaluation and refinement of euthanasia methods for *Xenopus laevis*. *J Am Assoc Lab Anim Sci* 2009；48：512-516.

[117] Grandin T. Objective scoring of animal handling and stunning practices at slaughter plants. *J Am Vet Med Assoc* 1998；212：36-39.

[118] Grandin T. Effect of animal welfare audits of slaughter plants by a major fast food company on cattle handling and stunning practices. *J Am Vet Med Assoc* 2000；216：848-851.

[119] Grandin T. Euthanasia and slaughter of livestock. *J Am Vet Med Assoc* 1994；204：1354-1360.

[120] Grandin T. Pig behavior studies applied to slaughter-plant design. *Appl Anim Ethol* 1982；9：141-151.

[121] Grandin T. Observations of cattle behavior applied to design of cattle handling facilities. *Appl Anim Ethol* 1980；6：19-31.

[122] Thurmon JC. Euthanasia of food animals. *Vet Clin North Am Food Anim Pract* 1986；2：743-756.

[123] Fulwider WK，Grandin T，Rollin BE，et al. Survey of management practices on one hundred and thirteen north central and northeastern United States dairies. *J Dairy Sci* 2008；91：1686-1692.

[124] Humane Slaughter Association. *Humane killing of livestock using firearms: guidance notes #3*. 2nd ed. Wheathampstead, England: Humane Slaughter Association, 2005.

[125] Woods J, Shearer JK, Hill J. Recommended on-farm euthanasia practices. In: Grandin T, ed. *Improving animal welfare: a practical approach*. Wallingford, England: CABI Publishing, 2010.

[126] Baker HJ, Scrimgeour HJ. Evaluation of methods for the euthanasia of cattle in a foreign animal disease outbreak. *Can Vet J* 1995; 36: 160-165.

[127] Finnie IW. Traumatic head injury in ruminant livestock. *Aust Vet J* 1997; 75: 204-208.

[128] Finnie IW, Manavis J, Summersides GE, et al. Brain damage in pigs produced by impact with a non-penetrating captive bolt pistol. *Aust Vet J* 2003; 81: 153-155.

[129] Grandin T. Return-to-sensibility problems after penetrating captive bolt stunning of cattle in commercial beef slaughter plants. *J Am Vet Med Assoc* 2002; 221: 1258-1261.

[130] Blackmore DK. Energy requirements for the penetration of heads of domestic stock and the development of a multiple projectile. *Vet Rec* 1985; 116: 36-40.

[131] Daly CC, Whittington PE. Investigation into the principal determinants of effective captive bolt stunning of sheep. *Res Vet Sci* 1989; 46: 406-408.

[132] Daly CC. Recent developments in captive bolt stunning. In: *Humane slaughter of animals for food*. Potters Bar, England: Universities Federation for Animal Welfare, 1986: 15-20.

[133] Gregory N, Shaw F. Penetrating captive bolt stunning and exsanguination of cattle in abattoirs. *J Appl Anim Welf Sci* 2000; 3: 215-230.

[134] Grandin T. Maintenance of good animal welfare standards in beef slaughter plants by use of auditing programs. *J Am Vet Med Assoc* 2005; 226: 370-373.

[135] Gibson TJ, Rebelo CB, Gowers TA, et al. Electroencephalographic assessment of concussive non-penetrative captive bolt stunning of turkeys. *Br Poult Sci* 2018; 59: 13-20.

[136] World Organisation for Animal Health (OIE). Chapter 7.6: killing of animals for disease control purposes. In: *Terrestrial animal health code*. 20th ed. Paris: OIE, 2011. Available at: www.oie.int/index.php?id=169&L=0&htm-file=chapitre_1.7.6.htm. Accessed May 16, 2011.

[137] National Farm Animal Care Council. Code of Practice for the Care and Handling of Bison. 2017. Available at: www.nfacc.ca/codes-of-practice/bison. Accessed Nov 11, 2019.

[138] Schwenk BK, Lechner I, Ross SG, et al. Magnetic resonance imaging and computer tomography of brain lesions in water buffaloes and cattle stunned with handguns or captive bolts. *Meat Sci* 2016; 113: 35-40.

[139] Gregory NG, Spence JY, Mason CW, et al. Effectiveness of poll stunning water buffalo with captive bolt guns. *Meat Sci* 2009; 81: 178-182.

[140] Gregory NG, Wotton SB. Time to loss of brain responsiveness following exsanguination in calves. *Res Vet Sci* 1984; 37: 141-143.

[141] Schulze W, Schultze-Petzold H, Hazem AS, et al. Experiments on the objective assessment of pain and consciousness in slaughtering sheep and calves by the conventional method (humane killer stunning) and by ritual slaughtering laws (shechita). *Dtsch Tierarztl Wochenschr* 1978; 85: 62-66.

[142] Blackmore DK. Differences in behavior between sheep and cattle during slaughter. *Res Vet Sci* 1984; 37: 223-226.

[143] Bager F, Devine CE, Gilbert KV. Jugular blood flow in calves after head-only electrical stunning and throat-cutting. *Meat Sci* 1988; 22: 237-243.

[144] Daly CC, Kallweit E, Ellendorf F. Cortical function in cattle during slaughter: conven-

tional captive bolt stunning followed by exsanguination compared with shechita slaughter. *Vet Rec* 1988; 122: 325-329.

[145] Newhook JC, Blackmore DK. Electroencephalographic studies of stunning and slaughter of sheep and calves: part 1—the onset of permanent insensibility in sheep during slaughter. *Meat Sci* 1982; 6: 221-233.

[146] Gregory NG, Fielding HR, von Wenzlawowicz M, et al. Time to collapse following slaughter without stunning in cattle. *Meat Sci* 2010; 85: 66-69.

[147] Rosen SD. Physiological insights into shechita. *Vet Rec* 2004; 154: 759-765.

[148] Gregory NG. Physiology of stress, distress, stunning and slaughter. In: *Animal welfare and meat science*. Wallingford, England: CABI Publishing, 1998; 64-92.

[149] Gibson TJ, Johnson CB, Murrell JC, et al. Components of electroencephalographic responses to slaughter in halothane-anesthetized calves: effects of cutting neck tissues compared with major blood vessels. *N Z Vet J* 2009; 57: 84-89.

[150] Mellor DJ, Gibson TJ, Johnson CB. A reevaluation of the need to stun calves prior to slaughter by ventral-neck incision: an introductory review. *N Z Vet J* 2009; 57: 74-76.

[151] Leach TM, Wilkins LJ. Observations on the physiological effects of pithing cattle at slaughter. *Meat Sci* 1985; 15: 101-106.

[152] Daly CC, Whittington PE. Concussive methods of pre-slaughter stunning in sheep: effects of captive bolt stunning in the poll position on brain function. *Res Vet Sci* 1986; 41: 353-355.

[153] Withrock IC. The use of carbon dioxide (CO_2) as an alternative euthanasia method for goat kids. Available at: search. proquest. com/docview/1733971790/abstract/C0605E819-BD543A6PQ/1. Accessed Nov 11, 2019.

[154] Gibson TJ, Whitehead C, Taylor R, et al. Pathophysiology of penetrating captive bolt stunning in Alpacas (*Vicugna pacos*). *Meat Sci* 2015; 100: 227-231.

[155] Plummer PJ, Shearer JK, Kleinhenz KE, et al. Determination of anatomic landmarks for optimal placement in captive-bolt euthanasia of goats. *Am J Vet Res* 2018; 79: 276-281.

[156] AVMA. AVMA guidelines for the humane slaughter of animals: 2016 edition. Available at: www. avma. org/KB/Resources/Reference/AnimalWelfare/Documents/Humane-Slaughter-Guidelines. pdf.

[157] Collins SL, Caldwell M, Hecht S, et al. Comparison of penetrating and nonpenetrating captive bolt methods in horned goats. *Am J Vet Res* 2017; 78: 151-157.

[158] Evers AS, Crowder CM, Balser JR. General anesthetics. In: Brunton LL, Lazo JS, Parker KL, eds. *Goodman and Gillman's the pharmacological basis of therapeutics*. 11th ed. New York: McGraw-Hill Medical Publishing Division, 2006; 362.

[159] Limon G, Guitian J, Gregory NG. A note on the slaughter of llamas in Bolivia by the puntilla method. *Meat Sci* 2009; 82: 405-406.

[160] Limon G, Guitian J, Gregory NG. An evaluation of the humaneness of puntilla in cattle. *Meat Sci* 2010; 84: 352-355.

[161] Finnie JW, Blumbergs PC, Manavis J, et al. Evaluation of brain damage resulting from penetrating and non-penetrating captive bolt stunning using lambs. *Aust Vet J* 2000; 78: 775-778.

[162] Finnie JW, Manavis J, Blumberg PC, et al. Brain damage in sheep from penetrating captive bolt stunning. *Aust Vet J* 2002; 80: 67-69.

[163] Grist A, Lines JA, Knowles TG, et al. The use of a mechanical non-penetrating captive bolt device for the euthanasia of neonate lambs. *Animals* (*Basel*) 2018; 8: 49.

[164] Sutherland MA, Watson TJ, Johnson CB, et al. Evaluation of the efficacy of a non-penetrating captive bolt to euthanase neonatal

goats up to 48 hours of age. *Anim Welf* 2016; 25: 471-479.

[165] Grist A, Lines JA, Knowles TG, et al. Use of a non-penetrating captive bolt for euthanasia of neonate goats. *Animals (Basel)* 2018; 8: 58.

[166] Chapter OIE. 7. 5. 5: management of fetuses during slaughter of pregnant animals. In: *Terrestrial animal health code*. 17th ed. Paris: OIE, 2008: 284.

[167] Jochems CE, van der Valk JB, Stafleu FR, et al. The use of fetal bovine serum: ethical or scientific problem? *Altern Lab Anim* 2002; 30: 219-227.

[168] Yan EB, Barburamani AA, Walker AM, et al. Changes in cerebral blood flow, cerebral metabolites, and breathing movements in the sheep fetus following asphyxia produced by occlusion of the umbilical cord. *Am J Physiol Regul Integr Comp Physiol* 2009; 297: R60-R69.

[169] Mellor DJ. Integration of perinatal events, pathophysiological changes and consequences for the newborn lamb. *Br Vet J* 1988; 144: 552-569.

[170] Peisker N, Preissel AK, Rechenbach HD, et al. Foetal stress responses to euthanasia of pregnant sheep. *Berl Munch Tierarztl Wochenschr* 2010; 123: 2-10.

[171] Klaunberg BA, O'Malley J, Clark T, et al. Euthanasia of mouse fetuses and neonates. *Contemp Top Lab Anim Sci* 2004; 43: 29-34.

[172] Küchenmeister U, Kuhn G, Ender K. Preslaughter handling of pigs and the effect on heart rate, meat quality, including tenderness, and sarcoplasmic reticulum Ca^{2+} transport. *Meat Sci* 2005; 71: 690-695.

[173] Küchenmeister U, Kuhn G, Stabenow B, et al. The effect of experimental stress on sarcoplasmic reticulum Ca^{2+} transport and meat quality in pig muscle. *Meat Sci* 2002; 61: 375-380.

[174] Geverink NA, Schouten WGP, Gort G, et al. Individual differences in behavioral and physiological responses to restraint stress in pigs. *Physiol Behav* 2002; 77: 451-457.

[175] Magnusson U, Wattrang E, Tsuma V, et al. Effects of stress resulting from short-term restraint on in vitro functional capacity of leukocytes obtained from pigs. *Am J Vet Res* 1998; 59: 421-425.

[176] Neubert E, Gurtler H, Vallentin G. Effect of restraining growth pigs with snare restraints on plasma levels of catecholamines, cortisol, insulin and metabolic parameters. *Berl Munch Tierarztl Wochenschr* 1996; 109: 409-413.

[177] Roozen AW, Magnusson U. Effects of short-term restraint stress on leukocyte counts, lymphocyte proliferation and lysis of erythrocytes in gilts. *Zentralbl Veterinarmed B* 1996; 43: 505-511.

[178] Roozen AWM, Tsuma VT, Magnusson U. Effects of short-term restraint stress on plasma concentrations of catecholamines, β-endorphin, and cortisol in gilts. *Am J Vet Res* 1995; 56: 1225-1227.

[179] Farmer C, Dubreuil P, Couture Y, et al. Hormonal changes following an acute stress in control and somatostatin-immunized pigs. *Domest Anim Endocrinol* 1991; 8: 527-536.

[180] Muir W. *Handbook of veterinary anesthesia*. 3rd ed. St Louis: Mosby, 2000.

[181] Maisch A, Ritzmann M, Heinritzi K. The humane euthanasia of pigs with pentobarbital. *Tierarztl Umsch* 2005; 60: 679-683.

[182] National Pork Board, American Association of Swine Practitioners. *On-farm euthanasia of swine*. 2nd edition. Des Moines, Iowa: National Pork Board, 2009.

[183] Althen TG, Ono K, Topel DG. Effect of stress susceptibility or stunning method on catecholamine levels in swine. *J Anim Sci* 1977; 44: 985-989.

[184] Humane Slaughter Association. *Captive bolt stunning of livestock: guidance notes No. 2.*

4th ed. Wheathampstead, England: Humane Slaughter Association, 2006.

[185] Van der Wal PP. Stunning, sticking and exsanguination as stress factors in pigs, in *Proceedings*. 2nd Int Symp Cond Meat Qual Pigs 1971: 153-158.

[186] Anil MH, McKinstry JL. Reflexes and loss of sensibility following head-to-back electrical stunning in sheep. *Vet Rec* 1991; 128: 106-107.

[187] Blackmore DK, Newhook JC. Insensibility during slaughter of pigs in comparison to other domestic stock. *N Z Vet J* 1981; 29: 219-222.

[188] McKinstry JL, Anil MH. The effect of repeat application of electrical stunning on the welfare of pigs. *Meat Sci* 2004; 67: 121-128.

[189] Humane Slaughter Association. *Electrical stunning of red meat animals: guidance notes No. 4*. Wheathampstead, England: Humane Slaughter Association, 2000: 1-22.

[190] Anil MH, McKinstry JL. Variations in electrical stunning tong placements and relative consequences in slaughter pigs. *Vet J* 1998; 155: 85-90.

[191] Anil MH, McKinstry JL. The effectiveness of high frequency electrical stunning in pigs. *Meat Sci* 1992; 31: 481-491.

[192] Lambooij B, Merkus GSM, VonVoorst N, et al. Effect of a low voltage with a high frequency electrical stunning on unconsciousness in slaughter pigs. *Fleischwirtschaft (Frankf)* 1996; 76: 1327-1328.

[193] Lambooij E. Stunning of animals on the farm. *Tijdschr Diergeneeskd* 1994; 119: 264-266.

[194] Troeger K, Woltersdorf W. Electrical stunning and meat quality in the pig. *Fleischwirtschaft (Frankf)* 1990; 70: 901-904.

[195] Wotton SB, Gregory NG. Pig slaughtering procedures: time to loss of brain responsiveness after exsanguination of cardiac arrest. *Res Vet Sci* 1986; 40: 148-151.

[196] Hoenderken R. Electrical stunning of pigs. In:

Fabiansson S, ed. *Hearing on pre-slaughter stunning (report No. 52)*. Kavlinge, Sweden: Swedish Meat Research Centre, 1978: 29-38.

[197] Denicourt M, Klopfenstein C, Dufour C, et al. Using an electrical approach to euthanize pigs on-farm: fundamental principles to know, in *Proceedings*. 41st Annu Meet Am Assoc Swine Vet 2010: 451-468.

[198] Raj ABM, Gregory NG. Welfare implications of the gas stunning of pigs: 1. Determination of aversion to the initial inhalation of carbon dioxide or argon. *Anim Welf* 1995; 4: 273-280.

[199] Raj AB. Behaviour of pigs exposed to mixtures of gases and the time required to stun and kill them: welfare implications. *Vet Rec* 1999; 144: 165-168.

[200] Raj AB, Johnson SP, Wotton SB, et al. Welfare implications of gas stunning pigs: 3. the time to loss of somatosensory evoked potentials and spontaneous electrocorticogram of pigs during exposure to gases. *Vet J* 1997; 153: 329-339.

[201] Raj ABM, Gregory NG. Welfare implications of the gas stunning of pigs: 2. Stress of induction of anaesthesia. *Anim Welf* 1996; 5: 71-78.

[202] Troeger K, Woltersdorf W. Gas anesthesia of slaughter pigs. 1. Stunning experiments under laboratory conditions with fat pigs of known halothane reaction type—meat quality, animal protection. *Fleischwirtschaft (Frankf)* 1991; 72: 1063-1068.

[203] Martoft L, Lomholt L, Kolthoff C, et al. Effects of CO_2 anaesthesia on central nervous system activity in swine. *Lab Anim* 2002; 36: 115-126.

[204] Forslid A. Transient neocortical, hippocampal, and amygdaloid EEG silence induced by one minute inhalation of high CO_2 concentration in swine. *Acta Physiol Scand* 1987; 130: 1-10.

[205] Jongman EC, Barnett JL, Hemsworth PH.

The aversiveness of carbon dioxide stunning in pigs and a comparison of the CO_2 stunner crate vs the V-restrainer. *Appl Anim Behav Sci* 2000; 67: 67-76.

[206] Velarde A, Cruz J, Gispert M, et al. Aversion to carbon dioxide stunning in pigs: effect of carbon dioxide concentration and halothane genotype. *Anim Welf* 2007; 16: 513-522.

[207] Nowak B, Mueffling TV, Caspari K, et al. Validation of a method for the detection of virulent *Yersinia enterocolitica* and their distribution in slaughter pigs from conventional and alternative housing systems. *Vet Microbiol* 2006; 117: 219-228.

[208] Channon HA, Payne AM, Warner RD. Halothane genotype, pre-slaughter handling and stunning method all influence pork quality. *Meat Sci* 2000; 56: 291-299.

[209] Forslid A. Muscle spasms during pre-slaughter CO_2 anaesthesia in pigs. Ethical considerations. *Fleischwirtschaft (Frankf)* 1992; 72: 167-168.

[210] Forslid A, Augustinsson O. Acidosis, hypoxia and stress hormone release in response to one-minute inhalation of 80% CO_2 in swine. *Acta Physiol Scand* 1988; 132: 223-231.

[211] Gregory NG, Moss BW, Leeson RH. An assessment of carbon dioxide stunning in pigs. *Vet Rec* 1987; 121: 517-518.

[212] Overstreet JW, Marple DN, Huffman DL, et al. Effect of stunning methods on porcine muscle glycolysis. *J Anim Sci* 1975; 41: 1014-1020.

[213] Meyer RE, Morrow WEM. Carbon dioxide for emergency on-farm euthanasia of swine. *J Swine Health Prod* 2005; 13: 210-217.

[214] Sadler LJ, Karriker LA, Schwartz KJ, et al. Are severely depressed suckling pigs resistant to gas euthanasia? *Anim Welf* 2014; 23: 145-155.

[215] Widowski T. *Effectiveness of a non-penetrating captive bolt for on-farm euthanasia of low viability piglets.* Des Moines, Iowa: National Pork Board, 2008.

[216] Whiting TL, Steele GG, Wamnes S, et al. Evaluation of methods of rapid mass killing of segregated early weaned piglets. *Can Vet J* 2011; 52: 753-758.

[217] Grist A, Lines JA, Knowles T, et al. The use of a non-penetrating captive bolt for the euthanasia of neonate piglets. *Animals (Basel)* 2018; 8: 48.

[218] Casey-Trott TM, Millman ST, Turner PV, et al. Effectiveness of a nonpenetrating captive bolt for euthanasia of 3 kg to 9 kg pigs. *J Anim Sci* 2014; 92: 5166-5174.

[219] Webster AB, Fletcher DL, Savage SI. Humane on-farm killing of spent hens. *J Appl Poult Res* 1996; 5: 191-200.

[220] United Egg Producers. Animal husbandry guidelines for US egg-laying flocks. 2010 edition. Alpharetta, Ga: United Egg Producers, 2010. Available at: www. unitedegg. org/information/pdf/UEP_2010_Animal_Welfare_Guidelines. pdf. Accessed Aug 13, 2012.

[221] Jaksch W. Euthanasia of day-old male chicks in the poultry industry. *Int J Study Anim Probl* 1981; 2: 203-213.

[222] Gurung S, White D, Archer G, et al. Evaluation of alternative euthanasia methods of neonatal chickens. *Animals (Basel)* 2018; 8: 37.

[223] Blackshaw JK, Fenwick DC, Beattie AW, et al. The behavior of chickens, mice and rats during euthanasia with chloroform, carbon dioxide and ether. *Lab Anim* 1988; 22: 67-75.

[224] Latimer KS, Rakich PM. Necropsy examination. In: Ritchie BW, Harrison GJ, Harrison LR, eds. *Avian medicine: principles and application.* Lake Worth, Fla: Wingers Publishing Inc, 1994; 355-379.

[225] Webster AB, Fletcher DL. Reactions of laying hens and broilers to different gases used for stunning poultry. *Poult Sci* 2001; 80: 1371-1377.

[226] Lambooij E, Gerritzen MA, Engel B, et al. Behavioural responses during exposure of

broiler chickens to different gas mixtures. *Appl Anim Behav Sci* 1999; 62: 255-265.

[227] Gerritzen MA, Lambooij E, Stegeman JA, et al. Slaughter of poultry during the epidemic of avian influenza in the Netherlands in 2003. *Vet Rec* 2006; 159: 39-42.

[228] Mohan Raj AB, Wotton SB, Gregory NG. Changes in the somatosensory evoked potentials and spontaneous electroencephalogram of hens during stunning with a carbon dioxide and argon mixture. *Br Vet J* 1992; 148: 147-156.

[229] Webster AB, Collett SR. A mobile modified-atmosphere killing system for small-flock depopulation. *J Appl Poult Res* 2012; 21: 131-144.

[230] Raj ABM, Whittington PE. Euthanasia of day-old chicks with carbon dioxide and argon. *Vet Rec* 1995; 136: 292-294.

[231] Poole GH, Fletcher DL. A comparison of argon, carbon dioxide, and nitrogen in a broiler killing system. *Poult Sci* 1995; 74: 1218-1223.

[232] McKeegan DEF, McIntyre JA, Demmers TGM, et al. Physiological and behavioural responses of broilers to controlled atmosphere stunning: implications for welfare. *Anim Welf* 2007; 16: 409-426.

[233] Coenen AML, Lankhaar J, Lowe JC, et al. Remote monitoring of electroencephalogram, electrocardiogram, and behavior during controlled atmosphere stunning in broilers: implications for welfare. *Poult Sci* 2009; 88: 10-19.

[234] McKeegan DEF, Sandercock DA, Gerritzen MA. Physiological responses to low atmospheric pressure stunning and the implications for welfare. *Poult Sci* 2013; 92: 858-868.

[235] Erasmus MA, Lawlis P, Duncan IJ, et al. Using time to insensibility and estimated time of death to evaluate a nonpenetrating captive bolt, cervical dislocation, and blunt trauma for on-farm killing of turkeys. *Poult Sci*

2010; 89: 1345-1354.

[236] Erasmus MA, Turner PV, Niekamp SG, et al. Brain and skull lesions resulting from use of percussive bolt, cervical dislocation by stretching, cervical dislocation by crushing and blunt trauma in turkeys. *Vet Rec* 2010; 167: 850-858.

[237] Erasmus MA, Turner PV, Widowski TM. Measures of insensibility used to determine effective stunning and killing of poultry. *J Appl Poult Res* 2010; 19: 288-298.

[238] Gregory NG, Wotton SB. Comparison of neck dislocation and percussion of the head on visual evoked responses in the chicken's brain. *Vet Rec* 1990; 126: 570-572.

[239] Martin JE, Sandercock DA, Sandilands V, et al. Welfare risk of repeated application of on-farm killing methods for poultry. *Animals (Basel)* 2018; 8: E39.

[240] Bader S, Meyer-Kühling B, Güntheret R, et al. Anatomical and histologic pathology induced by cervical dislocation following blunt head trauma for on-farm euthanasia of poultry. *J Appl Poult Res* 2014; 23: 546-556.

[241] Cors JC, Gruber AD, Günther R, et al. Electroencephalographic evaluation of the effectiveness of blunt trauma to induce loss of consciousness for on-farm killing of chickens and turkeys. *Poult Sci* 2015; 94: 147-155.

[242] Martin JE, McKeegan DEG, Sparrey J, et al. Comparison of novel mechanical cervical dislocation and a modified captive bolt for on-farm killing of poultry on behavioural reflex responses and anatomical pathology. *Anim Welf* 2016; 25: 227-241.

[243] Woolcott CR, Torrey S, Turner PV, et al. Evaluation of two models of non-penetrating captive bolt devices for on-farm euthanasia of turkeys. *Animals (Basel)* 2018; 8: E42.

[244] Orosz S. Birds. In: *Guidelines for euthanasia of nondomestic animals*. Yulee, Fla: American Association of Zoo Veterinarians, 2006; 46-49.

[245] American Association of Avian Pathologists

（AAAP）Animal Welfare and Management Practices Committee. *Review of mechanical euthanasia of day-old poultry*. Athens, Ga: American Association of Avian Pathologists, 2005.

[246] Federation of Animal Science Societies (FASS). *Guide for the care and use of agricultural animals in agricultural research and teaching*. Champaign, Ill: Federation of Animal Science Societies, 2010.

[247] Agriculture Canada. *Recommended code of practice for the care and handling of poultry from hatchery to processing plant*. Publication 1757/E. 1989. Ottawa: Agriculture Canada, 1989.

[248] European Council. *European Council Directive 93/119/EC of 22 December 1993 on the protection of animals at the time of slaughter or killing. Annex G: killing of surplus chicks and embryos in hatchery waste*. Brussels: European Council, 1993.

[249] Shearer JK, Nicoletti P. Anatomical landmarks. Available at: www. vetmed. iastate. edu/vdpam/extension/dairy/programs/humane-euthanasia/anatomical-landmarks. Accessed Jun 24, 2011.

[250] Aleman M, Davis E, Williams DC, et al. Electrophysiologic study of a method of euthanasia using intrathecal lidocaine hydrochloride administered during intravenous anesthesia in horses. *J Vet Intern Med* 2015; 29: 1676-1682.

[251] AVMA. AVMA guidelines on euthanasia. June 2007. Available at: www. avma. org/issues/animal _ welfare/euthanasia. pdf. Accessed May 7, 2011.

[252] Franson JC. Euthanasia. In: Friend M, Franson JC, eds. *Field manual of wildlife diseases. General field procedures and diseases of birds*. Biological Resources Division information and technology report 1999-001. Washington, DC: US Department of the Interior and US Geological Survey, 1999; 49-53.

[253] Mason C, Spence J, Bilbe L, et al. Methods for dispatching backyard poultry. *Vet Rec* 2009; 164: 220.

[254] Rae M. Necropsy. In: *Clinical avian medicine*. Vol 2. Palm Beach, Fla: Spix Publishing Inc, 2006; 661-678.

[255] Hess L. Euthanasia techniques in birds—roundtable discussion. *J Avian Med Surg* 2005; 19: 242-245.

[256] Gaunt AS, Oring LW. *Guidelines to the use of wild birds in research*. Washington, DC: The Ornithological Council, 1997.

[257] Dawson MD, Johnson KJ, Benson ER, et al. Determining cessation of brain activity during depopulation or euthanasia of broilers using accelerometers. *J Appl Poult Res* 2009; 18: 135-142.

[258] Raj M, O'Callaghan M, Thompson K, et al. Large scale killing of poultry species on farm during outbreaks of diseases: evaluation and development of a humane containerised gas killing system. *Worlds Poult Sci J* 2008; 64: 227-244.

[259] Raj M. Humane killing of nonhuman animals for disease control purposes. *J Appl Anim Welf Sci* 2008; 11: 112-124.

[260] Powell FL. Respiration. In: Whittow GC, ed. *Sturkie's avian physiology*. 5th ed. San Diego: Academic Press, 2000; 233-264.

[261] King AS, McLelland J. Respiratory system. In: King AS, McLelland J, eds. *Birds: their structure and function*. 2nd ed. Eastbourne, England: Bailliere Tindall, 1984; 110-144.

[262] Dumonceaux G, Harrison GJ. Toxins. In: Ritchie BW, Harrison GJ, Harrison LR, eds. *Avian medicine: principles and application*. Lake Worth, Fla: Wingers Publishing, 1994; 1030-1052.

[263] Scott KE, Bracchi LA, Lieberman MT, et al. Evaluation of best practices for the euthanasia of zebra finches (*Taeniopygia guttata*). *J Am Assoc Lab Anim Sci* 2017; 56: 802-806.

［264］Gerritzen M，Lambooij B，Reimert H，et al. A note on behaviour of poultry exposed to increasing carbon dioxide concentrations. *Appl Anim Behav Sci* 2007；108：179-185.

［265］Benson E，Malone GW，Alphin RL，et al. Foam-based mass emergency depopulation of floor-reared meat-type poultry operations. *Poult Sci* 2007；86：219-224.

［266］Raj ABM. Aversive reactions to argon，carbon dioxide and a mixture of carbon dioxide and argon. *Vet Rec* 1996；138：592-593.

［267］Raj ABM. Recent developments in stunning and slaughter of poultry. *Worlds Poult Sci J* 2006；62：462-484.

［268］McKeegan DEF，McIntyre J，Demmers TGM，et al. Behavioural responses of broiler chickens during acute exposure to gaseous stimulation. *Appl Anim Behav Sci* 2006；99：271-286.

［269］Raj ABM，Gregory NG，Wotton SB. Changes in the somatosensory evoked potentials and spontaneous electroencephalogram of hens during stunning in argon-induced anoxia. *Br Vet J* 1991；147：322-330.

［270］Close B，Banister K，Baumans V，et al. Recommendations for euthanasia of experimental animals：part 1. DGXI of the European Commission. *Lab Anim* 1996；30：293-316.

［271］Gregory NG，Wotton SB. Effect of slaughter on the spontaneous and evoked activity of the brain. *Br Poult Sci* 1986；27：195-205.

［272］Borski RJ，Hodson RG. Fish research and the institutional animal care and use committee. *ILAR J* 2003；44：286-294.

［273］Paul-Murphy JR，Engilis A Jr，Pascoe PJ，et al. Comparison of intraosseous pentobarbital administration and thoracic compression for euthanasia of anesthetized sparrows (*Passer domesticus*) and starlings (*Sturnus vulgaris*). *Am J Vet Res* 2017；78：887-899.

［274］Clifford DH. Preanesthesia，anesthesia，analgesia，and euthanasia. In：Fox JG，Cohen BJ，Loew FM，eds. *Laboratory animal medicine*. New York：Academic Press Inc，1984；528-563.

［275］Dyakonova VE. Role of opioid peptides in behavior of invertebrates. *J Evol Biochem Physiol* 2001；37：335-347.

［276］Rose JD. The neurobehavioral nature of fishes and the question of awareness and pain. *Rev Fish Sci* 2002；10：1-38.

［277］Nordgreen J，Horsberg TE，Ranheim B，et al. Somatosensory evoked potentials in the telencephalon of Atlantic salmon (*Salmo salar*) following galvanic stimulation of the tail. *J Comp Physiol A Neuroethol Sens Neural Behav Physiol* 2007；193：1235-1242.

［278］Dunlop R，Laming P. Mechanoreceptive and nociceptive responses in the central nervous system of goldfish (*Carassius auratus*) and trout (*Oncorhynchus mykiss*). *J Pain* 2005；6：561-568.

［279］Elwood RW，Appel M. Pain experience in hermit crabs？ *Anim Behav* 2009；77：1243-1246.

［280］Barr S，Laming PR，Dick JTA，et al. Nociception or pain in a decapod crustacean？ *Anim Behav* 2008；75：745-751.

［281］Ashley PJ，Sneddon LU，McCrohan CR. Nociception in fish：stimulus response properties of receptors on the head of trout *Oncorhynchus mykiss*. *Brain Res* 2007；1166：47-54.

［282］Braithwaite VA，Boulcott P. Pain perception，aversion and fear in fish. *Dis Aquat Organ* 2007；75：131-138.

［283］Alvarez FA，Rodriguez-Martin I，Gonzalez-Nuñez V，et al. New kappa opioid receptor from zebrafish *Danio rerio*. *Neurosci Lett* 2006；405：94-99.

［284］Sneddon LU. Trigeminal somatosensory innervation of the head of a teleost fish with particular reference to nociception. *Brain Res* 2003；972：44-52.

［285］Buatti MC，Pasternak GW. Multiple opiate receptors：phylogenetic differences. *Brain Res* 1981；218：400-405.

［286］Finger TE. Fish that taste with their feet：spinal sensory pathways in the sea robin，

Prionotus carolinus. Biol Bull 1981; 161: 154-161.

[287] Schulman JA, Finger TE, Brecha NC, et al. Enkephalin immunoreactivity in Golgi cells and mossy fibres of mammalian, avian and teleost cerebellum. *Neuroscience* 1981; 6: 2407-2416.

[288] AVMA. AVMA guidelines for the depopulation of animals: 2019 edition. Available at: www. avma. org/KB/Policies/documents/AVMA-Guidelines-for-the-Depopulation-of-Animals. pdf. Accessed Nov 11, 2019.

[289] Jepson J. A linguistic analysis of discourse on the killing of nonhuman animals. *Soc Anim* 2008; 16: 127-148.

[290] Yanong RPE, Hartman KH, Watson CA, et al. *Fish slaughter, killing, and euthanasia: a review of major published US guidance documents and general considerations of methods.* Publication # CIR1525. Gainesville, Fla: Fisheries and Aquatic Sciences Department, Florida Cooperative Extension Service, Institute of Food and Agricultural Sciences, University of Florida, 2007. Available at: edis. ifas. ufl. edu/fa150. Accessed May 16, 2011.

[291] Hartman KH. Fish. In: *Guidelines for euthanasia of nondomestic animals.* Yulee, Fla: American Association of Zoo Veterinarians, 2006; 28-38.

[292] Håstein T, Scarfe AD, Lund VL. Science-based assessment of welfare: aquatic animals. *Rev Sci Tech* 2005; 24: 529-547.

[293] Burns R. Considerations in the euthanasia of reptiles, fish and amphibians, in *Proceedings.* Am Assoc Zoo Vet Wildl Dis Assoc Am Assoc Wildl Vet Joint Conf 1995; 243-249.

[294] Zwart P, de Vries HR, Cooper JE. The humane killing of fishes, amphibia, reptiles and birds. *Tijdschr Diergeneeskd* 1989; 114: 557-565[in Dutch].

[295] Brown LA. Anesthesia and restraint. In: Stoskopf MK, ed. *Fish medicine.* Philadelphia: WB Saunders, 1993; 79-90.

[296] Roberts HE. Anesthesia, analgesia and euthanasia. In: Roberts HE, ed. *Fundamentals of ornamental fish health.* Ames, Iowa: Blackwell, 2010; 166-171.

[297] Saint-Erne N. Anesthesia. In: *Advanced koi care.* 2nd ed. Glendale, Ariz: Erne Enterprises, 2010; 50-52.

[298] Neiffer DL, Stamper MA. Fish sedation, anesthesia, analgesia, and euthanasia: considerations, methods, and types of drugs. *ILAR J* 2009; 50: 343-360.

[299] Standing Committee of the European Convention for the Protection of Animals Kept for Farming Purposes. *Recommendations concerning farmed fish.* Strasbourg, France: European Convention for the Protection of Animals Kept for Farming Purposes, 2006.

[300] Stetter MD. Fish and amphibian anesthesia. *Vet Clin North Am Exot Anim Pract* 2001; 4: 69-82.

[301] US FDA Center for Veterinary Medicine. *Enforcement priorities for drug use in aquaculture.* Silver Spring, Md: US FDA, 2011. Available at: www. fda. gov/downloads/AnimalVeterinary/GuidanceComplianceEnforcement/PoliciesProceduresManual/UC M046931. pdf. Accessed Jan 10, 2011.

[302] Ross LG, Ross B. *Anaesthetic and sedative techniques for aquatic animals.* 3rd ed. Oxford, England: Blackwell, 2008.

[303] Rombough PJ. Ontogenetic changes in the toxicity and efficacy of the anaesthetic MS222 (tricaine methanesulfonate) in zebrafish (*Danio rerio*) larvae. *Comp Biochem Physiol A Mol Integr Physiol* 2007; 148: 463-469.

[304] Canadian Council on Animal Care. *Guidelines on: the care and use of fish in research, teaching and testing.* Ottawa: Canadian Council on Animal Care, 2005. Available at: www. ccac. ca/Documents/Standards/Guidelines/Fish. pdf. Accessed Dec 19, 2010.

[305] Readman GD, Owen SF, Knowles TG. Spe-

cies specific anaesthetics for fish anaesthesia and euthanasia. *Sci Rep* 2017；7：7102.

［306］Wong D，von Keyserlingk MAG，Richards JG，et al. Conditioned place avoidance of zebrafish (*Danio rerio*) to three chemicals used for euthanasia and anaesthesia. *PLoS One* 2014；9：e88030.

［307］Balko JA，Oda A，Posner LP. Use of tricaine methanesulfonate or propofol for immersion euthanasia of goldfish (*Carassius auratus*). *J Am Vet Med Assoc* 2018；252：1555-1561.

［308］Harms C. Anesthesia in fish. In：Fowler ME，Miller RE，eds. *Zoo and wild animal medicine：current therapy 4*. Philadelphia：WB Saunders Co，1999；158-163.

［309］Deitrich RA，Dunwiddie TV，Harris RA，et al. Mechanism of action of ethanol：initial central nervous system actions. *Pharmacol Rev* 1989；41：489-537.

［310］Peng J，Wagle M，Mueller T，et al. Ethanol-modulated camouflage response screen in zebrafish uncovers a novel role for camp and extracellular signal-regulated kinase signaling in behavioral sensitivity to ethanol. *J Neurosci* 2009；29：8408-8418.

［311］Dlugos CA，Rabin RA. Ethanol effects on three strains of zebrafish：model system for genetic investigations. *Pharmacol Biochem Behav* 2003；74：471-480.

［312］Gerlai R，Lahav M，Guo S，et al. Drinks like a fish：zebra fish (*Danio rerio*) as a behavior genetic model to study alcohol effects. *Pharmacol Biochem Behav* 2000；67：773-782.

［313］Gladden JN，Brainard BM，Shelton JL，et al. Evaluation of isoeugenol for anesthesia in koi carp (*Cyprinus carpio*). *Am J Vet Res* 2010；71：859-866.

［314］Holloway A，Keene JL，Noakes DG，et al. Effects of clove oil and MS-222 on blood hormone profiles in rainbow trout *Oncorhynchus mykiss*，Walbaum. *Aquacult Res* 2004；35：1025-1030.

［315］Lewbart GA. Fish. In：Carpenter JW，ed. *Ex-*

otic animal formulary. 3rd ed. St Louis：Elsevier Saunders，2005；5-29.

［316］National Toxicology Program. *NTP technical report on the toxicology and carcinogenesis studies of isoeugenol (CAS No. 97-54-1) in F344/N rats and B6C3F1 mice (gavage studies)*. NTP TR 551. NIH publication No. 08-5892. Washington，DC：US Department of Health and Human Services，2008. Available at：ntp. niehs. nih. gov/files/TR551board_web. pdf. Accessed May 16，2011.

［317］Sladky KK，Swanson CR，Stoskopf MK，et al. Comparative efficacy of tricaine methanesulfonate and clove oil for use as anesthetics in red pacu (*Piaractus brachypomus*). *Am J Vet Res* 2001；62：337-342.

［318］Brodin P，Roed A. Effects of eugenol on rat phrenic nerve and phrenic-diaphragm preparations. *Arch Oral Biol* 1984；29：611-615.

［319］Ingvast-Larsson JC，Axén VC，Kiessling AK. Effects of isoeugenol on in vitro neuromuscular blockade of rat phrenic nerve-diaphragm preparations. *Am J Vet Res* 2003；64：690-693.

［320］FDA. *Concerns related to the use of clove oil as an anesthetic for fish*. Guidance for industry 150. Washington，DC：Department of Health and Human Services，2007. Available at：www. fda. gov/downloads/AnimalVeterinary/GuidanceComplianceEnforcement/GuidanceforIndustry/ucm052520. pdf. Accessed Jan 20，2011.

［321］Noga EJ. Pharmacopoeia. In：*Fish disease：diagnosis and treatment*. 2nd ed. Ames，Iowa：Wiley-Blackwell，2010；375-420.

［322］Davie PS，Kopf RK. Physiology，behaviour and welfare of fish during recreational fishing and after release. *N Z Vet J* 2006；54：161-172.

［323］Van De Vis H，Kestin S，Robb D，et al. Is humane slaughter of fish possible for industry? *Aquacult Res* 2003；34：211-220.

［324］Animal Procedures Committee. *Report of the*

Animal Procedures Committee for 2009. London: The Stationery Office, 2010: 27.

[325] Murray MJ. Euthanasia. In: Lewbart GA, ed. *Invertebrate medicine*. Ames, Iowa: Blackwell, 2006: 303-304.

[326] Murray MJ. Invertebrates. In: *Guidelines for the euthanasia of nondomestic animals*. Yulee, Fla: American Association of Zoo Veterinarians, 2006: 25-27.

[327] Messenger JB, Nixon M, Ryan KP. Magnesium chloride as an anaesthetic for cephalopods. *Comp Biochem Physiol C* 1985: 82: 203-205.

[328] Butler-Struben HM, Brophy SM, Johnson NA, et al. *In vivo* recording of neural and behavioral correlates of anesthesia induction, reversal, and euthanasia in cephalopod molluscs. *Front Physiol* 2018: 9: 109.

[329] Ross LG, Ross B. Anaesthesia of aquatic invertebrates. In: *Anaesthetic and sedative techniques for aquatic animals*. 3rd ed. Oxford, England: Wiley Blackwell, 2008: 167-176.

[330] Andrews PLR, Darmaillacq AS, Dennison N, et al. The identification and management of pain, suffering and distress in cephalopods, including anesthesia, analgesia and humane killing. *J Exp Mar Biol Ecol* 2013: 447: 46-64.

[331] Pugliese C, Mazza R, Andrews PLR, et al. Effect of different formulations of magnesium chloride used as anesthetic agents on the performance of the isolated heart of *Octopus vulgaris*. *Front Physiol* 2016: 7: 610.

[332] Waterstrat PR, Pinkham L. Evaluation of eugenol as an anesthetic for the American lobster *Homarus americanus*. *J World Aquacult Soc* 2005: 36: 420-424.

[333] Gunkel C, Lewbart GA. Invertebrates. In: West G, Heard D, Caulkett N, eds. *Zoo animal and wildlife immobilization and anesthesia*. Ames, Iowa: Blackwell, 2007: 147-158.

[334] Gleadall IG. The effects of prospective anaesthetic substances on cephalopods: summary of original data and a brief review of studies over the last two decades. *J Exp Mar Biol Ecol* 2013: 447: 23-30.

[335] Gilbertson CR, Wyatt JD. Evaluation of euthanasia techniques for an invertebrate species, land snails (*Succinea putris*). *J Am Assoc Lab Anim Sci* 2016: 55: 577-581.

[336] Reilly JS, ed. *Euthanasia of animals used for scientific purposes*. Adelaide, SA, Australia: Australia and New Zealand Council for the Care of Animals in Research and Teaching, Department of Environmental Biology, Adelaide University, 2001.

[337] American Association of Zoo Veterinarians (AAZV). *Guidelines for the euthanasia of nondomestic animals*. Yulee, Fla: American Association of Zoo Veterinarians, 2006.

[338] Canadian Council on Animal Care. Guidelines on: the care and use of wildlife. Ottawa: Canadian Council on Animal Care, 2003. Available at: ccac. ca/Documents/Standards/Guidelines/Wildlife. pdf. Accessed Jul 2, 2011.

[339] Fowler M. *Restraint and handling of wild and domestic animals*. 3rd ed. Ames, Iowa: Wiley-Blackwell, 2008.

[340] West G, Heard D, Caulkett N. *Zoo Animal & wildlife immobilization and anesthesia*. Ames, Iowa: Blackwell, 2007.

[341] Kreeger TJ, Arnemo J. *Handbook of wildlife chemical immobilization*. International ed. Fort Collins, Colo: Wildlife Pharmaceuticals Inc, 2002.

[342] Clark RK, Jessup DA. *Wildlife restraint series*. Fort Collins, Colo: International Wildlife Veterinary Services, 1992.

[343] Platnick NI. American Museum of Natural History research sites. The world spider catalog, version 13. 0. Available at: research. amnh. org/entomology/spiders/catalog/index. html. Accessed Aug 14, 2012.

[344] Ruppert E, Fox R, Barnes R. *Invertebrate*

zoology: a functional evolutionary approach. 7th ed. Thomson Learning, 2007.

[345] Murray MJ. Euthanasia. In: Lewbart GA, ed. *Invertebrate medicine.* 2nd ed. Ames, Iowa: Wiley-Blackwell, 2011; 441-444.

[346] Braun ME, Heatley JJ, Chitty J. Clinical techniques of invertebrates. *Vet Clin North Am Exot Anim Pract* 2006; 9: 205-221.

[347] Cooper JE. Anesthesia, analgesia and euthanasia of invertebrates. *ILAR J* 2011; 52: 196-204.

[348] Gunkel C, Lewbart GA. Anesthesia and analgesia of invertebrates. In: Fish R, Danneman P, Brown M, et al, eds. *Anesthesia and analgesia in laboratory animals.* 2nd ed. San Diego: Academic Press, 2008; 535-546.

[349] Lewbart GA, ed. *Invertebrate medicine.* Oxford, England: Blackwell, 2006.

[350] Pizzi R. Spiders. In: Lewbart GA, ed. *Invertebrate medicine.* Ames, Iowa: Blackwell, 2006; 143-168.

[351] Pizzi R, Cooper JE, George S. Spider health, husbandry, and welfare in zoological collections, in *Proceedings.* Br Vet Zool Soc Conf Stand Welf Conserv Zoo Exot Pract 2002; 54-59.

[352] Baier J. Amphibians. In: *Guidelines for the euthanasia of nondomestic animals.* Yulee, Fla: American Association of Zoo Veterinarians, 2006; 39-41.

[353] Burns R, McMahan B. Euthanasia methods for ectothermic vertebrates. In: Bonagura JD, ed. *Continuing veterinary therapy XII.* Philadelphia: WB Saunders Co, 1995; 1379-1381.

[354] Baier J. Reptiles. In: *Guidelines for the euthanasia of nondomestic animals.* Yulee, Fla: American Association of Zoo Veterinarians, 2006; 42-45.

[355] Universities Federation for Animal Welfare. *Humane killing of animals.* 4th ed. South Mimms, Potters Bar, England: Universities Federation for Animal Welfare, 1988; 16-22.

[356] Cooper JE, Ewbank R, Platt C, et al. *Eutha-*

nasia of amphibians and reptiles. London: Universities Federation for Animal Welfare and World Society for the Protection of Animals, 1989.

[357] Mader DR. Euthanasia. In: Mader DR, ed. *Reptile medicine and surgery.* St Louis: Saunders/Elsevier, 2006; 564-568.

[358] Gentz EJ. Medicine and surgery of amphibians. *ILAR J* 2007; 48: 255-259.

[359] National Research Committee on Pain and Distress in Laboratory Animals, Institute of Laboratory Animal Resources, Commission on Life Sciences, National Research Council. *Recognition and alleviation of pain and distress in laboratory animals.* Washington, DC: National Academy Press, 1992.

[360] Andrews EJ, Bennet BT, Clark JD, et al. 1993 report of the AVMA Panel on Euthanasia. *J Am Vet Med Assoc* 1993; 202: 229-249.

[361] Heard DJ. Principles and techniques of anesthesia and analgesia for exotic practice. *Vet Clin North Am Small Anim Pract* 1993; 23: 1301-1327.

[362] Conroy CJ, Papenfuss T, Parker J, et al. Use of tricaine methanesulfonate (MS-222) for euthanasia of reptiles. *J Am Assoc Lab Anim Sci* 2009; 48: 28-32.

[363] Harrell L. Handling euthanasia in production facilities. In: Schaeffer DO, Kleinow KM, Krulisch L, eds. *The care and use of amphibians, reptiles and fish in research.* Bethesda, Md: Scientists Center for Animal Welfare, 1992; 129.

[364] Letcher J. Intracelomic use of tricaine methane sulfonate for anesthesia of bullfrogs (*Rana catesbeiana*) and leopard frogs (*Rana pipiens*). *Zoo Biol* 1992; 11: 243-251.

[365] Canadian Council on Animal Care. *CCAC guidelines on: euthanasia of animals used in science.* Ottawa: Canadian Council on Animal Care, 2010. Available at: www. ccac. ca/Documents/Standards/Guidelines/Euthanasia.

pdf. Accessed Jul 2, 2011.

[366] Breazile JE, Kitchell RL. Euthanasia for laboratory animals. *Fed Proc* 1969; 28: 1577-1579.

[367] Stoskopf MK. Anesthesia. In: Brown LA, ed. *Aquaculture for veterinarians: fish husbandry and medicine*. Oxford, England: Pergamon Press, 1993; 161-167.

[368] Storey KB. Life in a frozen state: adaptive strategies for natural freeze tolerance in amphibians and reptiles. *Am J Physiol* 1990; 258: R559-R568.

[369] Brannian RE, Kirk E, Williams D. Anesthetic induction of kinosternid turtles with halothane. *J Zoo Anim Med* 1987; 18: 115-117.

[370] Jackson OF, Cooper JE. Anesthesia and surgery. In: Cooper JE, Jackson OF, eds. *Diseases of the reptilia*. Vol 2. New York: Academic Press Inc, 1981; 535-549.

[371] Calderwood HW. Anesthesia for reptiles. *J Am Vet Med Assoc* 1971; 159: 1618-1625.

[372] Moberly WR. The metabolic responses of the common iguana, *Iguana iguana*, to walking and diving. *Comp Biochem Physiol* 1968; 27: 21-32.

[373] Johlin JM, Moreland FB. Studies of the blood picture of the turtle after complete anoxia. *J Biol Chem* 1933; 103: 107-114.

[374] Nevarez JG, Strain GM, da Cunha AF, et al. Evaluation of four methods for inducing death during slaughter of American alligators (*Alligator mississippiensis*). *Am J Vet Res* 2014; 75: 536-543.

[375] Storey KB, Storey JM. Natural freezing survival in animals. *Annu Rev Ecol Syst* 1996; 27: 365-386.

[376] Machin KL. Amphibian pain and analgesia. *J Zoo Wildl Med* 1999; 30: 2-10.

[377] Stevens CW, Pezalla PD. Endogenous opioid system down-regulation during hibernation in amphibians. *Brain Res* 1989; 494: 227-231.

[378] Martin BJ. Evaluation of hypothermia for anesthesia in reptiles and amphibians. *ILAR J* 1995; 37: 186-190.

[379] Suckow MA, Terril LA, Grigdesby CF, et al. Evaluation of hypothermia-induced analgesia and influence of opioid antagonists in Leopard frogs (*Rana pipiens*). *Pharmacol Biochem Behav* 1999; 63: 39-43.

[380] Schaffer DO. Anesthesia and analgesia in nontraditional laboratory animal species. In: Kohn DF, Wixson SK, White WJ, et al. eds. *Anesthesia and analgesia in laboratory animals*. San Diego: Academic Press, 1997; 337-378.

[381] Harms CA, Greer LL, Whaley J, et al. Euthanasia. In: Gulland FMD, Dierauf LA, eds. *Marine mammal medicine*. 3rd ed. Boca Raton, Fla: CRC Press Inc, 2018; 675-691.

[382] Harms CA, McLellan WA, Moore MJ, et al. Low-residue euthanasia of stranded mysticetes. *J Wildl Dis* 2014; 50: 63-73.

[383] Lockwood G. Theoretical context-sensitive elimination times for inhalational anaesthetics. *Br J Anaesth* 2010; 104: 648-655.

[384] Drew ML. Wildlife issues. In: *Guidelines for the euthanasia of nondomestic animals*. Yulee, Fla: American Association of Zoo Veterinarians, 2006; 19-22.

[385] Schwartz JA, Warren RJ, Henderson DW, et al. Captive and field tests of a method for immobilization and euthanasia of urban deer. *Wildl Soc Bull* 1997; 25: 532-541.

[386] Hyman J. Euthanasia in marine mammals. In: Dierauf LA, ed. *Handbook of marine mammal medicine: health, disease and rehabilitation*. Boca Raton, Fla: CRC Press Inc, 1990; 265-266.

[387] Needham DJ. Cetacean strandings. In: Fowler ME, ed. *Zoo and wild animal medicine: current therapy 3*. 3rd ed. Philadelphia: WB Saunders Co, 1993; 415-425.

[388] Gullett PA. Euthanasia. In: Friend M, ed. *Field guide to wildlife diseases. Volume 1: general field procedures and diseases of migratory birds*. Resource publication # 167.

Washington, DC: US Department of the Interior, Fish and Wildlife Service, 1987: 59-63.

[389] Fair JM. *Guidelines for the use of wild birds in research*. 3rd ed. Washington, DC: The Ornithological Council, 2010.

[390] Sikes RS, Gannon WL, Animal Care and Use Committee of the American Society of Mammalogists. Guidelines of the American Society of Mammalogists for the use of wild mammals in research. *J Mammal* 2011; 92: 235-253.

[391] Herpetological Animal Care and Use Committee. *Guidelines for use of live amphibians and reptiles in field and laboratory research*. Miami: American Society of Ichthyologists and Herpetologists, 2004.

[392] Orlans FB. *Field research guidelines: impact on animal care and use committees*. Bethesda, Md: Scientists Center for Animal Welfare, 1988.

[393] McClure DN, Anderson N. Rodents and small mammals. In: *Guidelines for euthanasia of nondomestic animals*. Yulee, Fla: American Association of Zoo Veterinarians, 2006: 61-65.

[394] Brakes P, Butterworth A, Donoghue M. *Investigating criteria for insensibility and death in firearms for euthanising stranded cetaceans in New Zealand*. IWC/58/WKM&AWI 9. Agenda item 5. 2. 4. Impington, England: International Whaling Commission, 2006.

[395] Moore M, Walsh M, Bailey J, et al. Sedation at sea of entangled North Atlantic right whales (*Eubalaena glacialis*) to enhance disentanglement. *PLoS One* 2010; 5: e9597.

[396] Dunn JL. Multiple-agent euthanasia of a juvenile fin whale, *Balanoptera physalus*. *Mar Mamm Sci* 2006; 22: 1004-1007.

[397] Hampton JO, Mawson PR, Coughran DK, et al. Validation of the use of firearms for euthanising stranded cetaceans. *J Cetacean Res Manag* 2014; 14: 117-123.

[398] Øen EO, Knudsen SK. Euthanasia of whales: the effect of. 375 and. 458 calibre round-nosed, full metal-jacketed rifle bullets on the central nervous system of common minke whales. *J Cetacean Res Manag* 2007; 9: 81-88.

[399] Donoghue M. *IWC 58: workshop on whale killing methods and associated welfare issues cetaceans in New Zealand*. IWC/58/WKM&AWI 10. Agenda item 4. 4. Impington, England: International Whaling Commission, 2006.

[400] Lawrence K. Euthanasia of stranded whales. *Vet Rec* 2003; 153: 540.

[401] Bonner WN. Killing methods. In: Laws RM, ed. *Antarctic seals: research methods and techniques*. Cambridge, England: Cambridge University Press, 1993: 150-160.

[402] Sweeney JC. What practitioners should know about whale strandings. In: Kirk RW, ed. *Kirk's current veterinary therapy 10*. Philadelphia: WB Saunders Co, 1989: 721-727.

[403] Blackmore DK, Madie P, Bowling MC, et al. The use of a shotgun for emergency slaughter of stranded cetaceans. *N Z Vet J* 1995; 43: 158-159.

[404] Daoust PY, Crook A, Bollinger TK, et al. Animal welfare and the harp seal hunt in Atlantic Canada. *Can Vet J* 2002; 43: 687-694.

[405] Coughran D, Stiles I, Fuller PJ. Euthanasia of beached humpback whales using explosives. *J Cetacean Res Manag* 2012; 12: 137-144.

[406] International Whaling Commission. *Report of the workshop on welfare issues associated with the entanglement of large whales*. IWC/62/15. Agenda item 5. 2. 1. Impington, England: International Whaling Commission, 2010.

[407] Daoust PY, Ortenburger AI. Successful euthanasia of a juvenile fin whale. *Can Vet J* 2001; 42: 127-129.

术　语

可接受（Acceptable）：确实能够符合安乐死要求的方法，见安乐死部分。

条件性可接受（Acceptable With Conditions）：在满足特定条件的情况下能够符合安乐死要求的方法，见安乐死部分。

辅助方法（Adjunctive Method）：在动物失去意识后为确保动物死亡可以使用的方法。

情感（Affect）：情绪的外在表现。

晚成熟的（Altricial）：出生后无行动能力、无视觉能力、无被毛、需要亲代抚育和喂食的幼年动物（包括但不限于鸟类和某些啮齿类动物）。

全身麻醉（General Anesthesia）：使动物失去意识的一种方法。见无意识部分。

动物（Animal）：任何非人类的动物（界：动物界）。

厌恶（Aversion）：避免或逃离某种刺激的愿望。

禽（Avian）：鸟类。

系簧枪（Captive Bolt）：通过将一个系链金属栓射入动物脑中以杀死或击晕动物的装置。

雏鸟（Chick）：幼小的鸟。

火化（Cremation）：焚烧尸体。见焚化部分。

扑杀（Depopulation）：为应对紧急情况/事件而大规模宰杀动物，需尽可能考虑动物福利。

痛苦（Distress）：引起不利于动物适应性反应的刺激，因此，动物对刺激的反应伤害了动物自身的福利和舒适。

变温动物（Ectotherm）：依赖于环境热源调节自己体温的生物。

良性应激（Eustress）：引起有利于动物的适应性反应的刺激。

安乐死（Euthanasia）：一种使动物迅速失去意识，随后心脏或呼吸骤停的死亡方法，能最大限度地减少动物在失去意识前所遭受的疼痛、痛苦和焦虑（见正文 1.3、1.5 和 1.6）。

放血（Exsanguination）：动物放血的操作。

恐惧（Fear）：由于意识到威胁和危险而产生的不愉快的情绪体验。

野化（Feral）：已经回归野生行为的流浪、无主人的驯养动物。

现场/野外条件（Field Conditions）：在受控或临床环境之外的任何情形。

有鳍鱼类（Finfish）：用于描述真鱼的术语，以区别于其他非鱼类水生动物，如无脊椎的海星和乌贼。

善终（Good Death）：见安乐死部分。

屠宰（Harvest）：为获得食物或其他产品而宰杀动物的行为或过程。

人道宰杀（Humane Killing）：最大限度减少动物痛苦的宰杀方式，但是因为环境限制可能不符合安乐死的要求。

焚化（Incineration）：完全焚烧成灰。

昏迷/无知觉（Insensible）：见无意识部分。

家畜（Livestock）：用于使用、消费、盈利的驯养动物，一般饲养在农场中。

伤害性感受（Nociception）：伤害性刺激产生的神经冲动，可对组织产生威胁或实际伤害。伤害性感受可在无后续痛觉的情况下产生。

疼痛（Pain）：痛觉神经冲动经由上行神经通路到达大脑感觉区域而产生的一种感觉。

脑脊髓刺毁法（Pithing）：用金属丝、空气喷射或棒而物理性破坏大脑。

冷血动物（Poikilotherm）：内部温度可变的动物。此类动物通常是变温的。

幼禽（Poult）：幼小的鸟/禽。

家禽（Poultry）：用于获取肉、蛋而饲养的驯养禽类，例如鸡、火鸡、鸭或鹅。

早熟（Precocious）：出生后就能高度独自活动，如移动、觅食。

次要方法（Secondary Method）：在安乐死的主要方法之后使用，以确保无意识的动物在恢复意识之前死亡的安乐死方法。见辅助方法部分。

镇静（Sedation）：中枢神经系统抑制的一种状态，在此种状态下动物是清醒的、安静的，足够的刺激可以唤醒。

屠宰（Slaughter）：为了收获肉、皮之类的商品而宰杀动物。

应激（Stress）：物理、生理或情感因素（应激原）导致的动物内稳态或适应状态改变。

击晕（Stunning）：使用物理性、气体或电击方法使动物失去意识。

窒息（Suffocate）：通过阻断获取空气或氧气的方法而杀死动物。

不可接受（Unacceptable）：不能符合安乐死要求的方法。见安乐死部分。

无意识（Unconsciousness）：失去知觉，可定义为失去个体意识。发生于大脑整合信息的能力受阻或中断时。无意识的开始与翻正反射消失有关。无意识的动物因此而躺卧，当然也不能感知疼痛；然而无意识的动物可能因中枢神经系统抑制程度的不同而对沿脊柱传导的有害的刺激产生不自主运动。

野生（Wild）：可自由活动的非驯养物种。

附录1 不同种类动物安乐死的药物和方法

种类	可接受的方法	条件性可接受的方法（辅助方法，参考正文）
水生无脊椎动物	3.6.3：浸入麻醉液体（镁盐、丁香油、丁子香酚、乙醇）中	3.6.3：辅助方法（第二步）包括70%酒精、10%中性福尔马林法、脑脊髓刺毁法、冷冻、煮沸
两栖动物	3.7.3（视动物种类而定）：按说明注射巴比妥类药物、分离型麻醉剂和麻醉药物；外用或注射三卡因甲磺酸缓冲液（MS 222）；外用盐酸苯佐卡因	3.7.3（视动物种类而定）：按说明使用吸入型麻醉气体，CO_2，穿透性系簧枪或枪击，手持钝器击打头部，快速冷冻（适用于4g以下的动物，可快速致死）
禽类（同家禽）	3.5：静脉注射巴比妥类药物	3.5：吸入型麻醉气体，CO_2，CO，N_2，Ar，颈椎脱臼法（可用于小型鸟类或禽类），断头（小型鸟类） 3.7.6：枪击（自由放养或野外鸟类）
猫	3.1：静脉注射巴比妥类药物，过量注射麻醉剂曲布他胺及 T‑61	3.1：巴比妥类药物（其他给药途径），吸入过量麻醉气体，CO*，CO_2^*，枪击*
牛	3.3.2：静脉注射巴比妥类药物	3.3.2：枪击，穿透性系簧枪
犬	3.1：静脉注射巴比妥类药物，过量注射麻醉剂曲布他胺及 T‑61	3.1：巴比妥类药物注射（除静脉以外的途径），吸入过量麻醉剂，CO*，CO_2^*，枪击*，穿透性系簧枪*
鱼	3.6.2：浸泡在苯佐卡因缓冲液或盐酸苯佐卡因溶液、异氟烷、七氟烷、硫酸喹哪啶、三卡因甲磺酸缓冲液（MS 222）、2‑苯氧乙醇中，注射戊巴比妥，快速冷冻（某些种类可用），乙醇	3.6.2：丁子香酚，异丁子香酚，丁香油，饱和二氧化碳水溶液，断头/断颈/手持钝器击打头部后辅以脑脊髓刺毁或放血，浸泡（研究设施），系簧枪（大型鱼类）
马	3.4：静脉注射巴比妥类药物	3.4：穿透性系簧枪，枪击
海洋哺乳动物	3.7.5（驯养动物）：巴比妥类药物注射 3.7.7（放养或野生动物）：巴比妥类药物或过量注射麻醉剂	3.7.5（驯养动物）：吸入麻醉气体 3.7.7（放养或野生动物）：枪击，手持钝器击打头部，内爆去脑
非人灵长类	3.2.3、3.7.4：巴比妥类药物注射或过量注射麻醉剂	3.2.3、3.7.4（视动物种类而定）：吸入麻醉气体，CO，CO_2
家禽	3.3.4：巴比妥类药物注射或过量注射麻醉剂	3.3.4：CO_2，CO，N_2，Ar，低气压致晕，颈椎脱臼（视解剖结构而定），断头，手持钝器击打头部，电击，枪击，系簧枪
兔	3.2.4：静脉注射巴比妥类药物	3.2.4：过量吸入麻醉气体，CO_2，颈椎脱臼（视解剖结构而定），穿透性系簧枪，非穿透性系簧枪

种类	可接受的方法	条件性可接受的方法（辅助方法，参考正文）
爬行动物	3.7.3（视动物种类而定）：按照说明注射巴比妥类药物、三卡因甲磺酸缓冲液（MS 222），分离型麻醉药与辅助方法联用，根据动物种类选择麻醉剂	3.7.3（视动物种类而定）：按说明使用吸入麻醉气体，CO_2，穿透性系簧枪或枪击，手持钝器击打头部，4g 以下的动物可快速冷冻，脊髓刺毁/大脑破坏（鳄鱼）
啮齿动物	3.2.2：注射巴比妥类或巴比妥类组合，分离型麻醉药组合	3.2.2：吸入麻醉气体，CO_2，CO，三溴乙醇，乙醇，颈椎脱臼，断头，聚焦束微波辐射
小反刍兽	3.3.2：注射巴比妥类药物	3.3.2：CO_2（山羊羔），枪击，击晕，穿透性系簧枪，非穿透性系簧枪（山羊羔）
猪	3.3.3：注射巴比妥类药物	3.3.3：CO_2，CO，NO，N_2，Ar，枪击，电击，穿透性系簧枪，非穿透性系簧枪（仔猪），手持钝器击打头部

* 不推荐作为常规方法使用。

附录2 不可接受的安乐死方法和药物节选

药物或方法	备注及说明
空气栓塞	空气栓塞可能伴有抽搐、角弓反张和尖叫。如果要使用，也只能用于麻醉后的动物
窒息	物理性阻断呼吸（捂死、勒死、脱水）是不可接受的安乐死方法
燃烧	化学或物理烧死动物是一种不可接受的安乐死方法
水合氯醛	犬、猫、小型哺乳动物不可接受
氯仿	氯仿具有肝细胞毒性和疑似致癌性，因此对工作人员极危险
氰化物	氰化物对人员极度危险。用氰化物安乐死动物时，在观感上给人不适
降压（不包括证明可实现安乐死的低气压晕厥）	降压作为安乐死方法不被接受，原因如下：①许多容器设计的降压速率是动物推荐最适速率的15～60倍，因此动物体腔内气体膨胀会导致动物疼痛和痛苦；②幼龄动物对缺氧耐受，在呼吸停止前需要较长的降压时间；③意外恢复气压，受伤的动物又出现恢复的情况；④无意识的动物可能会出现出血、呕吐、抽搐、排尿、排便等症状，在观感上可能会引起人的不适
溺水	溺水不是可接受的安乐死方法，而且是不人道的
放血	由于血容量急剧减少带来动物的焦虑，放血作为单独的处死方式仅用于无意识动物
甲醛	除海绵动物外，直接把动物浸泡于福尔马林中处死是不人道的
日用品和溶剂	丙酮、清洁剂、四价化合物（包括四氯化碳）、泻药、杀虫剂、二甲基酮、季铵盐类化合物、抗酸剂以及其他非专用于治疗或安乐死用途的有毒物质都不是可接受的安乐死方法
低温	低温不是合适的安乐死方法
胰岛素	胰岛素引起低血糖，在低血糖而昏厥前给动物带来极大的痛苦（行为改变、易怒、晕厥），这可能导致也可能不会导致动物死亡
硫酸镁和氯化钾	此类化合物不可用于清醒脊椎动物的安乐死
手持钝器击打头部	对大多数物种来说，手持钝器击打头部一般不可接受，仔猪和小型实验动物除外。应尽可能使用其他方法替代手持钝器击打头部
神经肌肉阻断剂（尼古丁、硫酸镁、氯化钾和所有箭毒类药物）	这些药物单独使用时，动物都会在失去意识前出现呼吸暂停，因此动物在失去活动能力后仍能感受到疼痛和痛苦
快速冷冻	快速冷冻作为单独的安乐死方式是不人道的，但是4g以下的爬行动物和两栖动物以及5日龄以下的啮齿类动物快要死亡时除外。其他情况下，应先处死动物或使动物无意识再冷冻（鱼的快速冷却不属于此方法）
士的宁	士的宁会造成剧烈的抽搐和痛苦的肌肉收缩
压迫胸廓	不可用于意识清醒的动物

附录 3 图片

美国兽医协会动物安乐死指南（2020 版）图片源于 Louis Clark 及 bio－graphix.com。

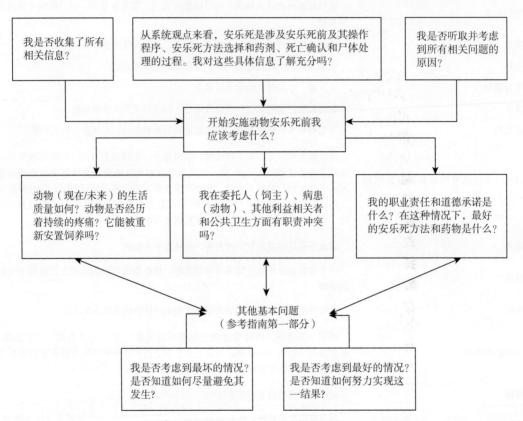

图1 做出安乐死决定的流程。当实施过程不明确时，兽医可以通过此流程图来决定动物是否必须被执行安乐死。

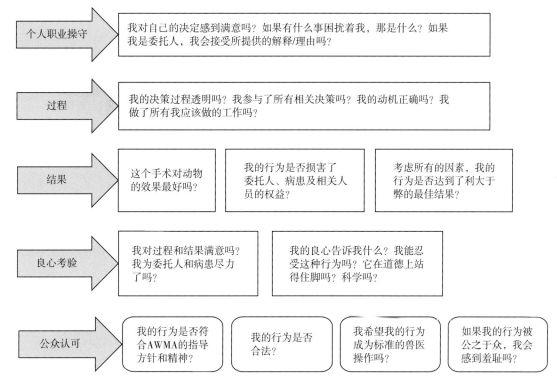

图 2 评估我的决定是否恰当的标准。当尝试以周密和平衡的方式做出最佳决定时，兽医可能发现这个决策矩阵很有用，它有助于评估安乐死在特定情况下的道德性，尤其是在情况不太明确时。

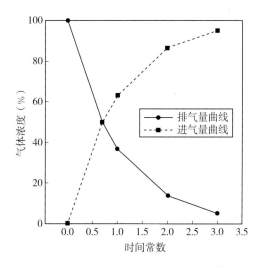

图 3 进气量与排气量曲线函数，以假设的密闭容器为例，起初装满 A 气体，之后输入 B 气体。进气量与排气量曲线函数用于确定密闭体积或空间的时间常数。容器内的气体浓度可通过时间常数确定，这个时间常数可通过容器体积除以气体置换速率计算得到。（引自 Meyer RE，Morrow WEM. Carbon dioxide for emergency on-farm euthanasia of swine. *Journal of Swine Health and Production* 2005；13 (4)：210-217. 经作者允许后重新印刷使用。）

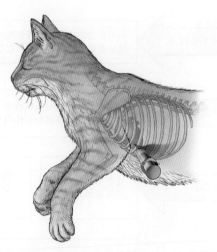

图4 使用骨注射枪对成年犬进行骨内注射的推荐部位是肱骨大结节，或者使用 Jamshidi 骨髓针，在幼犬上使用皮下针。

图5 猫心内注射的位置，心内注射只适用于无意识或麻醉后的动物。

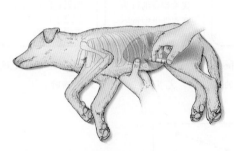

图6 犬肝内和脾内注射的位置，本图被注射的是肝脏，脾脏位于肝和胃的尾部。肝内和脾内注射只适用于无意识或经麻醉的动物，但如文中所述，猫肝内注射除外。

图7 犬肾内注射的位置。肾内注射只适用于经麻醉的或无意识的动物。

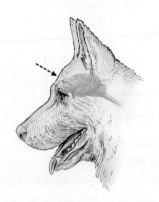
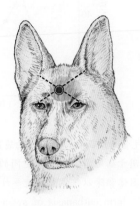

图8 犬枪击的解剖学部位在外眼角到对侧耳内侧根部两条对角线的交点，略偏离中线，对准脊柱的方向。（引自 Longair JA，Finley GG，Laniel MA，et al. Guidelines for the euthanasia of domestic animals by firearms. *Can Vet J* 1991；32：724 - 726.）

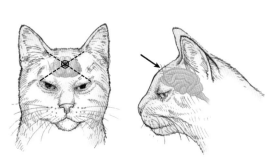

图9　猫枪击的解剖学部位在两耳内侧底部连线的下方[344]（引自 Longair JA，Finley GG，Laniel MA，et al. Guidelines for the euthanasia of domestic animals by firearms. *Can Vet J* 1991；32：724－726.），或者外眼角到对侧耳内侧根部两条对角线的交点。

图10　兔被系簧枪射击的解剖部位应在兔前额中心，枪管置于耳朵前面、眼睛后面。根据兔的年龄和大小，以推荐的力量连续快速击发两次。（引自 Walsh JL，Percival Λ，Turner PV. Efficacy of blunt force trauma，a novel mechanical cervical dislocation device，and a non－penetrating captive bolt device for on－farm euthanasia of pre－weaned kits，growers，and adult commercial meat rabbits. *Animals*（*Basel*）2017；7：100.）

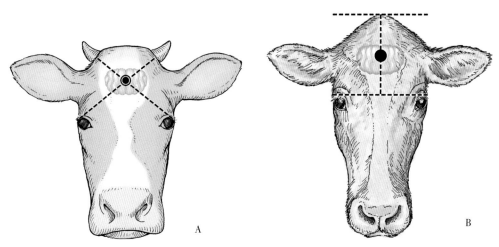

图11　牛被枪击或系簧枪射击的理想解剖部位，子弹（或钢针）的射入点应该在两条虚线的交点上，即外眼角到对侧牛角底部的两条对角线的交点（A）。对长脸牛或幼牛而言，可采用面部中线上的一点，即头顶部和连接两侧外眼角的虚线之间的中点位置（B）。（引自 AVMA Guidelines for the Humane Slaughter of Animals：2016 Edition.）

图12　对美洲野牛进行安乐死的枪击位置与牛类似，首选位置是前额，在犄角底部的虚线上方 2.5cm（1in）处，射击的角度应该垂直于头骨。

图13　对于水牛而言，枪击或系簧枪射击的首选解剖位置是两条虚线的交点，每条线都是从一只牛角的下边缘到对面牛角的上边缘。

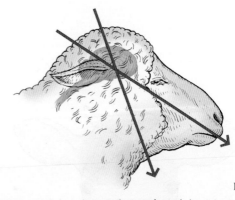

图14　对于无角绵羊或山羊，穿透性系簧枪（PCB）应对准垂直于头骨稍微靠近羊角（头顶或头部最高位置）尾部的解剖位置上，即从外眼到对侧耳朵根部的两条对角线的交点上（A）。也可以选用头部背侧中线的位置，与头盖骨的枕外隆突相对应。选用枕外隆突相关部位时，将 PCB 置于枕外隆突处与颅骨齐平，同时将 PCB 的枪口朝向或瞄准口腔（B）。（引自 observations in goats by Collins SL，Caldwell M，Hecht S，et al. Comparison of penetrating and nonpenetrating captive bolt methods in horned goats. Am J Vet Res 2017；78：151-157；and by Plummer PJ，Shearer JK，Kleinhenz KE，et al. Determination of anatomic landmarks for optimal placement in captivebolt euthanasia of goats. Am J Vet Res 2018；79：276-281.）

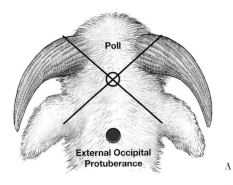
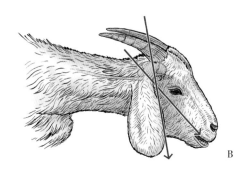

图 15 对于有角绵羊或山羊，穿透性系簧枪（PCB）应对准垂直于头骨稍微靠近羊角（头顶或头部最高位置）尾部的解剖位置上，即从外眼角到对侧羊角根部两条对角线的交点上（A）。（引自 Plummer PJ，Shearer JK，Kleinhenz KE，et al. termination of anatomic landmarks for optimal placement in captive-bolt euthanasia of goats. Am J Vet Res 2018；79：276-281.）。也可以选用头部背侧中线的位置，与头盖骨的枕外隆突相对应。选用枕外隆突相关部位时，将 PCB 置于枕外隆突处与颅骨齐平，同时将 PCB 的枪口朝向或瞄准口腔（B）。（引自 Collins SL，Caldwell M，Hecht S，et al. Comparison of penetrating and nonpenetrating captive bolt methods in horned goats. Am J Vet Res 2017；78：151-157.）

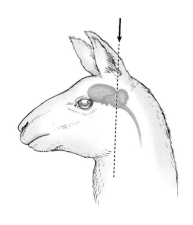

图 16 骆驼科动物被系簧枪射击的解剖位置和最好射击路径在头顶位置（头部的最高点），瞄准下颌底部。

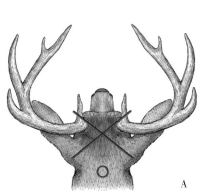

图 17 对有鹿角的鹿身上进行系簧枪射击的解剖位置和最好射击路径应在外眼角与对侧耳朵根部或鹿角。系簧枪可能需要一个较长的枪栓。在每只眼睛的外角与耳朵基部或鹿角根部两条对角线的中点（A）。也可以采用头部的背中线，对应枕外隆突，选用枕外隆突相关位置时，将 PCB 置于枕外隆突处与颅骨齐平，同时将 PCB 的枪口朝向或瞄准口腔（B）。

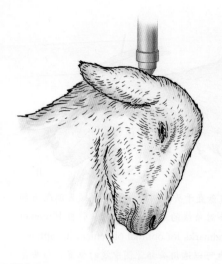

图 18　新生羔羊和幼羊被系簧枪射击的解剖位置，NPCB枪口的最好射击位置位于羊角后的中间位置（如两耳间），同时，羊的下巴要紧贴脖子。（引自 Grist A，Lines JA，Knowles TG，et al. The use of a mechanical non-penetrating captive bolt device for the euthanasia of neonate lambs. *Animals* (*Basel*) 2018；8：49. Sutherland MA，Watson TJ，Johnson CB，et al. Evaluation of the efficacy of a non-penetrating captive bolt to euthanase neonatal goats up to 48 hours of age. *Anim Welf* 2016；25：471-479. Grist A，Lines JA，Knowles TG，et al. Use of a non-penetrating captive bolt for euthanasia of neonate goats. *Animals* (*Basel*) 2018；8：58.）

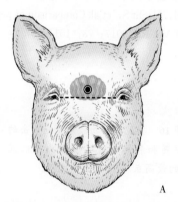
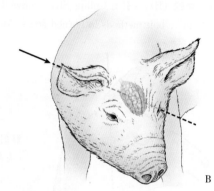

A　　　　B

图 19　猪 PCB 的 1 个射击部位和 2 个枪击部位。额部位置可用于 PCB 和枪击（A），位于前额中心略高于两眼之间的线。枪栓或子弹应直接指向椎管。耳后部位（B）应仅在枪击时选用，射弹应朝向耳朵相对的眼睛，理想的目标位置和瞄准方向可能根据动物的品种和年龄略有不同（取决于额窦的大小）。

图 20　火鸡（或者没有鸡冠的家禽）被系簧枪射击的解剖位置。系簧枪应直接放置在颅骨中线和头部的最高/最宽点，枪栓直接指向大脑。为了确保系簧枪准确的放置和操作人员的安全，必须正确地保定动物。本图中，喙的尖端被固定，操作者可以安全地控制其头部，方便另一只手操作枪栓。系簧枪操作期间和之后，需要另外一个人来保定动物的翅膀和（或）脚（理想情况下，动物的胸部应该放在一个表面坚实的木板上，以保持其处于镇静状态）。

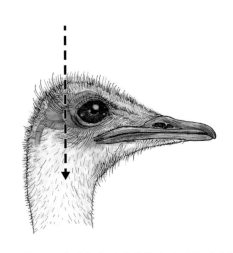

　　图21　鸡（或者有鸡冠的禽类）被系簧枪射击的解剖位置。系簧枪应直接放置于鸡冠后面，在颅骨中线和头部的最高/最宽点，枪栓直接指向大脑。为了确保系簧枪准确的放置和操作人员的安全性，必须正确地保定动物。本图中固定住鸡冠，操作者可以安全地控制其头部，方便另一只手操作枪栓。为了提供额外的约束力和抵抗螺栓的打击力，鸟的头部腹侧部分应放置在一个平面（如地板或木板）上以确保装置的最佳冲击。

　　图22　平胸鸟类被系簧枪射击的位置和最好射弹路径在外耳开口之间的虚线的中点处，使用适用于家禽或兔子的带有 NPCB 或短穿透螺栓的装置。

　　图23　马科动物安乐死时 PCB 和枪击法射入的解剖部位（A）。子弹射入点应在两条虚线的交点处，即外眼角到对侧耳朵根部两条对角线的交点（B）。

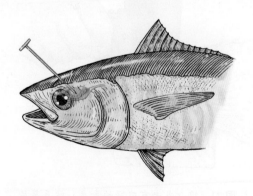

图24 手持钝器击打鱼的部位。鱼的大小、种类、解剖结构以及击打的特征（包括准确性、速度和棍棒质量）将决定手持钝器击打的效果。击打的位置应该是大脑最接近头部表面的部位，也是颅骨最薄的部位。

图25 大型鱼类被系簧枪射击的位置。NPCB枪的头部一般是宽伞状或是平头状，都不能穿透大脑。使用PCB（包括大钉）时，射弹应对准鱼的后脑，以最大限度地破坏脑组织。

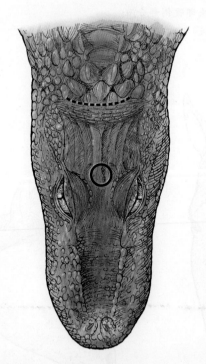

图26 系簧枪或枪击切断脊髓或断头的位置。短吻鳄的大脑相对较小，位于眼眶后面，在颞上窝之间向尾部延伸。为了确保脑组织被破坏，系簧枪或枪击的位置必须选在眼眶和颞上窝颅侧之间的中线上。

美国兽医协会动物安乐死指南（2020版）